沖縄米軍基地と日米安保

基地固定化の起源 1945-1953

池宮城陽子［著］
Yoko IKEMIYAGI

東京大学出版会

The U.S. Military Bases in Okinawa and Japan-U.S. Security Arrangements:
The Origins of Long-Term Bases
Yoko IKEMIYAGI
University of Tokyo Press, 2018
ISBN978-4-13-036266-5

はしがき

なぜ、沖縄基地問題は解決されづらいのだろうか。なぜ、沖縄米軍基地の削減はなかなか進まず、固定化された状況が続くのだろうか。

普天間基地返還問題をはじめとする沖縄基地問題が、長年にわたり政治的、社会的、そして外交的懸案事項となっている。普天間基地については、一九九六年四月に日米両政府の間で、基地の代替施設完成後の全面返還が合意されてから、既に二〇年以上経っている。しかしながら、日本国内では代替施設の建設について未だ議論が続いている。代替施設の建設予定地である辺野古周辺において、基地建設を着々と進めようとする日本政府に対し、これ以上の基地負担を許容できない沖縄県民からの反発が高まっている。日本本土と沖縄の対立は、日々深刻化しているように感じる。沖縄基地問題が日本国内に分裂、対立をもたらし、混迷を極めている今だからこそ、沖縄米軍基地の原点まで遡り、基地固定化の根源を再検証することが不可欠であろう。

沖縄基地問題の起源を明らかにしようとする場合、当然ながら米国の沖縄政策を辿る必要がある。そもそも米国はなぜ沖縄に基地を設けるに至ったのか。どのような方針の下で、沖縄米軍基地を存続させてきたのだろうか。第二次世界大戦後初期における米国の沖縄政策の検証は、沖縄基地問題が生まれた背景を解明するために必須の作業となる。

しかしながら、沖縄基地問題の内実を解明することを目的として沖縄米軍基地について検討する場合、米国の沖縄政策のみを辿ればよいというわけではない。なぜなら、現在沖縄に大規模な米軍基地が存在していることの法的根拠は、日本と米国との間で一九五一年に締結され、一九六〇年に改定された日米安全保障条約にあるからである。日本が米国に基地を提供し、米国が日本に安全を提供することを内容とする日米安全保障条約に基づき、日本は沖縄において大規模な基地を米国に提供しているのである。したがって、沖縄基地問題の起源を探る検証作業においては、米国のみならず、沖縄米軍基地をめぐる日本の構想とその対応についても検討しなければならない。言い換えれば、戦後日本外交の中における沖縄の位置付けをも、その原点から辿ることが重要となるのである。

以上の問題意識を抱きつつ、まずは日本外交の視点から沖縄基地問題の起源にアプローチしようと考え、研究に取り組み始めた。占領期の日本外交に関する史資料と先行研究は既に豊富に存在していたため、一九四五年の沖縄戦以降米軍に統治されていた沖縄について、日本政府がいかなる構想を抱き、そしてどのように対応しようとしていたかをすぐに知ることができた。

だがその一方で、占領期の日本政府の沖縄構想が現在の沖縄基地問題とどのような関係にあるのかについては、既存の研究からは必ずしも十分に理解することができなかった。米国の沖縄政策に関する既存の研究を併せ検討してみても、冒頭で記した筆者の疑問を解消することはできなかった。第二次世界大戦後初期における日米両政府の沖縄に関する構想と対応は、現在の沖縄基地問題を語る上で、いかなる意味合いを持つのだろうか。沖縄基地問題が長年解決されずにいることを踏まえれば、日米両政府にとって沖縄が問題となり始めた時点から、改めて順に展開を追っていく必要があるのではないか。もしかすると、そこから、沖縄に米軍基地が固定化された状態にあることの一因を垣間見ることができるかもしれない。このような単純な疑問と思いつきを解消し、確認したいという衝動から研究を続けた結果生まれたのが本書である。

研究を本格化させる中で筆者が感じたのは、日米両政府の外交文書において、沖縄について直接言及した文書が意外に少ないということであった。誤解を恐れずに言えば、沖縄をめぐる問題というのは、日米両政府にとって数ある外交課題の中の一つに過ぎなかったのである。その当然の事実を、筆者は大量の史資料を読み漁る中で学んだ。そして、そうであるならば、第二次世界大戦後初期における日米両政府の沖縄に関する構想と対応の意味を理解するには、両政府の当時の外交方針の基本的枠組みを把握することが必須になるのではないかと考えるに至った。沖縄関連の文書から直接読み取れることは限られているが、それらを日米両政府の外交の基本方針の中に位置付けることで、日米それぞれの沖縄構想及び政策とその対応がもつ意味を浮かび上がらせることができるようになると考えたのである。それゆえ本書では、米国の沖縄政策、及び日本の沖縄構想とその対応だけでなく、可能な限り当時の日米両政府の外交方針の基本的枠組みそのものにも触れることになる。

また、以上のアプローチは、とりわけ戦後日本の沖縄政策を理解する際に役立つと考えられる。戦後の日本は、憲法九条と日米安全保障条約を外交及び安全保障政策の基本枠組みにしてきたとされるからである。つまり、本書の分析対象である第二次世界大戦後初期から、現在に至るまで、基本的に同様の枠組みの中で沖縄構想及び政策が生みだされてきたといえるのである。第二次世界大戦後初期における日本の沖縄構想とその対応を、憲法九条と日米安全保障条約との関連の中で検討することにより、沖縄基地問題の内実により接近することが可能となるであろう。

現在に至るまで沖縄基地問題が解決の困難な問題であり続けているからこそ、過去を改めて確認する作業が重要となる。本書が第二次世界大戦後初期まで遡る意図は、そこにある。

目　次

はしがき　i

序　章　問題の所在と分析視角……1
一　沖縄基地問題の起源——沖縄をめぐる戦後初期の日米関係　2
二　先行研究の検討　4
三　分析視角——沖縄米軍基地の役割の変遷　7
四　本書の構成　15

第一章　沖縄米軍基地をめぐる日米関係の起源……19
第一節　保障占領の拠点としての沖縄米軍基地　21
一　連合国の戦後国際秩序構想と日本の非軍事化　21
二　沖縄の帰属先決定の先送り　25
第二節　米軍部の沖縄信託統治構想とその影響　27

一　終戦直後の日本の対応　27
二　米軍部の信託統治構想と沖縄の行政的分離　31
三　憲法九条の制定　39
第三節　日米両政府内における議論の本格化　42
一　軍部と国務省の対峙　42
二　日本の駐留協定構想とその挫折　46
小　括　54
第二章　冷戦下の米軍基地の役割変化と信託統治構想の動揺……57
第一節　沖縄米軍基地の役割変化の兆し　60
一　対ソ戦略上の役割と「芦田書簡」　60
二　信託統治構想の後退　68
第二節　沖縄米軍基地の役割の再定義　70
一　基地の長期保有の決定　70
二　確実となる領土主権の喪失　76
第三節　「不後退防衛線」の一角としての沖縄　79
一　「中国チトー化」政策と沖縄政策の修正　79
二　対ソ脅威認識の拡大と恒久的基地建設の開始　85

三　沖縄と本土における米軍基地の意義の一本化　88
小　括　100
第三章　日本の再軍備と沖縄問題……103
第一節　朝鮮戦争と沖縄問題の変質　106
一　朝鮮戦争の作戦支援基地としての沖縄　106
二　米国による対日政策の再検討と沖縄　110
三　日本政府の対応　116
第二節　日本による沖縄防衛構想の浮上　122
一　米中対立と日本による沖縄防衛の責任負担　122
二　沖縄返還の保証　128
第三節　沖縄米軍基地の整理・縮小の可能性　133
一　再軍備着手の確約と「潜在主権」の容認　133
二　日米安全保障条約と沖縄問題　142
小　括　148
第四章　沖縄防衛問題と日本国内の政治対立……151
第一節　沖縄米軍基地の長期保有の確認　154

一　施政権返還をめぐる米国政府内の論争　154
二　日本の中立化に対する懸念と沖縄　163
三　沖縄施政権返還問題の「ねじれ」　171
第二節　米国務省における沖縄の施政権返還論の後退　173
一　中立化予防策としての価値の低下　173
二　沖縄米軍基地の使用権限維持の必要性　180
第三節　朝鮮戦争の休戦と沖縄問題の長期化　182
一　朝鮮半島の後方支援基地としての沖縄　182
二　米国による対日政策の修正と沖縄　184
三　日本政府の対応　190
小　括　196
終　章　沖縄基地問題の構図……………………201
一　沖縄米軍基地の起源——米国の論理　201
二　沖縄米軍基地の起源——日本の対応　205
三　サンフランシスコ講和と沖縄基地問題　208
四　先送りされた沖縄米軍基地の整理・縮小　212

注　217
あとがき　283
主要参考文献　iv
索引（人名・事項）　i

序　章　問題の所在と分析視角

本書は、一九四五年から一九五三年にかけての沖縄をめぐる日米両国の構想と交渉を実証的に考察することで、今日まで続く沖縄基地問題の構図が形成された過程を明らかにする。考察の対象は、一九四五年八月の太平洋戦争終結以降、一九五三年六月に米国による沖縄の施政権行使の継続が決定するまでの時期である。本書では、戦後初期における日米両国の政府レベルの対応に焦点を当てた分析をすることで、今日まで続く沖縄基地問題の原点を探ることを試みる。したがって、本書において「沖縄基地問題」という場合、沖縄における米軍基地の固定化にまつわる、政府レベルの外交問題のみを指すこととする。[1][2]

従来の研究では、本書の分析対象時期における沖縄をめぐる日米交渉の推移の中で、戦後処理問題の一環であった沖縄の領土主権（施政権返還）問題と、冷戦を契機に浮上した日本の再軍備（防衛力増強）問題が関連付けられるようになっていたこと、そのことが米国による沖縄の施政権行使の継続という決定に影響していたことを指摘する。そこでは、沖縄の領土主権（施政権返還）問題を主軸とした分析が行われてきたといってよい。しかしながら、既存の議論では、なぜ、どのように両問題が連関するようになったのか、そのことがそもそも今日に至る沖縄基地問題にいかなる影響を与えたのかについては、必ずしも十分に説明できない。

これに対して本書は、アジアにおける冷戦構造が明確化していくなかで、敵国から同盟国へとその関係性を変化させた日米の間で沖縄基地問題がどのようにして生まれ、またどのような構造を持つに至ったのかを、沖縄米軍基地の役割の変遷に着目しながら検証する。これにより、沖縄に大規模な米軍基地を長期にわたり存続させることが[3]、日米両政府の間で当初から想定されていたわけではなく、同基地は、日本による防衛力増強と沖縄防衛の責任負担の実現に伴い整理・縮小が可能になることが見込まれていたことを明らかにする。しかしながら、また、そのような沖縄米軍基地の整理・縮小を可能にする論理の具現化が、戦後憲法に由来する日本の軽武装方針によって困難になるという構図が形成されていたことを解明する。本書は、戦後初期の沖縄米軍基地がそのような流動的な状況にあったことに、沖縄基地問題の原点を見出す試みである。沖縄米軍基地の整理・縮小を可能にする論理の成立とその後退の過程を考察することは、今日でも沖縄の基地負担軽減が進みにくいことの一因を浮き彫りにすることにつながるはずである。

一　沖縄基地問題の起源——沖縄をめぐる戦後初期の日米関係

戦後の日米間では、沖縄基地問題のみならず、在日米軍基地問題も外交課題とされてきた[4]。とりわけ一九五〇年代に反基地感情が高まり、在日米軍基地問題が日米間の懸案事項とされていたことは、従来の研究が明らかにしている通りである[5]。一九五二年四月二八日にサンフランシスコ講和条約が発効してから間もない時期において、日本本土には米軍基地施設、区域として指定されていた場所は六〇〇ヶ所余りあり[6]、その存在の多さは、国民が主権回復の実感を得られない状況を創出していた。

また、日本本土における駐留米軍の地位については、一九五二年二月二八日に調印（同年四月二八日発効）された日米行政協定で定められてはいたものの[7]、飛行場の拡張や、演習場の確保の問題など、米軍基地の運用に伴う実際的な問題の解決は、その後の具体的事案ごとの日米交渉に委ねられていた[8]。在日米軍基地問題の代表例として挙げられることの多い内灘闘争も、一九五二年一一月に、駐留米軍の砲弾試射場候補地として石川県の内灘が挙げられたことを契機に起こった地元民による反対運動としての性格を有するものであった[9]。そうした中で一九五七年一月に起こったジラード事件は、日米における在日米軍基地問題の政治問題化を決定付けた[10]。日米両政府は、こうした在日米軍基地問題を外交課題として位置付けてきたのである[11]。

しかしながら、以上の在日米軍基地問題が日本の施政権下にあった地域において展開し始めていたことに留意しなければならない。沖縄基地問題が在日米軍基地問題と決定的に異なるのは、これが米国の施政権下で進んだ米軍基地の拡大化に起因している点にある。

沖縄米軍基地は、太平洋戦争の最中の一九四五年三月末から始まった沖縄戦を契機に設けられた。そして欧州で発生した冷戦の影響がアジアへ波及する過程において米国は、沖縄米軍基地の長期保有を決定し、新たな基地の建設に既に取り掛かっていた。だが、沖縄において米軍基地の拡大化が本格的に進んだのは、サンフランシスコ講和条約の締結（一九五一年九月八日）に際して、日本に沖縄の「潜在主権」の保持が容認されることになった一方で、米国が沖縄の施政権行使の継続を決定した一九五三年六月以降のことである。一九五三年七月の朝鮮戦争の休戦協定締結を契機に着手した極東米軍再編に関する議論の過程で、米国は、日本本土に駐留していた海兵隊第三師団の沖縄への移駐を一九五四年七月の国家安全保障会議で決定し、その実現に向けて、沖縄における大規模な新規土地接収を図った[12]。これにより、沖縄本島の北部から中南部にかけて大規模な米軍基地が存在するという[13]、現在の沖縄米軍基地の基礎が築かれていった。こうして、日本に沖縄の「潜在主権」の保持を容認する一方で、米国が沖縄の施政権を行使し続け、米国の施政権下で沖縄米軍基地の拡大化が進んだのである。

他方で、本書の分析対象時期においては、日米安保体制の基礎である日米安全保障条約が締結された。一九五一年九月八日に締結（一九五二年四月二八日発効）された日米安全保障条約は、一九六〇年に改定されたものの、日本が米国に基地を提供し、米国が日本に安全を提供するといういわゆる「物と人との協力」の関係性は今日まで一貫している。そして現在、日本が米国に提供する基地の多くが沖縄に存在している。

もっとも、本書が扱う一九五三年までの沖縄は米国の施政権下にあったため、日米安全保障条約の適用範囲外とされていた。だが周知の通り、一九五一年に締結された日米安全保障条約は、その前文で謳われたように、あくまでも暫定的な取り決めであった。そのため、安保条約締結時点において、日米両政府の間に安保体制についての何らかの将来的な見取り図があったとしてもおかしくはないのである。そうであるならば、その見取り図の中で、米国の施政権下にあった沖縄はどのように位置付けられていたのだろうか。そこに、日米安保体制における沖縄の位置付けの原点を見出すことができるはずである(14)。

以上を踏まえれば、本書の分析対象時期である一九四五年から一九五三年までの期間は、沖縄基地問題の特質を作り出す基本的条件が揃った時期として捉えられよう。とするならば、なぜ、いかにしてそのような基本的条件は生み出されたのだろうか。また、その条件が沖縄基地問題の構図の形成にいかなる影響を与えたのだろうか。沖縄をめぐる戦後初期の日米関係を研究し、このような問いに答えることは、沖縄基地問題の源流を解き明かすために不可欠な作業であると思われる。

二　先行研究の検討

沖縄をめぐる戦後初期の日米関係に関する従来の研究では、日米間の戦後処理問題の一環となっていた沖縄の領土主権（施政権返還）問題と、冷戦を契機に浮上した日本の再軍備（防衛力増強）問題が関連付けられるようになっていたこと、そのことが沖縄の施政権行使の継続という米国の決定に影響していたとの説明がなされてきた。しかしながら、既存の議論は、沖縄の領土主権（施政権返還）問題を主軸としているため、沖縄基地問題の構図の論理と内実については、必ずしも十分に解明していない。

沖縄をめぐる戦後初期の日米関係について分析した先行研究の嚆矢は、宮里政玄によるものである。宮里は、米国の外交文書を利用しながら、沖縄米軍基地の軍事戦略上の重要性に着目しつつ、戦時中から沖縄の施政権行使の継続決定までの米国の沖縄政策を考察した。それは、米国において日本の防衛力増強が沖縄の施政権返還の前提条件とされていたこと、すなわち沖縄の領土主権問題と日本の防衛力増強問題とが関連付けられていたことを論じた。宮里の議論を概括すれば、以下の通りになる。米国は、沖縄の軍事戦略上の重要性から一九四五年にポツダム宣言を作成する際にはその領土主権の帰属先に関する決定を保留した。しかし、サンフランシスコ講和条約の立案段階において、沖縄の戦略的管理のためには日本からの反発を回避する必要があったために、日本に沖縄の「潜在主権」の保持を認める判断を下した。ただし、主権回復後の日本が、米国の望むように防衛力増強を促進させなかったため、一九五三年六月に奄美諸島の施政権返還を決定する一方で、沖縄の施政権返還を先送りした、という説明である[15]。

その後日本の外交文書の公開が徐々に進み、日米交渉の推移が明らかになったことで、日本に沖縄の「潜在主権」の保持を容認した米国の決定に関する解釈に修正が試みられた。その試みの端緒は、河野康子によるものである。河野は、軍事戦略上の理由に加え、沖縄の領土主権の維持に関する日本からの要請が米国による「潜在主権」容認の背景にあったことを指摘した。冷戦の発生を契機に日本との安全保障関係を築くことを企図し始めた米国が、同盟国となる日本への政策的配慮を行ったのである[16]。さらに、サンフランシスコ講和条約の成立に至るまでの日本の外交文書の公開が概ね完了した段階で、「潜在主権」をめぐる決定過程の再検討を行ったロバート・D・エルドリッヂも、そこに米国による日本への政治的配慮が働いていたことを論じた[17]。もっとも、日本の外交文書の公開を受けて、宮里も、米国の「潜在主権」容認の決定過程において対日配慮が作用していたことに言及しているが、やはり軍事戦略の観点からの判断の方が影響していたとの立場をとっている[18]。米国による対日配慮の影響力の捉え方について違いはあるものの[19]、それが存在していたという点では共通した理解がなされていると言えよう。

他方で、沖縄基地問題の長期的展開を扱うなかで、同問題の起源に焦点を当てるべく、沖縄をめぐる戦後初期の日米関係を検証した研究が存在する。しかしながら、そのような研究も、米軍基地をめぐる沖縄現地の情勢についての検討を新たに加えてはいるものの、米国による沖縄の施政権行使の継続決定までの過程については、前記の見解を継承している。[20]

以上の先行研究の議論は、次のようにまとめられる。沖縄米軍基地の重要性から米国は、終戦の段階において沖縄の領土主権の帰属先に関する決定を保留したが、講和に際しては、日本に対する政治的配慮を行い沖縄の「潜在主権」の保持を容認した。しかし、主権回復後の日本が米国の望むように防衛力増強を促進させなかったため、施政権の返還は見送った。つまり、沖縄をめぐる戦後初期の日米関係に関する従来の研究の議論は、沖縄の領土主権問題と日本の防衛力増強問題との連関の成立という構図の中で行われてきたと言える。

だが、日本と安全保障条約を結び同盟関係を築くことを試みた米国が、日本に対して政治的配慮を行うことはいわば自然なことである。問題は、なぜ、ポツダム宣言の作成段階では沖縄の領土主権の帰属先に関する決定を留保し、日本から沖縄を剝奪する可能性を残していた米国が、冷戦という日米の共通脅威が存在する国際政治環境の中において、日本に沖縄の「潜在主権」の保持を容認したのかということである。第三章で詳しく見る通り、米国が日本に沖縄の「潜在主権」の保持を容認することを決定した際には、一九五〇年六月に勃発した朝鮮戦争が依然続いており、沖縄米軍基地は朝鮮戦線に対する作戦支援基地となっていた。このことに鑑みれば、米国が日本に対する政治的配慮のみを根拠に、それまでの方針を転換したとは考え難く、既存の議論ではこの問いに答えることが難しいと言えよう。「潜在主権」容認の背景についての解明が未だ十分に行われていないことで、結果として先行研究は、日本の主権回復後の時期において、沖縄の施政権返還問題と日本の防衛力増強問題との連関が生まれていたことの要因とその背景についても十分に明らかにしていない。そもそもなぜ、米国が軍事戦略上から重視していたことに起因して生まれた沖縄をめぐる問題が、日本の防衛力増強問題と関連付けられるようになったのだろうか。沖縄の施政権返還問題と日本の防衛力増強問題との連関という視点から、沖縄をめぐる戦後初期の日米関係を意義付ける従来の議論は、当該期における日米関係の理解の枠組みにはなるものの、今日まで続く沖縄基地問題の内実を説明するには不十分であると言わざるを得ない。

また、先行研究では、沖縄をめぐる戦後初期の日本の政策行動の消極性もしくは限定性が指摘されることがあった。だが、沖縄の領土主権問題が戦後処理問題の一環であったことに鑑みれば、敗戦国日本が政策行動の制限を余儀なくされていたことは自明であった。戦後初期の日本の沖縄構想を考察するにあたっては、戦後復興期という時代状況と、これに由来して存在していた政策選択の制約に着目する必要があると思われる。

三　分析視角――沖縄米軍基地の役割の変遷

以上の問題意識に立脚し、本書は、沖縄米軍基地の役割の変遷という視角に基づき、戦後初期における沖縄をめぐる日米関係を検証する。

米国の対日政策と沖縄米軍基地の連関

この視角を設定する理由は以下の二つにある。第一に、沖縄米軍基地の役割が時期ごとに異なっていたことである。次章以降で詳しく見る通り、分析対象時期である一九四五年から一九五三年にかけての国際政治環境は、米ソ協調主義に基づく国際秩序から、米ソ対立による冷戦構造の確立へと大きく変化した。沖縄米軍基地の役割もこの国際政治環境の変容に伴い変化していたのである。もっとも、先行研究においても、明示的か黙示的かの違いこそあれ、沖縄米軍基地の役割が時期ごとに異なっていたことを前提とした議論が展開されている。しかしながら、沖縄米軍基地の役割の変遷を正面から扱った本格的な研究はまだない[21]。

沖縄米軍基地は、太平洋戦争の最中の一九四五年三月末から行われた沖縄戦を契機に設けられた。沖縄を「血で購った」米国、とりわけ米軍部は、太平洋戦争終結後間もない時期から、日本との講和成立後も沖縄米軍基地を保有することを追求した。その背景として重要であったのは、第二次世界大戦中に米ソを中心とする連合国が実現を目指した戦後国際秩序構想の存在だった。米ソ二大国の協調の継続を重視した連合国の戦後国際秩序構想では、国民党による中国という前提から、米国が日本を含むアジア地域を勢力圏とし、その秩序維持の責任を担うことになっていたのである。

戦時中以来の米国の戦後アジア構想の中で、秩序維持を図る際に重要な存在と目されていたのが、太平洋戦争の敵国日本だった。米国は、戦後の日本が再びアジアの秩序を乱すことのないよう監督する方針を固めていた。そこで重要視されたのが、沖縄だった。沖縄に米軍基地を設けることで、戦後日本を監視しようと企図したのである。そのため戦後の沖縄米軍基地には、日本を監視するための拠点としての役割が与えられたのだった。こうして、沖縄米軍基地は、米ソ協調主義に基づく米国のアジア構想に由来する、対日監視の役割を担う基地として使用されるようになったのである。

だが、そのアジアにおける国際政治環境は大きく変容した。一九四七年三月の「トルーマン・ドクトリン」と同年六月の「マーシャル・プラン」の発表を契機として米ソの協調関係が崩壊し、欧州で冷戦が発生すると、その影響は徐々にアジアの国際関係にも及ぶようになった。そこで米国は、沖縄米軍基地に、対ソ戦略の一環としての対日防衛の役割を新たに見出すようになった。一九四九年五月付のＮＳＣ１３／３において沖縄米軍基地の長期保有を決定し、同基地の拡張を図ったのである。

一九五〇年六月に朝鮮戦争が勃発したことにより、東アジアにおける冷戦構造は明確化するに至った。朝鮮戦争を通じて米国は、ソ連に加えて共産化した中国とも対立するようになったのである。朝鮮戦争は一九五三年七月に休戦を迎えたものの、東アジアにおける米国とソ連・中国の対立関係はむしろ深まった。

　米国にとって朝鮮戦争は、沖縄米軍基地の重要性を高める決定的な契機となった。朝鮮戦争の勃発の二日後に米国が参戦を決めたことで、沖縄米軍基地は朝鮮戦線に対する作戦支援基地としての役割を担うようになったのである。朝鮮戦争が一九五三年七月に休戦を迎えながらも未だ終結せず、沖縄米軍基地が朝鮮半島に対する後方支援基地としての役割を担い続けていることに鑑みれば、本書の分析対象時期は、沖縄米軍基地の役割の確立における画期になったと捉えられよう。また、朝鮮戦争の勃発を契機に、日本を再軍備させる方針に転じた米国にとっては、沖縄米軍基地から戦後の日本の非武装化を監視する必要性が失われたことを意味した。沖縄米軍基地は、戦後の日本を監視するという対日政策上の役目を終えるとともに、当初の設置目的を失うこととなったのである。

　しかしながら、本書の分析対象時期における沖縄米軍基地の役割は、国際政治的要因からだけでは説明できない展開も示した。主権回復後の日本の国内政治情勢を勘案した上で定められた、米国の対日政策上の役割である。一九五一年九月八日、サンフランシスコ講和条約と同日に日米安全保障条約[22]が締結されたことにより日米の間には同盟関係が成立し、安全保障条約に基づき米国は引き続き日本本土にも基地を存続させた。日本の眼前で朝鮮戦争が続く一方で、敗戦国として憲法九条に基づき非武装化していた日本が自衛することは困難であった。そのため、在日米軍基地を通して米国が主権回復後の日本に安全を提供することになったのである。

　だが、戦後復興を優先すべく、憲法九条を維持しながら日米安全保障条約を締結するという当時の首相吉田茂の選択は、日本国内に激しい政治対立をもたらした[23]。そして吉田政権の政治路線を批判する勢力が在日米軍基地の存在に否定的であったことは、米国政府内に在日米軍基地の使用制限に対する不安を生み出した。そこで米国が講じた措置は、沖縄米軍基地に在日米軍基地の使用が制限された場合への備えとしての役割を付与するというものであった。沖縄米軍基地を存続させることで、在日米軍基地の使用が制限されるという事態に備える方針が採られたのである。在日米軍基地の使用制限への備えというこの役割は、日米の二国間関係が、敵対から同盟へと転換していたからこそ必要とされた、沖縄米軍基地の役割に他ならなかった。

そしてこのことは、沖縄米軍基地の対日政策上の役割が大きく変化したことを意味した。前述のように、そもそも沖縄米軍基地は、米ソ協調主義に基づく米国のアジア秩序構想に由来する、対日監視の役割を担う基地として設置された。だが、国際政治環境の変容を背景に、日米の二国間関係が変化したことで、同盟国日本に対する不安への対処の一環として、沖縄米軍基地は新たな役割を担うようになっていたのである。

沖縄米軍基地の役割変化と日米の沖縄政策

本書が沖縄米軍基地の役割の変遷という視角を設定する第二の理由は、米国はもとより、日本も沖縄米軍基地の同時代的役割を所与とした沖縄構想を有していたことにある。

米ソ協調主義に基づく戦後国際秩序の構築が目指されていた時期の米国は、沖縄を戦後の日本を監視するための拠点として重要視していた。そのため、沖縄米軍基地の管理権確保の手段を慎重に検討すべく、一九四五年七月にポツダム会談が開催された段階において沖縄の領土主権の処遇に関する決定を先送りした。ポツダム宣言の領土条項において戦後の沖縄の帰属先が明記されなかったのは、ポツダム宣言作成の時点で、米国が沖縄の処遇に関して具体案を保持していなかったからであった。そのため、沖縄の領土主権問題は戦後処理問題の一環となった。

米国はその後欧州で発生した冷戦がアジアに波及する過程で沖縄米軍基地に対ソ戦略の一環として対日防衛の役割を新たに付与し、同基地の長期保有を決定した。そして、その際に沖縄の領土主権の帰属先についての具体的な検討を先送りした。その判断は、沖縄の領土主権を日本から剝奪することを企図するものだった。

しかし、一九五〇年六月に朝鮮戦争が勃発し、これに中国が参戦したことは、沖縄の領土主権を日本から剝奪する方針に傾き始めていた米国の考えを一転させた。日本に再軍備を要求する方針に転じた米国にとって、もはや沖縄米軍基地から日本を監視する必要性が失われたからであった。

朝鮮戦争勃発後、日本を自由主義陣営の一員として確保することが肝要であるとの認識を抱くようになった米国にとって、沖縄の領土主権を剝奪することで日本国内における反米感情が高まることは回避すべき事態であった。とりわけそのような事態の回避の必要性を重視していた国務省が、朝鮮戦争への中国の参戦とこれに伴う戦況の悪化という状況への対処法として編み出したのが、沖縄の防衛責任の負担を日本に求めるという発想であった。講和後の日本がいずれ沖縄防衛の責任を負担することを前提とし、沖縄を日本の主権下に残そうと試み始めたのだった。つまり、沖縄米軍基地を対日監視の拠点という設置当初の目的通りに利用する必要がなくなったことは、米国に日本を沖縄防衛に関与させることで、日本の主権下に沖縄を残す発想をもたらすことになっていたのである。

かたや日本は、沖縄の領土主権を喪失する危機に直面していたため、講和に向けた準備の過程で、米国の政策における沖縄米軍基地の役割に注目していた。降伏の際に受諾したポツダム宣言の領土条項である第八項では、本州、北海道、九州及び四国という主要四島を日本の領土として残すことを確約する反面、沖縄の帰属先が明記されていなかったが、その理由を、米国にとっての沖縄米軍基地の存在意義の大きさに見出していたからである。

終戦直後の日本は、非軍事化の達成を講和のための所与の条件と考えていたため、非武装化後の日本を監視する役割を果たす沖縄米軍基地の受け入れを敗戦国である自国に課された義務と捉えながらも、沖縄の領土主権は講和後も保持できるものと考えていた。しかしながら、一九四六年一月に沖縄が日本から行政的に分離され、さらに三月になり憲法九条が発表されたことで、連合国が徹底した非武装化を追求する方針であることを察知した日本は、自国が沖縄の領土主権を喪失する可能性を懸念するようになった。また対日監視の重要拠点である沖縄米軍基地の存在を理由に、講和後の沖縄が国連憲章に基づき米国による信託統治の下に置かれる可能性が高いことを予想するようになった。そのため、欧州における冷戦の発生を契機に沖縄米軍基地に日本の対外防衛上の役割が加わったことは、沖縄の領土主権を喪失する可能性が一層高まったことを日本に想起させたのだった。

以上の日本の構想は、一九五〇年六月に勃発した朝鮮戦争により一変した。朝鮮戦争を契機に米国が一転して日本に対して再軍備を求めるようになったことで、沖縄米軍基地が非武装化後の日本を監視するという役目を負う必要がなくなったと日本は理解した。そのため、沖縄米軍基地の使用権限の維持のために米国が信託統治を沖縄において実施する場合でも、その目的は専ら日本の安全保障との関係にあるため、信託統治終了後に沖縄の領土主権を確保し得る可能性を見込むようになった。

ただし、朝鮮戦争に中国が参戦したことで戦況が悪化すると、沖縄における信託統治の実施自体は免れ得ないとの判断から、信託統治終了後に沖縄の施政権が日本に委譲されることの保証を、米国から獲得することを講和の際の課題と位置付けた。その方針のあらわれが、一九五一年一月末から行われた講和をめぐる日米会談に際して吉田首相の指示の下で示された、基地を長期にわたり租借する「バミューダ方式による租借をも辞さない用意がある」との提案だった。

ただし、米国にとって一九五一年一月末からの日本との会談で最も重要であったのは、日本から防衛努力の言質を引き出すことであった。そこで、再軍備を拒否する「建前」を堅持することで講和が頓挫することを懸念した日本が「再軍備計画のための当初措置」を提出したことを受けて、米国は日本から防衛力増強の確約を得たと判断した。日本が沖縄の防衛責任を負担する第一歩を踏み出したとの理解であった。日本による「再軍備計画のための当初措置」の提出は、米国への迎合的な対応ではあったものの、それは日本が憲法九条を維持した状態での再軍備を選択したことを意味した。こうして米国は、日本に対して沖縄の「潜在主権」を認めつつも、沖縄における信託統治の実施可能性を残す形で、サンフランシスコ講和条約の領土条項を成立させたのだった。

一方、講和条約の立案と同時並行で進められていた安全保障条約の立案過程において、沖縄問題との関連で重要だったのは、条約の効力終了の条件を記した第四条が定められたことであった。講和の際に締結する安全保障条約を暫定的な条約と位置付けていた日米は、日本が再軍備をした後に相互防衛条約を締結することを想定していた。そこで相互防衛条約締結の条件として安全保障条約案第四条に記されたのが、日本が防衛力を増強し、将来的に「日本区域」の防衛責任を負担することであった。その際に、講和条約の立案過程で日本に沖縄の「潜在主権」の保持が認められていたことで、日本がいずれ防衛責任を負うべき「日本区域」に沖縄が含められることになった。

以上の結果、沖縄をめぐる日米の将来構想の中に、沖縄米軍基地の整理・縮小を可能にする論理が生まれた。日本が米国と相互防衛条約を締結し得るほどの軍事力を保持し、沖縄防衛の責任を負担できるようになれば、その分だけ沖縄における米軍基地の存続の必要性は失われ、基地を整理・縮小することが可能になるとの論理であった。

しかしながら、主権回復後間もない時期の日本にとって、沖縄防衛の責任を負担することは現実的に困難であった。日本の中立化に対する不安から沖縄米軍基地の対日政策上の重要性が高まる中で、日本が沖縄の施政権返還について働きかけを行わなかったこと、そして日本国内における強い再軍備反対論の存在が一九五二年一〇月の総選挙を通じて明確化したことを受けて、それまで沖縄の施政権返還の実現可能性を模索していた国務省は、構想の見直しを図った。沖縄の施政権返還が日本の中立化の予防につながらない可能性が高いこと、日本による沖縄防衛の責任負担の実現可能性が低いことがその理由であった。米国政府内は、沖縄米軍基地の使用権限を維持すべく、沖縄の施政権を行使し続けるべきであるとの考えで統一されていったのだった。

そうした中で、トルーマン（Harry S. Truman）の後任として大統領に就いたアイゼンハワー（Dwight D. Eisenhower）は朝鮮戦争の休戦と国防費の削減を政権の重要課題と位置付けた。そこで、日本に対する防衛力増強要求を緩和することを決めた米国は、日本による沖縄防衛の責任負担を先送りする判断を下した。それは、沖縄防衛の責任負担を米国が引き続き負わなければならないことを意味したため、一九五三年六月にＮＳＣ１２５／６で米国は、沖縄米軍基地の使用権限を維持すべく、自国による沖縄の施政権行使の継続を決定したのだった。

他方で主権回復後の日本は、引き続き沖縄において信託統治が実施される可能性を念頭に置いていた。沖縄の「潜在主権」の保持を容認されたとはいえ、朝鮮戦争が継続する最中において米国の軍事戦略上、沖縄米軍基地の役割が重要であることに変わりはないため、信託統治の実施可能性自体は存在するという理解であった。当面は米国の沖縄統治が続くことを予想した日本は、これに伴い生じる実際的な問題への対処を眼前の課題と位置付けた。そのため、沖縄の施政権返還に向けた具体的な取り組みに着手せず、その実現に消極的であるとの印象を期せずして米国に与えることになったのであった。

だが、朝鮮戦争の休戦の実現可能性が高まる中でも日本は、米国による沖縄統治の継続を前提とした構想を引き続き抱いた。戦後復興の途上において、日本が沖縄防衛の責任負担を検討することはなかった。日本にとって沖縄防衛問題はあくまで後世の課題だったのである。そこで日本は、米国に対して沖縄の施政権返還を早期に要請することは現実的でないと結論付けたのだった。

こうして、一九五三年半ばに朝鮮戦争の休戦という新たな状況の到来への対応を図る中で日米によって下された、日本による沖縄防衛の責任負担の先送りという判断によって、沖縄米軍基地の整理・縮小が遠のくという事態が生まれていたのであった。

以上の通り、沖縄をめぐる戦後初期の日米関係を沖縄米軍基地の役割の変遷という視点から考察することで、沖縄に大規模な米軍基地を長期にわたり存続させること、すなわち基地の固定化が日米両政府間において当初から想定されていたわけではなかったという、従来の議論からは見出すことのできなかった、沖縄基地問題の新たな像が浮かび上がるのである。また、日米の将来構想の中には沖縄米軍基地の整理・縮小を可能にする論理が成立してはいたものの、かといってそのような構想の具現化も現実的ではなかったのだった。ここに、沖縄米軍基地の流動的な状況が生まれていたことが浮き彫りになるのである。

四　本書の構成

以下、第一章では、沖縄戦を契機に米国が沖縄に米軍基地を設けた当初の目的が、戦後の日本を監視するための拠点を築くことにあったことを明らかにする。沖縄がそのような米軍基地の拠点として重要であったため、ポツダム宣言作成段階において米国が沖縄の領土主権の帰属先決定を留保し、その帰属先をめぐり米国政府内において軍部と国務省の間で論争が起きていたのである。またここでは、沖縄米軍基地を対日監視の拠点として重視する米国の方針を受けて、沖縄の領土主権の喪失を懸念するようになった日本が、沖縄における信託統治の実施可能性を検討していたことを明らかにする。そしてそのような予測の下で、日本が対日監視拠点としての沖縄米軍基地の受け入れを前提とする駐留協定構想を編み出していたことを併せて指摘する。

第二章では、沖縄米軍基地に、対ソ戦略の一環として対日防衛の役割が新たに加わる過程を検証する。欧州において冷戦が発生したことを契機に、沖縄米軍基地に対日防衛の役割を見出すようになった米国は、日本との講和後も同基地を長期保有し、沖縄の領土主権を日本から剝奪する方針に傾き始めたのである。一方、沖縄米軍基地が複合的な役割を担うようになったことは、日本にとって、沖縄における信託統治の実施可能性と、それに伴う領土主権の喪失可能性が一層高まったことを意味した。そこで日本は、沖縄米軍基地が対日監視と対日防衛の役割を持つことを所与とする駐留協定構想を練ったのである。

朝鮮戦争の勃発を契機に、沖縄米軍基地が対日監視の拠点という設置当初に期待された対日政策上の役目を終えたことで、日米の沖縄構想は一変し、沖縄基地問題の構図の形成へとつながる。第三章と第四章はこのような沖縄基地問題の構図が形成されていく過程を跡付ける。

まず第三章では、沖縄基地問題の構図の第一の要素である、日本による沖縄防衛の責任負担と引き換えに、沖縄米軍基地の整理・縮小が可能になるという論理が日米の間で成立していたことを明らかにする。朝鮮戦争への米国の参戦に伴い沖縄米軍基地は、朝鮮戦線への作戦支援基地としての役割を担うことになった。その一方で、対日監視の拠点という設置当初に付与された対日政策上の役目を終えた。朝鮮戦争勃発後、日本の再軍備を追求する中で米国は、講和のための日米会談において日本から再軍備の着手の確約を得たことで、沖縄の「潜在主権」の保持を容認するのである。これに伴い、条約の効力終了という日米安全保障条約の将来的な展望を定めた第四条において、日本が将来的に防衛責任を負担すべき地域に沖縄が含まれたことで、日本による沖縄防衛の責任負担によって沖縄米軍基地の整理・縮小が可能になるという論理が成立したのである。

第四章では、日米がともに、日本による沖縄防衛の責任負担という将来構想の具現化を先送りしたことで、沖縄米軍基地の整理・縮小の実現が遠のく事態が創出されるという、沖縄基地問題の構図の第二の要素が形成されていく過程を検証する。朝鮮戦争の休戦という重要な転機を迎える中で米国は、日本国内の政治情勢から、日本による沖縄防衛の責任負担が困難であると判断した。そして、沖縄米軍基地の使用権限の維持のため、沖縄の施政権行使の継続、すなわち沖縄統治の継続を決定したのである。他方で日本は、朝鮮戦争の休戦が現実味を帯びる中で、沖縄における信託統治の実施を前提とした占領期以来の構想の修正を図った。ただし、戦後復興の途上においては、日本が沖縄防衛の責任を負担することは困難であった。そのため、その責任の負担を後世の課題として先送りし、米国による沖縄統治の継続を前提とした構想を引き続き抱いたのである。

序章を締めくくるにあたり、本書で利用した史料について述べたい。まず、米国側の史料は、国務省、統合参謀本部、そして国家安全保障会議の文書、また各大統領図書館などに所蔵されている当該期の日米関係の外交文書のマイクロ化作業が進み、膨大な文書史料が日本でも容易に利用可能になっている。また、沖縄関連の米国の史料は、沖縄県公文書館によって収集が進められ、入手できるようになっている。本書は、米国国立公文書館やトルーマン大統領図書館で収集した史料も使用するが、米国の政策に関する叙述の多くは、日本国内で収集可能な史料に依っているところが大きい。

また、本書における日本に関する叙述は、主に外務省外交史料館所蔵の外交記録に基づいている。講和に至るまでの外務省関連の文書は既にその多くが公開されてきた。それらの文書に加えて本書は、近年新たに公開された一九五〇年代初期の外交文書を利用した。さらに、占領期の日本が外電で知り得た情報や、日本の国内情勢等については、当時の新聞をもって補完している。

第一章　沖縄米軍基地をめぐる日米関係の起源

米国は、戦後構想を練り上げる中で、第二次世界大戦中から沖縄において基地を設けることを企図していた[1]。本章は、戦後初期の日米両政府の政策構想において、沖縄米軍基地が日本の非軍事化措置の一環としての役割を果たす存在とされていたことを明らかにする。

周知の通り、米国の初期の戦後構想において、日本は非軍事化され、徹底的に弱体化されるべき存在とされた。その時期の米国にとって沖縄は、武装解除後の日本を監視する保障占領[2]の拠点として重視されていた[3]。そこで米国は、保障占領を目的とする米軍駐留を沖縄において受け入れる義務を日本に対して課そうと考えた。沖縄米軍基地の設定は、対日占領政策の柱である戦後日本の非軍事化措置の一環として行われることとなったのである。

ただし、終戦を迎える段階において米国は、いかなる形態によって戦後の沖縄に基地を設け、これを統治すべきか結論を下すことができなかった。そのため、ポツダム宣言上で日本に非軍事化の義務を課す一方で、領土条項において沖縄の領土主権の帰属先を明記することを回避した。そこで終戦後は、とりわけ軍部が、講和後の沖縄における基地管理権を確保するための方法を模索した。米国の戦後沖縄政策は、保障占領の拠点となる沖縄米軍基地の獲得を目的として策定され始めたのである。

一方の日本は、ポツダム宣言の領土条項である第八項において、本州、北海道、九州及び四国という、主要四島を日本の領土として残すことが確約される反面、沖縄の帰属先が不明確であったため、沖縄が講和後自身の領土として残される保証はないと考えた。そのため日本にとって、沖縄の領土主権を保持することが講和に向けた重要課題の一つとなったのである。

他方で、占領初期の日本は、自身の非軍事化の達成を最重要課題としていた。日本はポツダム宣言に示された連合国の対日方針に従うことを敗戦国の義務と捉えており、そこで連合国が示した対日政策の中核が、日本の非軍事化だったからである。敗戦国日本にとって、非軍事化の達成こそが講和の絶対的要件であった。日本にとって非軍事化とは、二つの側面からなる義務であった。第一に、武装解除である。ポツダム宣言第六項は、日本に戦争遂行能力を徹底して解体することを求めていた。第二に、保障占領の受け入れである。ポツダム宣言第七項では、日本が戦争遂行能力を失うまで連合国が日本の領域内にとどまる保障占領を実施する方針が示された。そのため、武装解除とともに保障占領を受け入れることではじめて、日本は非軍事化という敗戦国の義務を履行したことになるのであった[4]。

これまで、日本に対する非軍事化措置の一環である、保障占領の拠点としての沖縄米軍基地をめぐる日米関係については、必ずしも十分な分析が行われていない。日本の占領期の途中から生じた冷戦に伴う国際秩序の変化と、冷戦の論理の中における沖縄米軍基地に対する日米の対応を論じる研究が多数存在する一方で[5]、それ以前、すなわち戦後初期の米ソ協調に基づく国際秩序下における、沖縄米軍基地をめぐる日米の構想はほとんど取り上げられていないのである。

もっとも、戦後初期の沖縄基地問題に触れた研究は存在するが[6]、主に米国の軍事戦略の観点からの考察にとどまっており、本章が焦点を当てる保障占領の拠点としての沖縄米軍基地をめぐる日米両政府内における議論の検討はなされていない。従来の研究は、米国が、保障占領の拠点としての役割を沖縄の基地に付与していたこと自体は指摘するものの[7]、その背景としての日本の非軍事化という当時の米国の対日方針と同基地の存在意義との関連性を十分に説明していないのである。

本章では、沖縄米軍基地をめぐる日米関係の起源に、非軍事化の要件であった保障占領の受け入れ問題があったことを明らかにする。以下では、保障占領の拠点としての沖縄米軍基地をめぐる日米両政府の政策構想を、三つの時期に区切って考察する。第一節では、戦時中の米国政府が、戦後構想を練り上げる中で、保障占領の拠点として、沖縄における米軍基地の設定を検討し始める過程を叙述する。第二節では、非軍事化措置として実施された、沖縄の行政的分離と憲法九条の制定前後における日本の沖縄構想、及び米軍部の沖縄信託統治構想の形成過程を詳らかにする。第三節では、沖縄信託統治構想をめぐる米国政府内の議論と、沖縄の信託統治化を回避すべく日本政府が編み出した駐留協定構想、及びその挫折の過程を記述する。

第一節 保障占領の拠点としての沖縄米軍基地

一 連合国の戦後国際秩序構想と日本の非軍事化

沖縄は、太平洋戦争の際に行われた沖縄戦を契機として米軍の直接統治下に置かれることになった。そして、講和に至る過程において沖縄の領土主権問題は、日米両政府にとっての重要課題と位置付けられるに至る。なぜ、沖縄の領土主権問題は、戦後処理問題の一環として争点化されるようになったのであろうか。そのきっかけは、太平洋戦争終結の際に日本が受諾したポツダム宣言の領土条項に求めることができる。

連合国は、ポツダム宣言の領土条項である第八項において、「『カイロ』宣言の条項は履行せらるべく又日本国の主権は、本州、北海道、九州及四国並吾等の決定する諸小島に局限せらる」と規定した[8]。この条項により、戦後日本の領土として本州、北海道、九州、四国の主要四島が残されることが明確化した。その一方で、沖縄等の日本本土周辺の島々の帰属先の決定は留保される形となった。そのため、沖縄の領土主権をめぐる問題は戦後処理問題の一環として、講和の過程で扱われることになったのである。

沖縄が置かれたこのような状況について考える際に重要であるのが、ポツダム宣言起草時期における連合国の戦後国際秩序構想である。そもそも、日本占領の初期段階で実施された各種の占領政策は、連合国が望む国際秩序の実現のために策定されていた。したがって、具体的な占領政策やそれへの日本の対応を検討する前に、占領政策の背後にあった連合国の戦後国際秩序構想を明らかにする必要がある。

「ヤルタ体制」の中の日本

連合国が目指したのは、戦後においても連合国間の協調関係を維持することであった。とりわけ米ソ二大国の協調が、戦後世界の平和と安定に必須の条件であると考えられた[9]。しかし、一九四四年半ば以降、ソ連の拡張主義的傾向が目立つようになる。米国は、米ソ協調原則に基づく戦後秩序の構築が困難な作業であることを次第に認識するようになっていった[10]。米ソは、戦後秩序のあり方を再検討することになったのである[11]。

一九四五年二月に開かれたヤルタ会談は、米ソ協調によって戦後国際秩序を安定させることを前提に、戦後処理問題の主要議題を話し合う場となった。そしてこの目的を達成するために考えられたのが、米ソ双方が互いに既存の勢力圏を黙認することであった。具体的には東欧等におけるソ連の優位と、アジアにおける米国の優位の相互承認である[12]。すなわち、米ソ協調の維持を前提とした「ヤルタ体制」と呼ばれる秩序構想の確認であった。連合国は戦後世界において、「ヤルタ体制」の実現を目指すことになったのだった[13]。

この構想に基づけば、日本を含むアジア太平洋地域の戦後秩序は、米国の意向を反映する形になる。その米国は、地域の秩序維持のため、安定勢力としての国民党中国の創出とともに、日本の非軍事化を図ることが肝要であると考えた[14]。戦後の日本は、「ヤルタ体制」において徹底的に弱体化させるべき存在だと位置付けられたのである。

そこで米国、とりわけ軍部が重視したのが、太平洋における基地の確保だった。日本敗戦後、アジア太平洋地域の各所に米軍基地を設けることで、地域の安全保障について責任を果たそうと考えたのである。戦後構想の一環として米軍部が用意した海外基地計画は、ルーズヴェルト（Franklin D. Roosevelt）大統領が唱えた、米英ソ中四ヶ国から成る「国際警察軍」構想に由来していた。

「国際警察軍」構想と基地計画

ルーズヴェルトの「国際警察軍」構想は、一九四一年八月に米英が発表した大西洋憲章において説かれた方針に依拠するものであった。大西洋憲章は、「一層広範かつ恒久的な一般的安全保障制度が確立されるまで」、「自国の国境外における侵略の脅威を与え又は与えることのある国々」の「武装解除は欠くことのできないものである」と謳っていた[15]。侵略国の非武装化こそが、戦後世界の秩序維持に不可欠であることを強調したのである。

そして、これを実現すべくルーズヴェルトが考えたのが、アジアの大国となることが期待された中国を含めた米英ソ中四ヶ国による戦後世界の管理であった[16]。四ヶ国が「国際警察軍」として各々の勢力圏に基地を設定し、そこから侵略国の非武装化とその監視をするという試みである。すなわち、保障占領の実施である。

そのためルーズヴェルトは、米英ソ中の四ヶ国がその勢力圏ごとに排他的な基地管理権を確保する体制の構築を目指した[17]。その際に重要視されたのは、四大国それぞれが有することとなる排他的基地管理権の権限範囲を各々の勢力圏に限ることであった。四大国それぞれにその勢力圏における権限を尊重し合おうとしたのである。その試みには、戦後秩序の安定は大国間の協調こそが肝であるとするルーズヴェルトの考えが反映されていた[18]。

ルーズヴェルトの指示の下、一九四三年一一月に統合参謀本部は「戦後米国が必要とする航空基地」と題する文書ＪＣＳ５７０を作成した。ＪＣＳ５７０では、「国際警察軍」の一員として米国が確保すべき基地が列挙された。そこで米国が排他的基地管理権を要求すべき地域として挙げられたのが、戦後米国の勢力圏となることが想定されていた太平洋地域と西半球の島嶼地域であった。これに対して欧州地域の基地についてはあくまで「参加的」な基地権の確保が目指されていた[19]。このことからは、軍部においても、各々の勢力圏を尊重するルーズヴェルトの大国間協調の方針が共有されていたことが窺える。

この後ＪＣＳ５７０は、修正を重ねられた後の一九四四年一月に、ＪＣＳ５７０／２としてルーズヴェルトの承認を得ることになった[20]。ＪＣＳ５７０／２は、一九四五年一〇月に抜本的な改定がなされるまで、米国の戦後基地計画の基本文書となる[21]。こうして米国の戦後基地計画は、「国際警察軍」構想を前提に策定されることとなったのである。

ＪＣＳ５７０／２では、太平洋地域における排他的基地管理権の確保の重要性が指摘された。この指摘の背景に、当時太平洋上で米国と戦火を交えていた日本の存在が関係していたことは言うまでもない。確かにＪＣＳ５７０／２は、戦後米国の世界規模での基地計画書という性質上、文書作成の第一義的な目的は防衛ラインや勢力圏の確認にあった[22]。しかし、太平洋地域を勢力圏とする米国にとって、日本は大西洋憲章が謳った「自国の国境外における侵略の脅威を与え又は与えることのある国」であった。そのため、戦後米国が日本の武装解除とその後の監視を目的とする保障占領を行うことは自明であった[23]。つまり、「国際警察軍」構想に基づき、米国が戦後日本の非軍事化を確実に実現するためには、単に武装解除を日本に課すだけでなく、付近の米軍基地からこれを監督することが必須だったのである[24]。

ポツダム宣言には以上のような米国の方針が端的にあらわれた[25]。第六項では、日本における「無責任なる軍国主義」を「駆逐」する意向が示された。また第七項では、「日本国の戦争遂行能力が破砕せられたることの確証あるに至る迄」は連合国が「日本領内の諸地点」を占領すること[26]、すなわち保障占領を実施することが明記された。

加えて、対日占領の基本方針を定めた初期の対日方針(一九四五年九月二二日付)においても、日本の非軍事化を徹底する方針は引き継がれた。「日本国が再び米国の脅威となり又は世界の平和及安全の脅威とならざることを確実にすること」が「日本国に関する米国の究極の目的」として掲げられ、非軍事化を対日政策の基軸にすることが改めて強調されたのである[27]。これは、米国が日本の「軍国主義再興の芽をつむ方針[28]」を堅持していたことを示していた。米国は戦後日本の非軍事化の実現を試みたのである[29]。

二 沖縄の帰属先決定の先送り

保障占領の拠点

では、日本の非軍事化を確実にするべく、武装解除後の日本を監督する保障占領の拠点として適当な地域はいったいどこなのか。この検討の過程で浮上したのが沖縄にほかならない。

ただし、前述のJCS570/2(一九四四年一月一〇日付)において沖縄は、米国が排他的基地管理権を持つべきか、それとも「参加的」な権利に限定すべきか判断のつかない地域とされていた[30]。だが、少なくとも米国が「諸大国の一員として平和執行」の共同責任を負う地域として指定すべきであるというのがこの時の結論だった[31]。米国にとって、沖縄基地の必要度合いについて未だ判断はつきかねるが、保障占領の重要拠点として、戦後の沖縄を確保しなければならないとの理解である。

ただし、戦時中の沖縄の同時代的役割は、日本本土侵攻のための拠点であった。一九四四年一〇月に統合参謀本部は沖縄侵攻を決定し、これを受けた太平洋地域軍総司令官ニミッツ(Chester W. Nimitz)が一九四五年一月に沖縄攻略作戦「アイスバーグ作戦」を立案する。アイスバーグ作戦は、日本本土侵攻の足がかりとなる軍事基地を沖縄に建設することを目的とした作戦であった[32]。戦時中から、米国にとって沖縄が「日本からの防衛」の要所であったという指摘は[33]、以上のような政策的背景に基づくものである[34]。

「ポツダム宣言」起草時の判断

しかし、ポツダム宣言起草時までに米国が沖縄基地の取得方法を決定することはなかった。ただし、一九四四年一一月に設立された国務・海軍・陸軍省から成る三省調整委員会（State-War-Navy Coordinating Committee: SWNCC）において、基地拠点としての重要性から、戦後処理問題の一環として、沖縄の処遇について検討する必要性自体は既に指摘されていた。一九四五年三月に国務省によって作成された文書ＳＷＮＣＣ５９「極東における政治―軍事問題―領土問題の調整」では、米国政府内で沖縄の処遇のあり方を戦後処理問題の一環として扱うことが要請された。「琉球諸島など、日本帝国のある特定地域の将来の地位に関して米国が有する政治上、安全保障上の利益」を検討すべきであるとの指摘だった[35]。

このことは、一九四五年三月末の沖縄戦開始時点において、米国政府が沖縄に関する方針を固めることができていなかったことを意味した。国務省が作成した前記のＳＷＮＣＣ５９を受けて、米軍部が基地計画を見直し始めるのは一九四五年五月になってからであった。そして、同年八月に日本が降伏し、戦争終結という新たな国際情勢を背景にようやく計画書が完成したのは、一〇月になってからのことである。

そのため、米国務省及び軍部は、一九四五年七月から始まったポツダム会談において、基地問題を取り上げることに慎重な姿勢を保った[36]。事実、六月の段階でステティニアス（Edward R. Stettinius）国務長官は、「米国は基地に関するいかなる問題にも、議論のイニシアティヴをとるべきではない」と述べ[37]、基地問題の議論を回避する方針を表明した。個別的な基地要求についての方針が明確に定まっていない段階において、米国政府は基地問題を国際交渉の場に持ち出すことを時期尚早であると考えたのだった[38]。

したがって、ポツダム宣言の準備段階においての決定は先送りされることとなった。米国務省作成のポツダム宣言のブリーフィング・ペーパーでは、「琉球諸島の処分について、三省の共同勧告がなされたことはない」[39]と記された。それは、米国政府がその時点で、沖縄の処遇に関する方針を未だ決定していなかったことを示す文言であった。それゆえ米国は、ポツダム宣言の領土条項である第八項において、沖縄の帰属先を明記しなかったのだった。

こうして、講和までの間、沖縄の領土的地位は不明確な状態に置かれることになったのである。

第二節　米軍部の沖縄信託統治構想とその影響

一　終戦直後の日本の対応

非軍事化と民主化の受容

ポツダム宣言を受けて、日本政府は沖縄が講和後自国の領土として残される保証はないと受け止めた[40]。ポツダム宣言上、日本に残される領土として明示された本州、北海道、九州及び四国については、日本の領土主権は「確定的」であると考えられた[41]。しかしその反面、「吾等の決定する諸小島」の範囲が不明確であったことで、沖縄など「其他の諸島嶼」の主権は剝奪される可能性が少なからずあると推察していたのである[42]。

そこで日本政府は、沖縄の領土主権を確保すべく対応策の策定に取り掛かった。その準備作業の際に日本が留意しなければならなかったのが、占領開始時に示された非軍事化政策と沖縄との関係であった。

終戦から間もない時期において、敗戦国日本にとって講和の絶対条件は、非軍事化を達成し、民主化を実現することだった。ポツダム宣言[43]や、占領開始直後に打ち出された初期の対日方針から、連合国の「究極の目的は平和的日本の建設」であるため、彼らは「日本の非軍国主義化、軍事能力の徹底的破壊」を追求するだろう、そう外務省は予想した[44]。日本がポツダム宣言を受諾し、「之を誠実に履行するの義務を負い居る」[45]以上、非軍事化という敗戦国の義務を誠実に履行することこそが、講和実現のための緊要な課題とされたのだった。その意味で、講和に向けた日本の対応策が「非軍事化と民主化という強制を積極的に受容し協力することによって浮かび上がっていく」ものだったと指摘されるのである[46]。

武装解除の実行

では、何をもって非軍事化という義務は履行され得るのか。外務省は、日本には二つの要件が求められていると考えた。第一に、武装解除である。ポツダム宣言第六項で、日本の戦争遂行能力の破壊を企図する方針が提示されていたことを踏まえれば、日本が武装解除をする必要があることは明白であった。

もっとも、終戦直後において、どの程度の軍備制限措置を受けるかは未だ不明とされていた[47]。ただし日本は、武装解除を命じられるといえども、講和後に再び主権国家として国際社会に復帰する以上、「自己防衛の最小限の軍備」が不可欠であり、「新なる基盤に立つ防御的平和的軍備」の許容を主張するべきであると考えた[48]。しかし、既存の研究でも明らかにされているように、そのような日本の構想は憲法九条の誕生を契機に大きく変化する。

保障占領の受け入れ

非軍事化のための第二の要件は、保障占領の受け入れである。日本の戦争遂行能力が失われたことの確証を得られるまで、連合国が日本に駐留する方針であることを明記したポツダム宣言第七項に基づけば、講和後も連合国が「平和条約実施の保障として帝国の一部を占領する」可能性があると予想された[49]。

外務省が保障占領の受け入れの必要性を想定するに至った背景として重要であったのは、第一次世界大戦後に締結されたヴェルサイユ条約の存在だった。講和に向けた準備を開始した当初から、外務省はヴェルサイユ条約を参考に、条約の内容や締結の時期等を推察していた[50]。

そのヴェルサイユ条約では、敗戦国ドイツに対する保障占領の実施が規定され、一五年を三期に分けて順次占領軍が撤退することが定められた[51]。そのため外務省は、連合国は日本に対しても第一次世界大戦後のドイツ同様に保障占領を実施するものと推測したのである。実際、終戦直後の東久邇宮内閣や幣原内閣で外務大臣を務めた吉田茂は以下の通り回顧している。「当初は外務省関係者のものの間では、もし講和後に連合国軍が日本に残るとすれば、それはヴェルサイユ条約後にドイツが占領された例の如く、平和条約履行確保のための保障占領のような形のものであろうとする観測が多かった」と[52]。

そして、この保障占領の受け入れとの関係で外務省が注目したのが沖縄だった。沖縄が、保障占領の拠点となる可能性が高まっていたからである。一九四五年四月に米軍が上陸して以来、米軍の直接統治下にあった沖縄本島では多数の米軍基地が造られ始めていた。少なくとも一九四五年六月末まで、米国は日本本土作戦を決行する方針であったことから、本土出撃の拠点として沖縄米軍基地の整備を進めていたのである[53]。

また、終戦直後から米軍部は、沖縄基地を長期的に維持する意向を示していた。例えば、一九四五年九月に行われた会見において、米海軍次官補は「米国が防衛のために保有しなければならないような基地」として「琉球列島沖縄基地」を挙げていた[54]。そのため外務省は、沖縄における保障占領の実施に「米国の海軍基地の要求」が影響することを見込んだ[55]。

領土主権確保の見通し

しかしその場合も、沖縄の領土主権を確保できると外務省は結論付けた。外務省がこのような結論を下した理由は、以下の二つに見出せる。第一に、連合国が「領土不拡大の原則」に則った領土処理を行う方針を説いていたことである。ポツダム宣言上でも言及されたカイロ宣言（一九四三年一一月二七日）において、「自国のためには利得を求めず、また領土拡張の念も有しない[56]」ことを謳い、連合国が各々の利益を目的とする領土獲得を目指していないことに外務省は注目した[57]。

したがって、日本が「個々の場合に之を援用し有利なる解決[58]」に導けば、沖縄が日本の領土として残されることは必然であると考えられた。外務省当局者であった下田武三は、「連合国がカイロ宣言で領土的野心がないことを言明している以上、日本固有の領土を返還してもらうことは当然」で、この論理に基づき「沖縄（中略）の返還を実現しよう」と取り組んだと回顧している[59]。敗戦国でありながら、領土の確保について強気ともとれる姿勢が見られた背景には、そうした日本政府内の政策的考慮があったのである。

第二に、講和後の沖縄では、保障占領の限りにおいて主権の制限を受け入れればよいとする理解である。将来、連合国との間で締結することになる講和条約はポツダム宣言に準拠することが想定される[60]。そのため、日本が非軍事化義務を履行するには、沖縄における保障占領を受け入れるという、ポツダム宣言に則った主権の制約を甘受する必要がある。だがその一方で、保障占領を名目に沖縄の領土主権の放棄までも強いられる理由は存在しないと解釈されたのだった。

実際外務省は、「沖縄本島の米軍事基地化に就きては我領土として米に之を認むること然るべし」との見解を示していた[61]。換言すれば、沖縄の領土主権を放棄する義務が日本にはないため、講和後沖縄は当然日本に帰属するはずであるとの予想だった。前述の通り、第一次世界大戦後のドイツに対する保障占領として実施されたラインラント占領は、一五年間限定のものであった。それゆえ、終戦直後の時期において、沖縄の領土主権が剥奪されることを予期する余地は、日本政府になかったと考えられる。

二　米軍部の信託統治構想と沖縄の行政的分離

ＳＣＡＰＩＮ６７７の発令

以上のような日本の構想は、連合国軍最高司令官総司令部（General Headquarters, the Supreme Commander for the Allied Powers: GHQ/SCAP, 以下ＧＨＱ）が沖縄を日本から行政的に分離したことで一変することになった。日本政府は、講和の際に沖縄の領土主権を喪失する可能性を懸念するようになったのである。

一九四六年一月二九日、ＧＨＱは、北緯三〇度以南の地域を日本から行政的に分離することを命じる連合国軍最高司令部訓令（Supreme Command Allied Powers Instruction Note: SCAPIN）第六七七号（以下、ＳＣＡＰＩＮ６７７）を発令した[62]。これにより、北緯二七度以南に位置する沖縄は、日本の行政上の権能が及ばない地域となった[63]。

もっとも、沖縄戦以来、沖縄は米軍の直接統治下にあったため、既に日本の行政権が事実上及ばない地域となっていた。一九四五年三月二六日に慶良間列島に、そして四月一日に沖縄本島に上陸した米軍が、米国海軍軍政府布告第一号「米国軍占領下ノ南西諸島及其近海居住民ニ告グ」（ニミッツ布告）を発布し、北緯三〇度以南の地域に対する日本の行政権を停止する旨を宣言していたからである[64]。沖縄では、同年六月二三日に日本軍による組織的戦闘が終結し、九月七日に日本軍と米軍との間で降伏文書調印式が行われた。しかし、九月二日に降伏文書の調印を行い、米国を中心とした連合国による「間接統治」[65]が実施された日本本土とは異なり、沖縄では、降伏文書調印後も引き続き米軍政府が「直接統治」を行う状況となっていた[66]。

日本の降伏後に、米軍部が急ピッチで戦後の沖縄の管理のあり方について検討していたことは、既にいくつかの研究が明らかにしている。[67] すなわち、一九四五年八月二五日に戦後も沖縄基地を維持する方針が固まり、[68] 一〇月二五日付の文書ＪＣＳ５７０／４０において統合参謀本部（JCS）は、沖縄を確保すべき米軍海外基地の中でも最も優先順位の高い「最重要基地群（Primary Base Areas）」の一角に指定した。米国が排他的基地管理権を持つべき拠点と位置付けたのである。[69]

そして、戦後も引き続き沖縄を統治することを強く望んだ米軍部が用意した戦後沖縄構想は、信託統治構想であった。米軍統合参謀本部は、一九四六年一月二一日には国際連合憲章第一二章の国際信託統治制度の規定（第七五～八五条）[70] に基づき、講和後の沖縄を統治する意向を固めたのだった。[71]

国際信託統治制度成立の背景

米軍部が依拠した国際信託統治制度は、一九四五年二月のヤルタ会談で米国によって提案され、新設が決まった制度であった。同会談において制度の基本条項の草案が了承され、同年六月に国際信託統治制度は成立するに至った。[72] 元々、信託統治制度は、連合国が植民地下にある人民の自治能力を高めることを目的として、国際連盟下での委任統治制度を引き継ぐべく考え出されたものである。一九四一年八月に発表された大西洋憲章では、戦後世界において「主権及び自治を強奪されたものにそれらが回復されること」をその理念として掲げていた。[73]

これを受けて米国務省内では、一九四二年二月からその具体的な実現手段の検討が始められていた。そしてその過程で生まれたのが信託統治構想だった。自治が認められず従属的な立場にある人民を連合国が解放し、自治能力を育成する手助けを行うというわけである。[74]

しかし、一九四三年以降、米軍部内で戦後基地計画の検討が本格化するに伴い、信託統治構想には基地の獲得という新たな目的が加えられるようになった。従属的立場から解放すべき地域の対象とされていたミクロネシアなどの日本委任統治領が、戦後の太平洋の安全保障の責任を負うべき米国にとって欠くことのできない領域と位置付けられたからである。実際、一九四四年一月に大統領の承認を受けたＪＣＳ５７０／２において、ミクロネシアは、米国が排他的基地管理権を有すべき地域に既に指定されていた[75]。

だが、大西洋憲章の精神を重視するルーズヴェルト大統領にとって、米国が排他的基地管理権を確保するためとはいえ、ミクロネシアの領土主権そのものを獲得することは論外であった。大西洋憲章はまた、「領土的たるとその他たるとを問わず、いかなる拡大も求めない」として、「領土不拡大の原則」を謳っていた[76]。それゆえ、米国自らが領土の拡大を意図していると受け止められるような行動を起こすわけにはいかなかったのである。米国には、「領土不拡大の原則」の下で、該当地域における「人民の自治能力の向上」に加え、「基地獲得」を両立させることが求められたのだった。

ここで国務省は、信託統治という方式こそ、これら二つの目的の両立を可能にする手段に他ならないと考えた。米国が排他的基地管理権を確保するべくミクロネシアを統治するとしても、その立場は「人民の自治能力の向上」のための支援者である。そのため、ミクロネシアの「主権及び自治を強奪」をするわけではないので、「領土不拡大の原則」に抵触しないとされたのである[77]。

こうして、米国政府が編み出した信託統治制度は、大西洋憲章の精神と米軍部の要求を両立させる手段としての意義を持つに至った[78]。その意味で、「信託統治機構は、かくて太平洋の基地問題を解決する理想的な手段[79]」であったと位置付けられるのである。

さらに、一九四四年の春以降、対日戦争の過程で米海軍によるミクロネシアの制圧が進むと、信託統治構想に「戦略地区」という新たな概念が生み出されるに至った。海軍が、ミクロネシアをより排他的に管理することを望んだためであった。そこで国務省は、統治国の排他的統治を可能とする「戦略地区」の指定に関する規定を盛り込んだ「国際信託統治に関する計画」草案を、一九四五年四月にサンフランシスコ国際連合創設会議に提出した。同年六月に成立した国際連合憲章では、第一二章に「戦略地区」の指定を可能とする「国際信託統治制度」が盛り込まれることになったのである。[80]

軍部の沖縄信託統治構想

以上のような経緯のもとで成立した信託統治制度を、戦後米軍部は、沖縄に対しても適用しようと試みたのである。前述のように、一九四四年一月に大統領の承認を受けたＪＣＳ５７０／２の作成段階では、軍部は未だ沖縄の軍事的位置付けを判断し得ないでいた。[81]しかしながら、熾烈な戦闘を経て、文字通り沖縄を「血で購った」軍部は、これを自らの手による統治によって確保しようと考えたのだった。

ただし、この時期の米軍部の沖縄をめぐる方針が、「ヤルタ体制」の枠組みを前提に策定されていたことは重要である。一九四六年一月二一日付のＪＣＳ５７０／５０で説かれた統合参謀本部の沖縄信託統治構想は、信託統治協定の当事者の第一順位として米英中ソの四ヶ国を想定していた。[82]このことは、米軍部が「ヤルタ体制」の実現、すなわち米ソ協調関係の継続を所与のものとして構想を練っていたことをあらわしていた。[83]

確かに米軍部には、将来の対ソ戦への備えを目的とした対ソ戦略構想において、沖縄の基地を重視する発想が戦後初期からあった。[84]次章以降で詳しく論じるように、実際にこの後米ソの対立が強まるにつれて、沖縄米軍基地は対ソ封じ込めの拠点と位置付けられるようになる。[85]

しかし、ポツダム宣言、及び初期の対日方針（一九四五年九月二二日）において、非軍事化を対日政策の基軸とすることが強調されていたことは前節で述べた通りである。米ソ協調に基づく国際秩序の構築が目指されていたこの時期において、米国の眼前の政策課題はあくまで日本を非軍事化し、米国の脅威にならないようにすることだった。

その意味で、戦後初期のこの時期において、米国にとって沖縄米軍基地は第一義的に保障占領の拠点として重要だったのである。したがって、JCS570/50は、米国が保障占領を目的に沖縄を講和後も統治するとしても、それはあくまで米ソ協調の枠組みの中で実施すべきであると軍部が考えていたことを端的に示した文書であったと理解できよう。

行政的分離の目的

このような統合参謀本部の意向を受け、GHQも沖縄に対して具体的政策を実施する準備に取り掛かった。GHQの中でも、とりわけ民政局（Government Section: GS）が日本に残すべき領土に関する問題を担当し[86]、SCAPIN677を起草することになった。

対日占領政策を立案するにあたり民政局は、一九四五年一一月に統合参謀本部から提示された初期の基本的指令（JCS1380/15）[87]を指針としていた。そして、沖縄に対してもその方針に沿った政策の実施を試みたのである。すなわち、今後、連合国によってなんらかの指令を受けることが予想される「地域の日本からの完全な政治上及び行政上の分離を実施するために適当な措置を日本において執る」ことを命じる初期の基本的指令を遵守するために[88]、沖縄を日本から行政的に分離する必要があると結論付けたのだった。

日本の非軍事化のため沖縄を保障占領の拠点として確保し、米国が排他的管理権を持つことを目指すという当時の統合参謀本部の方針に鑑みれば、民政局は、将来的に沖縄に対してなんらかの措置がとられる可能性が高いことを認識していたと推測できる。つまり、米軍部内で沖縄が保障占領の拠点として重視されていたがゆえに、民政局はこれを日本から行政的に分離することにしたのだった。

その意味で、SCAPIN677は、日本の非軍事化という対日政策の中における、沖縄の位置付けを反映する政策であったと解釈することができる[89]。少なくとも一九四九年半ばまで米軍部は、占領業務を終え次第、日本本土から駐留軍を早期撤退することを当然視し、極東戦略構想上は沖縄米軍基地が確保できていれば十分だとの見解を維持することとなる[90]。

以上の過程を経て発令されたＳＣＡＰＩＮ６７７には、「この指令中の条項は何れもポツダム宣言第八条にある小島嶼の最終決定に関する連合国の政策を示すものと解釈してはならない」旨が明記された[91]。また、ＳＣＡＰＩＮ６７７発令直後の一九四六年二月一三日に行われた会談上、同発令の意図を探ろうとした外務省当局者に対して、ＧＨＱ民政局の高官は、ＳＣＡＰＩＮ６７７が「単なる連合国側の行政的便宜より出でたるに過ぎず従来行われ来りたることを本指令に依り確認せるものなり」、「本指令に依る日本の範囲の決定は何等領土問題とは関連を有せず之は他日講和会談にて決定さるべき問題なり」と説明した[92]。つまり、ＳＣＡＰＩＮ６７７の発令目的はあくまでも行政上の便宜にあるのであり、沖縄の帰属先など、領土をめぐる問題の解決は講和会議に委ねられていることが強調されたのだった。

もっとも、日本がポツダム宣言を受諾してから半年近く経った当時の米国政府内においても、未だ沖縄の処遇に関するコンセンサスは存在していたわけではなかった。戦時中から、軍部と国務省が沖縄の処遇方法をめぐり異なる意見を有していた。前述の通り、軍部は、戦時中から戦後の太平洋地域における海外基地構想を練っており、その過程の中で沖縄の戦略的重要性を認識していた。そして、沖縄戦を契機に、軍部は沖縄を「血で購った島」と見なし、排他的な軍事的権利の獲得を試みたのであった。

これに対して国務省は、国際協調の観点から、沖縄の排他的な軍事的権利の獲得を望む軍部の構想に反対していた。戦時中より国務省は、連合国が日本の領土処理方針として掲げていた「領土不拡大の原則」に従うことが何より重要であり、将来の日米関係を考慮すれば、沖縄は日本から分離するべきではないと考えていた[93]。後述するように、国務省は、ＳＣＡＰＩＮ６７７発令後も、沖縄は日本が保有すべき島嶼であるとの見解を維持した[94]。

ただし、米陸軍には伝統的に、戦争後の現地の統治については、現地司令官に広範な裁量権を認める傾向があった[95]。実際、沖縄を含めた日本占領政策についても陸軍が独占的な権限を有していた[96]。そのため、米国政府としての沖縄政策が未決定だったこともあり、米軍部は自身の方針をSCAPIN677に反映させることができたのであった。軍部と国務省の意見対立はその後も続いたため、結局沖縄の帰属問題は、米国政府内において「棚上げ」されることとなった[97]。このような状況は、一九四七年半ば以降に沖縄政策が米国政府内で本格的に検討され始めるまで続くことになる。

日本の反応

SCAPIN677が「ポツダム宣言第八条にある小島嶼の最終決定」ではないことを謳っていたにもかかわらず、日本はこれを沖縄の領土主権の行方にかかわる重大な指令であると受け止めた。一九四五年一一月に出された初期の基本的指令では、主要四島に加えて対馬諸島を含む約一千の「隣接諸島」が日本の領土として残されることが明示されていた[98]。ところが、SCAPIN677では、日本固有の諸小島をさらに「隣接（adjacent）諸島」と「外辺（outlying）諸島」とに区分される措置がとられていた。沖縄は、日本の領土から外される可能性が高いと見られた「外辺諸島」に分類されていたのである[99]。

そのようなSCAPIN677の文面からは、日本の領土処理をめぐる議論になんらかの進展があったことが窺えるのだった。外務省条約局の川上健三は、GHQによる「この措置の決定にあたっては、将来の日本領域の決定の際のことを念頭においていた」ことは疑いないと受け止めていたことを回顧している[100]。日本政府は、SCAPIN677と来たるべき講和の際の決定を直接結びつけていたのである。

同時にSCAPIN677は、連合国が日本の領土範囲の決定に際して「領土不拡大の原則」を額面通り遵守する意欲に乏しいことを明らかにしたという意味でも、日本にとって重要な指令となった。既述の通り、カイロ宣言では、連合国が各々に利する領土獲得を否定していた。このことを受けて日本政府は、沖縄が保障占領の拠点になるとしても、同島の領土主権の保持は当然可能だと考えていた。

ところが、米国は既に実効的に沖縄を占領していたにもかかわらず、同島に対する日本の行政権の行使を停止することで、自らの管理権限を更に強化しようとしたのである。そのため日本は、沖縄の領土主権を日本から剝奪することも厭わない米国の政策方針がSCAPIN677の背後に存在することを感知した[101]。領土問題に関する報告書作成を担当した外務省条約局の川上[102]は、SCAPIN677は「平和会議で連合国がこれら［千島、小笠原、沖縄］の地域に対する日本の法的領土権を米ソ両超大国に委譲させる意向を持っている」（［　］内、引用者注）ことの表れであり、「併合にも等しい措置」であると見なしていた[103]。この言葉からは、連合国が必ずしも「領土不拡大の原則」に準拠するわけではないと川上が理解していたことが窺える。

実際、SCAPIN677発令直後の一九四六年一月三一日付の文書において、外務省は「領土不拡大の原則」が形骸化しているとの理解を示した。米国が「沖縄本島及小笠原に相当長期に亘り空軍基地を設定」すると見られるが、この背景には「極東に於ける戦略的基地を確保」し、「米国兵の血を以て購いたる島嶼は之を米国が保有」しようとする米国独自の狙いがあることを指摘した[104]。米国による沖縄保有の可能性を想定するようになったのである。外務省当局にとって、「領土不拡大の原則」の援用は、沖縄を日本に残すための有効な手段ではなくなったのだった。

連合国が「領土不拡大の原則」に準じないのであれば、保障占領を名目に、米国が沖縄の領土主権の確保を試みることは容易に想像できた。外務省は、前記文書と同日付の文書で、沖縄を「喪失地域」のひとつに挙げ、講和後の沖縄に対して「統治行政権を行使する国」は日本以外になると想定した。講和に際して「領土の変更」が起こり、沖縄は「新領有国」に帰属することになるものと考えられたのだった[105]。以上の文書を一様に満たしていた雰囲気は、日本が沖縄の領土主権を喪失する可能性が非常に高いという、外務省の悲観的な認識であった。[106]

三　憲法九条の制定

国連に依拠した安全保障の模索

日本に課された非軍事化要件のうち、武装解除との関連で注目すべきであるのが日本国憲法九条である。憲法九条の成立過程に関しては既に多くの研究が存在するので[107]、ここではその詳説は避け、沖縄の領土主権問題との関連で憲法九条がいかなる意義を持ったかを明らかにする。

一九四六年二月にＧＨＱは、戦争放棄、戦力の不保持、交戦権の否定を規定した日本の新憲法草案（ＧＨＱ草案）を提示した。これを受けて日本政府は、三月に「帝国憲法改正草案要綱」を起草し、その第九条で、戦争放棄、戦力の不保持、交戦権の否定を明文化した。

戦争放棄、戦力の不保持、交戦権の否定を求めるＧＨＱ草案は、日本をして完全なる武装解除を命じられたと理解せしめた。前述のように、講和に向けた研究開始当初は、「自己防衛の最小限の軍備」の保持に限り、主権国家として当然主張し得ると考えられていた。その日本政府にとって、憲法九条は予想以上に厳しい措置であった。「平和的国家の建設」という連合国の対日基本方針に基づけば、今後も「徹底的武装解除及び将来の軍事能力の破壊」を日本に対して強く求めてくることが見込まれたのである[108]。

またその場合、将来締結する講和条約では、非軍事化に関連した文言が加えられる可能性が高いと日本は考えた。すなわち、連合国は、日本を非軍事化するための具体的措置を「軍事条項として平和条約に明定せしむ」はずであり、その内容は「極めて厳格なるものとなるべきこと」は容易に想像できるのである[109]。もはや、講和後の日本が対外防衛の手段を持ち得ない状況に追い込まれたことは間違いなかった。

そのため、日本ができることは、「独立国としての国内治安を維持する為最小限度必要なる武装警察乃至国内保安隊の保有を承認せしむること」[110]とされた。このように、非武装状態にあることが敗戦国の義務の履行になると考えた日本は、少なくとも一九四七年半ばまでは国際連合に依存する安全保障こそ講和後の日本が採るべき道だと捉えた。国連憲章第七条では、集団安全保障の構築によって加盟国の安全を保障しようとする国連の理念が謳われている[111]。そこで、講和後に国連に加盟し、国連に日本の安全を委ねることを構想したのだった。日本政府にとっては、国連による安全保障こそが、憲法九条と整合的な安全保障の手段であると考えられたのである[112]。

軍事占領長期化の可能性

同時に日本は、徹底した非武装化を求める連合国の姿勢から、日本が再び主権国家として国際社会に復帰するとしても、実質的には講和以前の軍事占領期と類似した環境下に置かれる可能性を意識するようになった。それは、一九四六年五月一日の朝海浩一郎終戦連絡中央事務局総務部長とアチソン（George Atcheson）対日理事会米国代表との会談（第一回）において示された、米国の対日方針への反応として表れた。

アチソンは、「米国としては日本の占領はその必要な期間に止めたい方針であることは言う迄もない」と付言しながらも、「講和条約が成立しても勿論占領は継続されて行く訳である」との説明を行っていた[113]。そのため、「憲法改正草案要綱」の発表から間もないこの時期において、外務省は、米国による講和後の占領継続の第一義的な目的は、日本の「軍事能力の徹底的破壊」にあると理解したのである。

実際、この朝海・アチソン会談の直後に作成された文書において、外務省は平和条約締結後において行われるであろう「平和条約履行監視」のための保障占領が「相当長期に亘り」、しかもそれが講和以前と「実質上異なる所なき軍管理の続行」になることを予想した[114]。つまり、独立が名目上のものになり、日本が連合国に従属するという関係が講和後も継続する危険性を強く認識するようになっていたのであった。

領土主権喪失の危機

ＳＣＡＰＩＮ６７７の発令を契機に、沖縄の領土主権を喪失する公算が高いことを想定するようになっていた日本にとって、憲法九条の誕生は自らの推論が正しいことを思い知る出来事だった。憲法九条の制定をきっかけに日本が想起した、講和後の保障占領が軍事占領の継続になるという見通しからは、日本から行政上分離され、米軍の直接統治下にあった沖縄が、引き続き米国統治下に置かれることが予測された。連合国は「戦略的意義重大なる諸群島の信託制度への移行等を実行するものと見られ」、中でも「沖縄島は米国に依り国際連合規約第八十二条所定の信託統治地域中の戦略地域に指定せらる」と外務省は考えた[115]。

外務省のこのような見解は、連合国が沖縄等の戦略的に重要な太平洋諸島に対する日本の権利を全く認めない方針をとっているとの認識に基づいていたと推察できる。実際この時期、トルーマン大統領が、「米国将来の安全に不可欠の島嶼には米国のみの信託統治を要求するであろう」と言明していた。加えて米軍高官は、「琉球南西諸島（沖縄を含む）伊豆、小笠原諸島、南方諸島（硫黄島を含む）は米国のみを信託統治国として国際連合の信託統治下に置くことを望んでいる」と発言していた[116]。沖縄が信託統治下に置かれた場合、日本が沖縄に対して何らかの権利を有することが難しいことは、客観的に見ても明らかであった[117]。

また、国連の信託統治制度が、信託統治終了後に該当地域が自治又は独立することを規定していることに基づけば[118]、沖縄に信託統治制度が適用された場合、その領土主権は二度と日本に戻らないことが予想された。そのため、日本は沖縄の「主権の放棄の確認[119]」を求められるであろうとの結論が改めて下された。つまり、日本にとって憲法九条は、沖縄の領土主権を喪失する可能性が高いという、ＳＣＡＰＩＮ６７７の発令以来抱いていた悲観的認識の裏付けとしての意味を持っていたと解釈できよう。

以上のように予想される事態に対処すべく、政策構想を練り直すことを試みた日本が「主張すべき原則的方針」として掲げたのが、「平和条約締結後に於て占領軍の駐留する場合厳に保障占領の埒を越えさるの保障」を得ることだった[120]。敗戦国の義務として沖縄が保障占領の拠点となることを受け入れる一方で、沖縄の領土主権を確保するため、駐留軍の権限が保障占領の域を越えないことの確約を、日本は追求しようとしたのである[121]。ただし、講和条約締結後の沖縄における駐留軍の権限が、保障占領の域を越えないようにするための具体策は、「憲法改正草案要綱」発表から二ヶ月の段階では日本に存在しなかった。そのため、「必要なる文献を蒐集し我方の要求を確定[122]」することが急がれた。

要するに、沖縄の行政的分離と憲法九条の制定という、日本の非軍事化を目的とする二つの重大政策の実施を契機に、日本政府は保障占領の名の下に沖縄の領土主権そのものが剝奪されることを危惧するようになったのだった。

第三節　日米両政府内における議論の本格化

一　軍部と国務省の対峙

「X論文」

沖縄の行政的分離と憲法九条制定への対応に日本政府が追われている頃、米国ワシントンにはその対ソ認識に影響をもたらすことになる重要な報告書が届けられていた。当時駐ソ代理大使であったケナン（George F. Kennan）が作成し、後に通称「X論文」（「ソ連の行動の源泉」）として知れ渡ることになる論考の土台となった、いわゆる「長文電報」である[123]。

「長文電報」は、資本主義体制と共産主義体制の両立はあり得ず、対立は不可避であると宣言した一九四六年二月九日のスターリン（Joseph Stalin）の演説を受けて、米国務省がソ連外交の分析を求めたことへの回答として二月二二日付で作成されたものであった。[124] そこでは、ソ連の対外行動が国際情勢分析や他国の外交政策に基づくものではなく、「ロシア人の伝統的で本能的な不安感」に依拠し、基本的には「国内的な必要性」から為されるものであることが説かれた。[125] それは、ソ連が戦後秩序を構築する上で協調可能な相手ではないことを指摘するものだった。[126] 米国政府内で大きな反響を呼び、米国をして対ソ協調方針を転換させる契機となる当該報告書とケナンの存在は、[127] この後、対ソ協調を基軸としてきた従来の米国の対日占領政策や対沖縄政策にも決定的に重要な変化をもたらすことになる。

しかしながら、この対ソ認識の変化が米国政府内において徹底して共有されるまでには、「長文電報」による報告から一年以上の時間が必要だった。少なくとも一九四七年半ばまで、米国政府内では、従来の対ソ協調を維持する方針とこれを放棄する方針とが入り交じった構想が併存する状態が続いた。[128] その様子は、沖縄をめぐる軍部と国務省の議論にも垣間見ることができる。

国務省の主張――「ヤルタ体制」の実現

前述の通り、終戦直後から米軍部が保障占領を目的として排他的基地管理権を獲得すべく、沖縄の信託統治化を企図したのに対して、国務省はこれに異を唱えていた。その国務省が一九四六年六月二四日に作成したSWNCC59／1は、「ヤルタ体制」の実現を目指し、対ソ協調を重視する観点から、軍部の沖縄信託統治構想の問題点を論じた。SWNCC59／1では、「米国が沖縄や琉球の特定の地点に恒久的な基地を建設することは、国際的に深刻な影響を及ぼし、政治的な反対が大きい」ことが指摘された。「太平洋地域に米国が有する基地に加えてそうした基地を中国大陸の海岸部に隣接する地域に建設すれば、中国の怒りを招くとともに、ソ連にはそれが米国の防衛的な行動というよりは、ソ連に対する挑発的な脅威に映ることになる」との予想だった[129]。つまり、「米国が琉球諸島に基地を獲得する」ことは、ソ連や中国に「米国は政治的、地域的利益の観点から正当化される範囲を超えて拡大しようとしているとみなされる」ことを意味すると考えられたのである。

したがって、「政治的、外交的には、琉球諸島は日本に返還され、非軍事化されるべき諸小島」であるというのが、国務省が下した結論だった[130]。換言すれば、排他的基地管理権の獲得を目的とする沖縄の信託統治は、太平洋を勢力圏とする米国に認められた権限の範囲を逸脱し、「ヤルタ体制」の実現を阻害する行為に他ならないとの判断であった[131]。国務省から見れば、軍部の沖縄信託統治構想は、ソ連や中国に対する配慮に欠け、米ソ協調の維持に悪影響を与える構想に思われたのである。

軍部の主張——対ソ政策見直し

一方で、このような国務省の指摘に対して軍部は、ソ連に対する警戒感を強めることの必要性を訴えた。一九四六年一〇月一〇日付のJCS1619／15は、「航空科学の急速な進歩や新兵器の登場、世界の人口の半分が集中する東アジアがソ連に支配されるかもしれないという巨大な政治的危険」を視野に入れることが肝要であることを主張した。それゆえに米国は沖縄において信託統治を実施し、沖縄等の南西諸島を確実に保持しなければならないと強調したのである[132]。

また、軍部が作成した九月二〇日付の「信託統治協定草案」と題するSWNCC59／6は、施政権者を米国と定めながらも、国連憲章上の信託統治に関する条項に依拠して立案されていた[133]。それは、一九四六年二月時点では、信託統治協定の当事国の第一順位に米英中ソの四ヶ国を想定していた軍部の対ソ認識に決定的な変化が起きていたことを物語っていた。対ソ危機意識を高めた軍部は、沖縄における信託統治の実施についてソ連との協調は困難であるとの認識の下で、これを国連という枠組みの中で行い、ソ連の影響力を相対的に減らすことを試みたのである。米軍部は、米ソ協調の継続を所与とした沖縄構想から脱却し始めたのだった。

もっとも、軍が潜在的な敵対勢力への備えを常とする組織であることを踏まえれば、そこに見られる危機意識の評価には慎重にならなければならない。事実、ＪＣＳ１６１９／１５が沖縄の信託統治が不可欠であることの根拠として挙げていたのは、眼前のソ連に対する脅威認識というよりは、ソ連による将来的な沖縄支配の可能性だった[134]。国務省が推奨するように沖縄を非軍事化した日本の施政権下に戻した場合に、その不安が現実のものとなる可能性が高いことを論じていたのである[135]。

このような論調の背景として留意すべきは、当時の米海軍長官であったフォレスタル（James V. Forrestal）の影響である。フォレスタルは、前述のケナンの「長文電報」に強い賛意を示し、これを軍高官の必読文書として配布していた[136]。このことに鑑みれば、少なくとも軍部内では、対ソ協調方針を放棄する必要があるとの認識が共有され始めていたと理解することが可能であろう。

以上のように、国務省がＳＷＮＣＣ５９／１を作成した一九四六年六月以降、国務・海軍・陸軍省による三省調整委員会において、沖縄処遇に関する議論が重ねられた。だが、国務省と軍部側の対立は一向に収束しなかった。そのため、同年一二月には、沖縄に関する議論は事実上棚上げされることになった[137]。

詳しくは後述するが、一九四七年三月に早期対日講和を提唱したマッカーサー（Douglas A. MacArthur）は、同年六月には「沖縄（中略）は米国に与えられるのが当然」との主張を公に展開することになる[138]。しかしそれはあくまでも、講和後の沖縄統治の継続を目指す米軍部の意向を反映した主張であり、米国政府としての方針ではなかった。米国政府としての方針が固まるのは、一九四七年八月以降、対日政策の立案にケナンが関与し始めてからのことである。

二　日本の駐留協定構想とその挫折

早期講和の気運

前節の通り、沖縄の行政的分離と憲法九条の制定という、日本の非軍事化を目的とする二大政策が米国により実施されたことで、日本政府が沖縄の領土主権を確保するためには、沖縄における駐留が保障占領の枠内で実施されることが不可欠となった。つまり、日本が米国を主とする連合国から「平和条約締結後に於て占領軍の駐留する場合厳に保障占領の埒を越えさるの保障」を獲得することが肝要だった。

一九四七年に入ると、日本政府内では、講和条約締結が近い将来に実現するのではないかとの期待が高まっていた。一月にはトルーマン大統領が一般教書演説において、「ドイツ及び日本を、いつまでも将来に疑念と危惧を抱かせたまま放っておくことはできない」[139]と述べた。さらに二月になると、ドイツとオーストリア以外の旧枢軸国と連合国がパリ講和条約を締結するに至った。これらを受けて、外務省当局者は、次は日本の番だという気持ちを抱いたという[140]。加えて、マッカーサーが三月一七日に早期対日講和の実現を提唱する声明を発表したことで[141]、国際社会における対日講和の気運は一気に高まった[142]。

駐留協定構想の検討

では、来るべき講和の際に連合国から「保障占領の埒を越えさるの保障」を得るにはどうすべきなのか。そこで外務省が考案したのが、連合国と駐留協定を締結することであった。この駐留協定構想の議論は、二段階から成っていた。

駐留協定構想の第一段階は、講和に伴う軍事占領の終了を確認することである。前述の通り、沖縄の行政的分離や憲法九条制定を受けて日本が最も危惧したことは、講和後の保障占領が講和以前の軍事占領の継続になることだった。しかし、駐留協定の締結を目指すこの構想においては、講和に伴い軍事占領が終了することの裏返しとして、日本が連合国と条約関係を築ける状態になることが何より重要だった。

一九四七年二月付の文書は、そのような問題意識を端的に反映していた。外務省は、文書の中で「平和条約締結後は軍事占領乃至管理方式は終了」することの確認、つまり、保障占領が「軍事占領の継続にあらざる旨」を確約することの重要性を唱えた[143]。

同年七月付の文書は、以上の考えをより詳細に論じた[144]。すなわち、日本が連合国軍最高司令官の命令に従ってきたのは、連合国によるポツダム宣言に則った政策の実施が戦勝国としての「権利」であり、日本には「最高司令官に隷属（be subject to）する」「義務」が存在するからである。しかし、この「従属関係」は「平和条約成立と共に全面的に解消」するため、以後、日本と連合国は「本来の対等な地位に立つ国家間の条約関係」を築くことが可能となる。そして、日本と連合国が主権国家同士、対等な関係を築くことができれば、「日本に課する義務の履行はあくまで日本がその自主的な意思に基いて（ママ）行うべき」であることを、連合国に要求する余地が生まれると考えられた。

連合国と対等な関係を築くことこそが「講和条約の最も重要な意味の一つ」だと理解する外務省にとって、「軍事占領乃至管理方式」の下での「従属関係」の継続は何としても避けねばならなかった。沖縄の領土主権を確保するべく連合国と駐留協定を締結するには、戦勝国と敗戦国という占領開始以来の従属関係を完全に解消し、講和後は保障占領の受け入れに関する「命令」を連合国が発令し得ない状態を作り出す必要があったのである。

駐留協定構想の第二段階は、沖縄における保障占領に伴う駐留軍の権利の範囲を協定上明確に規定することである。つまり、「連合国との間に更に詳細な合意」を形成し、「占領ない至駐屯軍の権力は右合意の範囲内」に限ることを確認する必要があった[145]。むろん、敗戦国という立場上、日本が「合意」形成において不利な状況に置かれる可能性は十分あり得る。ただ、保障占領の範囲を限定し、講和後における無制限な主権侵害を回避することが、日本にとって第一義的に重要だった。日本としては、「占領ない至駐屯軍の権限もその維持安全のために絶対必要の限度に限定するように務むべき」なのであった[146]。

駐留協定の締結を追求しようとする日本の試みの根底には、駐留協定によって「厳に保障占領の埒を越えさるの保障」を明文化することで、これに反して連合国が沖縄の領土主権を管理することを防ぐ、という論理が存在した。沖縄など、「連合国側の戦略的要求のためやむを得ない地域については何等かの形の国際的地役権を認める条件をもって我が領土として残す」と記された一九四七年二月付の文書[147]は、そのような外務省の政策的考慮を示していた。同年七月に作成された文書においても、「もし沖縄群島及び先島群島の土地が連合国として戦略的見地からして必要である場合は、その必要を充たすアレンヂメントは十分日本政府との間に行える[148]」との見解が明示された。このことからは、少なくとも一九四七年半ばまで日本政府がこの論理を維持していたことが分かる。

米国の対日講和構想

この時期における日本の駐留協定構想において特に注目すべきは、「連合国側の戦略的要求」を依然として、日本に対する非軍事化の要求との関係を軸に捉えていたことである。つまり、沖縄における「連合国側の戦略的要求」は、日本を監督するための保障占領の拠点確保を主要目的にしていると引き続き考えられていたのだった。

確かに、一九四七年の前半には、冷戦の端緒と位置付けられる「トルーマン・ドクトリン」（三月一七日）や「マーシャル・プラン」（六月五日）が発表されていた。詳しくは次章で論じるが、両政策は、米国政府内の対ソ認識の変化の過程の中で策定されたものであった。

「トルーマン・ドクトリン」は、米国がギリシャ及びトルコへの経済援助を実施するためにトルーマン大統領によってなされた外交方針演説であり、ソ連への対抗表明を直接の目的とはしていなかった。しかし、欧州全体への経済復興計画である「マーシャル・プラン」は、東欧諸国の不参加を見越して立案されており、ソ連に対抗する意図が鮮明であった[149]。それは、同計画の作成に、国務省政策企画室長に就いたケナンが関与していたことと関連していた。同計画は、ソ連との協調路線が不可能であることを謳った「長文電報」の筆者であるケナンの方針が反映されたものだったのである。

次章で明らかにするように、「マーシャル・プラン」の立案を終えた後のケナンは、その対ソ認識に基づき対日政策の修正を図り、さらに、沖縄の処遇をめぐる米国政府内の対立を収束に向かわせた。「マーシャル・プラン」を契機に欧州には分断構造が誕生し[150]、「ヤルタ体制」に基づく国際秩序に変化が起き始めるのである。

しかしながら、「冷戦的環境への占領政策への影響は、想像以上に非直接的であり、かなりの時差を伴うものであった[151]」。事実、日本が感知し得るほどに連合国による対日占領政策が変化するのは、一九四八年になるのを待たねばならなかった[152]。それは、一九四七年の前半の段階では、米国政府のなかで冷戦的思考に基づく政策立案が徹底されていなかったことと密接に関連していた。

まず、公表された連合国の対日方針に関していえば、少なくとも一九四七年半ばまでは、連合国の協調を前提とした方針が発表されていた。例えば、一九四六年六月二一日にバーンズ（James F. Byrnes）米国務長官が提唱した、日本の武装解除及び非軍事化に関する「四ヶ国条約案」である。「四カ国条約案」は、米英中ソの四ヶ国によって、日本の武装解除と非武装化の監視を行うことを内容としていた[153]。非軍事化方針が何らかの条約に反映されることを危惧していた当時の日本政府の予想が[154]、現実のものとしてあらわれたのである。

加えて、先に触れたマッカーサーによる一九四七年六月の声明においても、国際連合主体の日本管理構想が提示された[155]。そこには、講和後の日本の管理について依然として米ソ協調が可能であるとの理解[156]が反映されていた。米国政府の見解に加え、日本占領の最高責任者であったマッカーサーの政治声明に注目していた日本政府にとって、米ソ協調を念頭に置いた当該声明の影響は大きかったと推察できよう。

次に、米国政府内の対日構想に目を向けたい。米国政府内では、早期の対日講和の実現を唱えた一九四七年三月のマッカーサー声明を機に、国務省が対日講和条約草案の作成を開始していた。その作業の中心となったのは、国務省極東局のボートン（Hugh Borton）北東アジア課長であった。

ボートンを中心としたグループによる対日講和条約草案の特徴は、対日講和後も引き続き米ソによる協調関係の維持が前提となっていたことである。最終的に八月に完成することとなる極東局の対日講和条約草案は、国際管理の下で講和後の日本の非軍事化を監視するという「四ヶ国条約案」の内容を引き継ぐ体制の構築を想定していた[157]。すなわち、日本は依然として潜在的な脅威であり、監視すべき存在であるとの理解を基盤としていた。そのため、日本の非軍事化を確実に達成すべく、米英中ソが講和後も共同で日本を監督する体制が必要であることが説かれたのである[158]。つまり、国務省極東局は一九四七年八月の時点で、米ソ協調を基軸とする「ヤルタ体制」の枠組みの中で、未だ対日講和問題を処理しようとしていたのであった。

したがって、国務省極東局の沖縄構想は、先述のＳＷＮＣＣ５９／１（一九四六年六月二四日付）の内容を引き継ぐものとなっていた。講和後の沖縄に米軍基地を存続させることにより、ソ連や国民党中国を刺激することは回避すべきであるとの発想が反映されていたのである。極東局は、「琉球諸島に関する条項は、まだ政府内で議論中である」ことを前提にしながらも[159]、沖縄は日本の施政権下に返還すべき領域であるという、一九四六年六月以来の国務省の主張を改めて唱えたのだった。そして対日講和条約草案の領土条項では、「日本の領域は、本州、九州、四国、北海道の主要四島と、沖縄を含めたその他の諸小島からなる」と規定された[160]。講和後の沖縄において米軍基地を存続させることは、米ソ協調の枠組みを危殆にさらす行為に他ならないと極東局は判断したのである。

国務省極東局が作成した対日講和条約案と、前述の「トルーマン・ドクトリン」や「マーシャル・プラン」に見られる政策的考慮の隔たりは、一九四七年の前半が米国政府の冷戦政策上の過渡期であったことのあらわれだった。それは、米国の政策当局者の主要な関心が欧州に集中しており[161]、日本問題が米国にとって二次的な問題として位置付けられていたことと密接に関連していた。「ワシントンにおいてすら、冷戦政策は徹底しておらず、日本は冷戦の本場から遠くにあった[163]」との指摘は、以上のような過渡期の米国政府内の様子と、その政策基調の一側面しか知り得なかった当時の日本が置かれた状況を的確に表したものとして理解できる。

駐留協定構想の具体化

したがって、一九四七年半ば当時の日本政府の情勢認識も、米ソ対立に基づくものと、米ソ協調を前提としたものとが混在する状態であった。「トルーマン・ドクトリン」や「マーシャル・プラン」の発表後間もない時期において、外務省は、「漸次世界が二つの国家群に分かれて対抗する様な方向に進みつつある[164]」とする冷戦的な見解を示していた。だがその一方で、連合国が日本の非軍事化の徹底を図っているとする理解に基づいた駐留協定構想をこの時点でも変更することはなかったのである。

つまり、依然として「非軍事化こそが日本再建の主要基盤たることについて徹底した認識[165]」を抱く日本は、「連合国側の戦略的要求」が「日本からの防衛」を主要目的にしているとするそれまでの理解を維持した。外務省は、連合国の「直接の安全に影響ある事項」が日本の「武装解除」に関するものであるとの認識を示していたのである。そして、連合国が保障占領という「武装解除に関する監督」を行う際に日本に課すことになる主権制限は、「止むを得ざるものとして認める」必要があるとの見識を披露していたのだった。

ただし、保障占領に付随しない主権制限を防ぐには、連合国の権限を限定しておくことが肝要であると外務省は考えた。そのため、「駐屯に関する協定中」で、「駐屯軍が管理的権限を絶対に有しないこと」、「駐屯地域、兵力及び、期間の可及的制限」、「駐屯軍及び同所属人員の享有する特権及び免除の範囲」を規定しようと試みた。またその際には、「武装解除に関する監督」の「有期限性の規定を主張すべき」ことも必須とされた[166]。

したがって、当時の日本の駐留協定構想は、連合国が日本の非軍事化を最優先課題としており、日本の非武装状態を監督するための拠点確保を模索しているという文脈の中で、沖縄における連合国の駐留を位置付けていたと解釈することができる。外務省は一九四七年七月二〇日付の文書で、連合国が日本の「周囲」に軍隊を有すること、この軍隊が「日本に対し是正措置」をとり得ると指摘していた[167]。それは、沖縄における米兵力及び基地の存在が、非軍事化措置の一環であるとの理解を日本政府が有していたことを端的に示していた。

しかもその際に日本は、講和後の沖縄が保障占領の中心拠点になる可能性が高いことを認識できる状況にあった。一九四七年一月に、ボール（William M. Ball）対日理事会英連邦代表から「日本を連合国の管理委員会で監視し、沖縄等の戦略的要地に航空基地を設けて置けば日本のクルードな統制は出来ることは明らかである[168]」とする見解を示されていたからである。

沖縄が保障占領の拠点として重要であるほど、沖縄の領土主権が日本から剥奪される可能性は高まる。そうであればなおさら、それが現実のものとならぬよう、駐留協定で保障占領の範囲を明確化することが日本には不可欠となるのである。連合国が日本に「命令を発出する権利」を行使しようとするならば、その権利の範囲を限定するよう試みなければならない。そして、沖縄の「住民に対する普通の行政即ち教育、経済、文化等を担当する」ことの「保障」を得ることが、日本にとっては何より重要であった。日本政府は駐留協定構想を現実のものとすることによって、沖縄を「日本領土として残されたい希望[169]」を叶えようとしたのだった。

駐留協定構想の断念

しかしながら、日本政府が以上の駐留協定構想を米国側に提示する機会は訪れなかった。その背景として決定的に重要であったのが、一九四七年六月に発足した片山哲内閣の芦田均外相による、沖縄返還をめぐる発言である。芦田は、外務大臣就任直後の外国人記者団との会見の場で、「沖縄は日本の経済にとって大して重要ではないが、日本人は感情からいって、この島の返還を希望しているのである」[170]と発言した。SCAPIN677発令以来、日本の行政権の範囲外に置かれていた沖縄が講和後は日本の主権下に戻されることを希望する旨を述べたのである。加えて、「ポツダム宣言の日本領土に関する条項の沖縄と千島の一部に対する適用について、日本人は多少疑問をもっている」ことにも言及するなど[171]、日本側の要望を率直に表明した。この芦田の発言は波紋を広げ、芦田もその反響の大きさに自省する姿勢を示すほどであった[172]。

そしてこの芦田発言の直後に発表されたのが、米国が沖縄を保持すべきであるとする、米軍部の従来の主張を強調したマッカーサー声明であった[173]。結果として日本政府が前記の駐留協定構想の提案を控えたことを踏まえれば、このマッカーサー声明は、沖縄の返還を求める日本政府の動きに釘を刺す役割を果たしたと意義付けられる[174]。

一九四七年七月一一日になると、米国務省が対日講和予備会議の開催を極東委員会構成国一一ヶ国に提唱した。これを受けて日本政府は、講和に関する希望を連合国側に伝える好機が訪れたと判断した[175]。しかしながら、前記の出来事を経て日本政府が用意した要望書では、領土に関する条項は極めて控えめな内容となった。

総司令部高官との折衝に向けて作成された七月二四日付の文書（「芦田覚書」）では、まず「日本国民及び政府は一旦平和条約で受諾した義務はどんなことでもこれを完全に履行するという責任を担う能力」があることが説かれた。その上で、「日本に課した義務は日本をして自主的に実施せしむる建前」をとることが要請された[176]。当時の日本政府が自身の非軍事化の達成こそが最重要課題であると解していたことに鑑みれば、この「条約の自主的履行」の要望は、非軍事化の履行を主に念頭においた記述であったと解釈できる。そして領土条項では、「ポツダム宣言によれば日本周辺の小島の帰属は、連合国側で定めることになっているが、右決定に際しては、これら小島と、日本本土との間の歴史的、人種的、経済的、文化的、緊密なつながりを充分考慮せられたい希望である」ことのみが記された[177]。

この後外務省は、一九四七年一一月作成以降の文書において、六月のマッカーサー声明を根拠に、沖縄が米国の信託統治領になることは「確実」であるとの認識を示すことになる[178]。それほど、日本政府にとって、米国による沖縄保有を主張したマッカーサー声明のインパクトは大きかったと推察できよう。そのような状況の中で日本政府が唯一成し得たことは、「条約の自主的履行」の確約を連合国に要請する文脈の中で、沖縄の日本への帰属について配慮を求めることだったのである。

小活

本章では、一九四七年半ばまでの時期において、沖縄米軍基地が保障占領の拠点としての役割を担うことを前提とした日米両政府の政策構想が、どのように推移していたのかを論じた。本章の考察を通じて明らかになったことは、以下の三点にまとめることができる。

第一に、第二次世界大戦中以来の米国の戦後アジアの秩序構想において、沖縄における基地には、保障占領の重要拠点としての役割が付与されていた。米ソ協調原則に基づき、アジアにおいて「ヤルタ体制」を実現することを志向していた時期の米国にとって、戦後アジアの秩序の維持のためには、安定勢力としての国民党中国を創出する一方で、日本の徹底的な非軍事化を達成することが必須であった。そのため、日本に武装解除を課すだけでなく、武装解除後の日本を監視することで、米国をはじめ周辺諸国にとって、日本が二度と脅威にならないようにすることが喫緊の課題となった。そのような課題を抱えた米国にとって沖縄は、戦後日本の監視を目的とする保障占領の拠点として重要な地域であった。ただし、沖縄を保障占領の拠点とし、そこに基地を設けることの必要性については米国政府内で合意が形成されたものの、これを米国単独で実現するのか、または他国と共同で実現すべきなのかについての結論が終戦の段階で導かれることはなかった。沖縄の処遇については、終戦後に具体的な決定がなされることになった。

第二に、その沖縄の処遇をめぐっては、軍部と国務省の間で意見が対立する状況が続いた。軍部は、終戦後間もない時期に、沖縄に米国単独で基地を設けること、また、これを実現するために、講和後の沖縄に信託統治制度を適用する方針を決めた。もっとも、沖縄信託統治構想を練り上げた直後には、はやくも対ソ協調路線を放棄すべきだとの判断を下していた軍部は、沖縄への信託統治制度の適用を目指す方針は堅持したものの、その際にソ連の影響が可能な限り及ばないよう企図するようになった。これに対して国務省は、そのような軍部の沖縄信託統治構想は、「ヤルタ体制」の実現を阻害するものだとして、構想の変更を迫った。国務省は、米ソ協調路線を維持し、安定勢力になるべき中国の存在にも配慮した上で、沖縄の処遇を検討すべきであると考えたのだった。このような米軍部と国務省の沖縄構想の違いは、両者の対ソ認識の違いを如実に反映したものだった。

第三に、自らの非軍事化を講和の要件と理解した日本政府は、保障占領の拠点として沖縄に米軍基地が設定されることを所与の条件として、沖縄の領土主権を保持することを試みた。占領初期の日本は、自身の非軍事化を講和のための最重要課題とし、保障占領の拠点である沖縄米軍基地の受け入れを、敗戦国による義務の履行の一環と捉えた。それゆえに、日本の政策構想は、沖縄の行政的分離と憲法九条制定という非軍事化政策から多大な影響を受けた。

そして、保障占領に伴う沖縄における主権制限が、信託統治化と領土主権の剥奪につながる可能性を想起するようになった日本は、連合国との駐留協定を締結することで、沖縄の領土主権を確保しようと企図した。この駐留協定構想は、まず軍事占領の終了を確実にすることで連合国との従属関係から脱却し、非軍事化義務の履行に関する命令を受ける必要のない状況を作り出すことを目標とした。対等な立場から、非軍事化に関連する連合国の監督行為に対して見解を述べ、折衝する余地を生み出すことがその狙いであった。その上で、協定によって沖縄における駐留軍の権限が保障占領の範囲を超えないことを明確化し、非軍事化義務の履行と沖縄の領土主権の確保を両立させようと考えたのであった。本章で扱った冷戦以前の時期における日本の駐留協定構想の目的は、あくまで保障占領の任にあたる駐留軍の権利の範囲を明確化にすることだった。日本はこの時点で駐留協定構想を自国の安全保障と関連付けることはなかったのである。ただし、当時の日本はあくまで義務を履行する立場であったため、この駐留協定構想を米国政府関係者に披露するまでには至らなかった。

しかしながら、米ソが対立を深めるに従って、沖縄米軍基地の役割は米国の冷戦戦略の中で再定義されることになる。日米両政府は、沖縄米軍基地の新たな役割を前提に対処案を策定していくのである。

第二章　冷戦下の米軍基地の役割変化と信託統治構想の動揺

本章では、米ソ協調関係の破綻という国際政治情勢の変容が、沖縄米軍基地の役割と沖縄信託統治構想に与えた影響を考察するとともに、米ソ対立という新たな現実の下で日本本土における米軍基地の存続が決まり、沖縄と本土の米軍基地の意義が一体化した過程を考察する。

一九四七年半ばから一九五〇年六月にかけての時期は、国際政治情勢が激しく流動した時期であった。欧州では「マーシャル・プラン」をめぐる米ソの交渉決裂を契機に冷戦構造が誕生し、連合国が戦時中以来目指してきた、米ソ協調原則に基づく「ヤルタ体制」の実現が困難になった[1]。米ソの対立は対日講和問題をめぐっても繰り広げられ、その結果として対日講和の実現はその後四年近く先送りされることとなった。

「ヤルタ体制」をアジアにおいて実現する上で重要だったのが、安定勢力としての大国中国の創出だった。アジアの情勢はその中国の動向に大きく左右された。第二次世界大戦後の中国における内戦の結果、共産党の勝利が決定的となり、一九四九年一〇月一日には中華人民共和国の樹立が宣言された。その一連の過程は、戦後アジアの安定勢力として、国民党政権が大国中国となることを期待した米国が、そのアジア政策に修正を重ねる過程であった。だが、ソ連との一枚岩的団結に走らないと期待していた共産中国が、一九五〇年二月に中ソ友好同盟相互援助条約を締結し、ソ連と同盟関係を構築したことで、米国はアジア政策の根本的な見直しの必要に迫られた。

本章が対象とする一九四七年半ばから一九五〇年六月にかけての時期において、「沖縄基地問題の構図」の形成に影響を与える三つの重要な変化が起こった。第一に、沖縄米軍基地の存続の主要目的が、対ソ戦略上の措置として、日本の対外防衛の確保に変化したことである。もっとも、後述するように、当該期において米国の対日政策から非軍事化の要素がなくなったわけではなかった。そのため、とりわけ国務省の対日構想のなかに、沖縄における保障占領を前提とした発想は存在し続けた。しかしながら、講和後の沖縄統治を試みる米国の政策的前提が変化したことで、沖縄米軍基地が有する、保障占領の拠点という政策上の役割の重要性が相対的に低下した。

第二に、米軍基地の存続についての沖縄と本土の差異の解消である。当該期において米国は、極東情勢の悪化を背景として、講和後の日本本土にも米軍基地を存続させる決定を下した。これにより、米軍基地の存続という点において、沖縄と日本本土は同条件の下に置かれることになった。このこともまた、米軍部が信託統治を政策的前提として考えていた、沖縄米軍基地の相対的価値を減退させることになった。

第三に、これら二つの変化の結果としての沖縄信託統治構想の動揺である。前章で見た通り、一九四六年一月の時点で米軍部は、占領終了後に本土から米軍を撤退させる方針の下、沖縄米軍基地を拠点として保障占領を行うことを前提に、沖縄を日本から行政的に分離する方針を示した。しかし、沖縄米軍基地の主要な役割が対ソ戦略上の日本の対外防衛に変化し、また日本本土における米軍基地存続の決定により、その政策的前提が侵食される形となった。加えて、ソ連との対立関係が深まる情勢下において、軍部が模索していた沖縄信託統治構想の実現は事実上困難となっていた。軍部の沖縄信託統治構想は、国連の国際信託統治制度の中でも、安全保障理事会の監督を受けることが必須となる戦略的信託統治制度の適用を試みるものであった。そのため、米ソが対立する情勢下においては、米軍部の構想に基づく提案が、安全保障理事会において承認される可能性は極めて低かったのである。

一方、日本は、沖縄の領土主権問題が戦後処理問題の一環であったことを背景として、当該期においても沖縄をめぐる決定について受動的な立場に立たざるを得なかった。そのため、当該期の日本の対応が沖縄の基地の在り方に直接の影響を与えることはなかった。しかしその中で日本は、沖縄米軍基地の存在が自らの対外防衛にも資することを認識し、同基地を安全保障構想の中核に位置付けるようになっていた。また、米国が日本本土においても基地を存続させる意図を持っていることを認識した日本は、沖縄に加えて、本土の米軍基地に依拠した安全保障を構想するようになった。このような日本の安全保障構想の変遷もまた、「沖縄基地問題の構図」の形成に影響を与える日本の政策行動の基礎を形作ったという意味で重要であった。

これまで、当該期における日米の沖縄構想に関する多くの実証研究が蓄積されてきた。まず、当該期において沖縄米軍基地の役割が変化していたことは、先行研究においても言及されてきた[2]。しかしそこでは、その変化と、沖縄米軍基地の長期保有という当該期に行われた決定との関係性を明らかにするにとどまっており、日本からの行政的分離に関する沖縄政策への影響を解明する研究は管見の限り皆無である。また、日本本土における米軍基地の存続の決定に関する研究は多数存在するが、その多くはこの決定が日米の安全保障体制の基礎となったことを指摘するにとどまっている[3]。沖縄が日本から行政的に分離されたことの前提に、占領後の本土から米軍を撤退させる方針があったことに鑑みれば、基地存続の決定は、その前提を崩すものに他ならなかったといえる。そのため、さらに検証する余地があるといえよう。

本章は、沖縄を日本から行政的に分離した米軍部の政策的前提が当該期に崩れていたことを明らかにする。第一節では、米ソ協調が破綻したことで、制度上、沖縄における信託統治の実施が困難になっていたこと、また、対ソ戦略上、沖縄米軍基地の役割に変化の兆しが見られ始めていたことを明らかにする。第二節では、沖縄米軍基地がグローバルな冷戦戦略上重要になったことで、米国が同基地の長期保持を決定する過程を考察する。またこのことを受けて、日本が沖縄米軍基地の存在を安全保障構想の中核に据えるようになったことを検証する。第三節では、講和後の日本本土における米軍基地の存続が決まったことで、米国が日本から沖縄を行政的に分離することの正当性が事実上失われていたことを明らかにする。また、本土の米軍基地存続によって、日本が沖縄と本土の米軍基地に依拠した安全保障を構想するようになったことを考察する。

第一節　沖縄米軍基地の役割変化の兆し

一　対ソ戦略上の役割と「芦田書簡」

米ソ協調の破綻

欧州を舞台とした米ソ冷戦構造の誕生は、米国の対日政策における沖縄米軍基地の位置付けに変化をもたらした。その意味で、冷戦は「沖縄基地問題の構図」の形成にとって決定的に重要な出来事だった。米国は、米ソ協調主義の衰退への対応として、沖縄米軍基地に対ソ戦略上の役割を期待するようになった。そのような変化の兆しに対する日本の反応として注目すべきであるのが、「芦田書簡」である。「芦田書簡」は、欧州における冷戦構造の誕生の影響が米国の対日政策にまで及び始めているとの理解の下で作成された。そこには、沖縄米軍基地をめぐる米国の方針の変化が、講和後の自国の安全保障に資するという日本の構想が端的に反映された。

一九四六年二月にケナンによって作成された「長文電報」を受領して以来、米国政府の対ソ認識は徐々に変化した。そして、一九四七年以降の米国の対外政策には、対ソ協調路線に基づく従来の外交方針からの脱却を図る意図が明確に反映されるようになる。

その過程で発表された一九四七年三月一二日のトルーマン大統領による外交方針演説「トルーマン・ドクトリン」は、直接的には経済的苦境に陥ったイギリスに代わり、米国がトルコとギリシャに援助することを米国議会に訴えるものだった。だが、演説の中では、世界が自由主義陣営と全体主義陣営の二つに分かれたことが強調され、米国のソ連への対決姿勢が顕在化することになった。

そして、同年六月にマーシャル（George C. Marshall）国務長官によって発表された、欧州への大規模な復興援助計画である「マーシャル・プラン」は、欧州における東西の分断を決定的なものにした。同計画への参加をめぐる米国・西欧とソ連・東欧との一連の攻防は、両者の間にその後冷戦と呼ばれる対立構造を生み出したのである。欧州全体の経済的な復興を目的としたこの計画は、あえて公式にはソ連にも参加の余地を残し、その選択肢を与えることで[4]、欧州分裂の責任をソ連に負わせることを意図して立案されていた[5]。最終的にソ連が「マーシャル・プラン」への東欧の参加を阻止し、自らも参加を拒絶したことで、七月二日に欧州の分裂は決定的となった。

この後、ソ連は九月に「反マーシャル・プラン」としての意味合いを持つコミンフォルムを設立し、「二大陣営論」の下で社会主義陣営を形成した。この動きは、ソ連もまた米ソ協調路線を放棄したことを意味する、ソ連からの冷戦開始宣言とも呼べる行動であった[6]。ここに、戦時同盟以来の米ソ協調関係は事実上破綻することになったのである。

欧州における以上の事態を受けて、日本政府は、自らの講和問題にも米ソの対立関係が影響することを予想するようになった。「対日平和予備会議を繞る主なる国際情勢」の一つとして、「マーシャル・プラン」をめぐる欧州諸国による会議の趨勢に注目していたからである。そこで米国・西欧とソ連・東欧との交渉が決裂したことで、「東欧と西欧との関係ひいては米ソの関係は愈々明確」となり、「漸次世界が二つの国家群に分かれて対抗する様な方向に進みつつある」と判断したのだった[7]。

そのような情勢の中で、米国務省が七月一一日に対日平和予備会議招集案を発表したことは、日本政府に欧州における対立の影響を自らも受ける可能性が高いことを想起させた。すなわち、対日平和予備会議に関する「米国側今回の提案は最近の米ソ関係を反映し対日問題についてもソ連が同調しないなら西欧民主国家だけでも適当の措置をとるという位の強い態度を内包している様に」見受けられたのだった[8]。それは、対日講和をめぐる米国の方針が、ソ連との対立関係を前提に打ち立てられ始めたとの理解であった。

実際、「マーシャル・プラン」をめぐる交渉終了後、米国政府内では、対ソ協調路線の放棄を前提に、冷戦の文脈から対日政策が策定されるようになった。その政策立案の中心に立ったのが、国務省政策企画室長として「マーシャル・プラン」の立案を終えたばかりのケナンだった。

対日政策の修正へ

一九四七年八月以降に対日政策の立案に関与するようになったケナンが、真っ先に問題にした点は、それまでの政策が日本に対して過度に懲罰的であることだった[9]。米ソ対立という新たな情勢を踏まえ、米国外交のあり方を再考していたケナンは、「極東における唯一の、潜在的な軍事・産業の大基地[10]」である日本への対応の重要性を認識していた。日本の共産主義化を予防する措置の実施こそが、米国のアジア政策の要であると考えたのである。

しかしながら、終戦以来実施されていた当時の対日占領方針は、日本を非軍事化し、弱体化させることを主眼としていた。後に詳述するように、日本への共産主義的思考の浸透や政治的圧力を危惧していた当時のケナンから見れば、日本は一刻も早く共産主義の影響に抵抗できる状態に強化されなければならなかった。それにもかかわらず、実際の政策は真逆のベクトルを向いていたのである[11]。

ケナンの批判の矛先は、一九四七年八月に完成した国務省極東局作成の対日講和条約草案にも向けられた。前章で述べた通り、極東局が作成した対日講和条約草案は、米ソ協調主義が継続することを前提としていた。日本の非軍事化を徹底すべく、講和後の日本を米ソが中心となって監督することを想定していたのである[12]。そのような極東局の草案は、米ソ協調関係の崩壊という情勢を背景に、対日政策の見直しに着手していたケナンら政策企画室にとって、未だに「東アジアにおける戦時外交の枠組み」[13]を維持する、時勢に遅れた構想だった。

政策企画室のデービス（John P. Davies）は、一九四七年八月一五日作成の文書上、極東局の草案についてケナンに以下のように報告した。立案されるべき「対日講和条約は、日本と太平洋地域における米国の目的を促進するものでなければならない」。すなわち、「安定し、太平洋地域の経済に統合され、米国に友好的で、必要な時に信頼できる同盟国たる日本を得ること」である。しかし、極東局の「対日講和条約草案は、我々の中心的な目的を促進することを保証するより、むしろ、ソ連も含めた国際管理の下での徹底的な非武装化と民主化に熱中しているかのようだ」[14]と。

日本は共産主義の圧力から守られるべき存在であるとの理解を有するケナンにとって、弱体化した日本を現段階で独立させること、しかも講和後の日本の管理にソ連を加えることは論外であった。米ソ対立という情勢を踏まえ、講和問題を含めた従来の対日政策を根本的に再検討する必要があるとされたのだった。

そこでケナンは、対日政策の見直しを前提とした軍関係者との協議を行った。その上で、一〇月一四日付の「対日講和に関する問題点の研究結果」と題するPPS10をマーシャルに提出した。日本は未だ政治的経済的に不安定であるため、現状のままで講和条約を結べば共産勢力の影響の浸透を防ぐことは難しくなる。したがって、現段階で対日講和に積極的に取り組むことに懐疑的であるとの内容の意見具申を行ったのだった[15]。後述するように、この後ケナンは、対日講和に向けた作業を中断するとともに、過度に懲罰的すぎるとの評価を下した従来の非軍事化を基軸とした対日政策を、日本の政治経済的安定化と親米化の実現を主眼とする政策へと修正していく。

要するに、一九四七年八月以降にケナンが対日政策の立案に関与し始めてからの米国政府内には、対日政策にも対ソ関係の悪化という現状を反映させなければならないという雰囲気が広がり始めていたのだった。

安全保障構想の再検討と沖縄

一方の日本政府においても、米ソの対立が深まる過程で、それまでの安全保障構想を再検討する必要に迫られた。前章で触れたように、GHQ草案に基づき作成された「帝国憲法改正案要綱」（一九四六年三月）の第九条で戦争放棄、戦力の不保持、交戦権の否定が規定されて以降、講和後の日本は「自己防衛の最小限の軍備」すら保持し得ないと日本政府は理解した。その後の外務省内では、永世中立国化や地域的安全保障機構による安全の確保の可否なども検討された。だが、早期対日講和の気運が高まり始めた一九四七年春頃には、国際連合の集団安全保障体制の下での安全の確保という方針が確立する。その方針は、一九四七年四月に成立した社会党の片山政権で採用されることになり、同年九月には、そのような日本の見解がいわゆる「芦田書簡」を通して米国側に伝えられるに至った。[16]

講和に向けた準備作業の中心にいた外務省条約局長の萩原徹は、この時期、「日本が完全に軍備を撤廃した以上、その独立、領土保全及び安全を保証する為に、日本が速やかに国際連合に加盟を許され、且右目的の為必要ならば国際連合の下に地域的取極が作られることを希望する」との従来通りの見解を示していた。[17]

しかしその一方で、米ソを中心とした連合国の協調が戦後も続くことを前提として組織された国連に対する信頼は揺らいでいた。外務省は、「国際連合に依る安全保障が直ちに得られない場合」を想定し始めたのである。そこで、過渡的措置として、「連合国の一国又は数国の軍隊が日本に駐屯することありとする」案、すなわち同盟関係の構築の可能性を検討し始めたのであった。ただしその際には、日本に駐屯する「兵力の存在の故を以て日本が第三国間の紛争にまき込まれることなき旨の保障を条約中に明記」することが不可欠であることも併せて指摘された。[18]

このように、日本政府も講和後の安全の確保について再考を迫られる中で行われたのが、鈴木九萬（ただかつ）横浜終戦連絡事務局長と米国陸軍第八軍司令官アイケルバーガー（Robert L. Eichelberger）中将との間で行われた会談であった。この会談上、鈴木を通して日本政府が知り得たのは、米国の政策上の主要な関心が、日本の非軍事化の徹底から国際社会における日本の安全保障のあり方に徐々に向かいつつあることだった。そしてそのことと関連して、米国の対外戦略における沖縄米軍基地の位置付けに変化が生じていることが看取されたのである。

一九四七年八月末から行われた鈴木とアイケルバーガーによる会談の開催目的は、占領軍として駐留している「米軍が何時迄居るべきかの問題[19]」、すなわち「独立回復後どうして安全保障をするつもりか[20]」について、アイケルバーガーが鈴木の見解を聞くことにあった。そして、この論題をめぐる議論の中でアイケルバーガーは、米軍部が沖縄米軍基地に期待する役割について自らの見解を披露した。

一九四七年九月一〇日の会談上、アイケルバーガーは、「自分はＧＨＱの人々と異なり一定の構想の下に具体的な『プラン』を作らねばならぬ」立場にあることに言及した。その上で、日本に駐留する連合国軍が引き揚げた場合、「赤化分子乃至『ソヴィエット』が日本に浸透」し、「一夜にして日本に侵入する様な事態」を想定し、「之が対策を研究して居る」ことを明らかにした[21]。それは、米軍部内で、ソ連がもはや協調すべき相手ではないと見なされており、日本を侵略する敵対勢力として明確に認識され始めていることを窺わせる発言であった[22]。

そしてアイケルバーガーは、「赤化分子乃至『ソヴィエット』が日本に浸透」し、「一夜にして日本に侵入する様な事態」への対処法として、「国内赤化の危険に付いては一応日本の constabulary を増強することとする」と断りを入れながらも、「『ソ』兵の侵入するような事態に付ては沖縄『グァム』等から睨」むことを検討している旨を述べた[23]。この一ヶ月程前の会談の際にもアイケルバーガーは、同様の文脈で「米の空軍は沖縄等から睨んで居れば大丈夫[24]」と発言していた。そこに、沖縄米軍基地を拠点に日本を防衛しようとする狙いが存在していることは明らかであった。

このようなアイケルバーガーの見解を受けた鈴木は、保障占領をめぐる方針に変化が起きているのかを確認しようとした。まず鈴木は、日本が従来通り非軍事化義務を当然履行する考えであることを前提に、「一体終戦以来、平和条約成立後の保障占領――然も相当長期の――が云々されていたが、最近あまり聞かない様に思うところ、これは保障占領と言う観念は消えんとしつつあるものでしょうか[25]」と尋ねた。この問いに対し、アイケルバーガーは、「此の点は一致した意見（consolidated opinion）は未だないようで結局平和会議にならねば決定せぬと思う」と返答した[26]。換言すれば、日本の非軍事化のための保障占領をめぐり、米国政府内で議論が存在することを認める回答であった。

さらに鈴木は、米国政府内における議論の変化の実態に迫ろうと試みた。「現在の国際情勢の関係上保障占領よりは次第に国際安全保障の一環としての日本の安全の問題と言う方面に移行して行きつつある様に思う[27]」と述べ、日本側の情勢認識の正否を確認しようとしたのである。この鈴木の見解に対して、アイケルバーガーは「保障占領から安全駐兵への移行と言う点は『グット・ポイント』だ[28]」と応じた。このことは、保障占領の実施に主眼を置いたそれまでの対日構想が米国政府内で少なからず変化していることを窺わせた。

アイケルバーガーが「米軍が何時迄居るべきかの問題」を議題にしたことからも明らかなように、この時期において米国政府内には、講和後の日本本土に米軍基地を存続させる方針は未だ存在していなかった[29]。他方で沖縄米軍基地は、日本における保障占領の中心拠点として既に重要視されていた。また、前章で明らかにした通り、日本もそのような沖縄米軍基地の役割について理解していた。このことに鑑みれば、両者の念頭にあった「保障占領から安全駐兵への移行」に関連してくる基地とは、沖縄米軍基地に他ならなかったと解釈できる。

つまり、日本政府にとって鈴木・アイケルバーガー会談は、米ソ関係の悪化によって、米国が日本の非軍事化よりも対ソ戦略の一環として日本の安全にその政策的な関心を移しつつあること、そして、沖縄米軍基地には保障占領の拠点としての役割のみならず、日本防衛の拠点という新たな役割が期待され始めているとの理解を確認する場であったといえよう。

「芦田書簡」と沖縄

以上の沖縄米軍基地をめぐる日本政府の対米認識の変化は、一九四七年九月一三日付のいわゆる「芦田書簡」に反映された。「芦田書簡」は、「米軍が何時迄居るべきかの問題」に関する日本政府の見解を、当時の芦田均外相の決裁を受けた上で、鈴木の「極秘且個人的私見」としてアイケルバーガーに公布された文書である。「芦田書簡」はこれまで、後の日米安全保障条約の原型となる考え方が初めて示された文書として位置付けられてきた[30]。したがってここでは、米国による日本防衛の可能性を検討し始めた際の日本政府が、沖縄米軍基地をどのように位置付けていたのかを、「芦田書簡」を通して考察する必要がある。

「芦田書簡」において論じられた、「米軍が何時迄居るべきかの問題」に対する日本政府の回答は、将来的に米ソ関係が良好になる場合と、米ソ関係の悪化という現状に変更が見られない場合との二つのパターンが考えられるというものだった。具体的には、米ソ関係が改善される場合は、「日本の独立保全は国際連合によって守られ得る」との考えである。他方で、米ソ関係が現状と変わらず悪い場合の日本の安全保障は、「米国との間に特別の協定を結んで第三国の侵略に備える」ことが考えられた[31]。もっとも、アイケルバーガーが米ソ対立を念頭に、上記の問いを日本に提示していたことを踏まえれば、「芦田書簡」の作成意図が後者にあったことは明白であった。

そして、日本政府が「米国との間に特別の協定を結んで第三国の侵略に備える」際の手段として例示したのが、「米国の軍隊が平和条約の履行の監視に関連し日本国内に駐屯する結果が日本の安全に」寄与するとの論理を活用すること、または「米国と日本との間に特別の協定を結び日本の防衛を米国の手に委ねること」であった。これらは、「何れにしても日本に近い外側の地域の軍事的要地には米国の兵力が十分にあることが予想される」からこそ検討可能な案であった[32]。これまでの考察から明らかなように、当時の日本政府が、保障占領の拠点として沖縄米軍基地が講和後も存続するとの理解を有していたことに鑑みれば、この「日本に近い外側の地域の軍事的要地」の一つとして念頭に置かれていたのは沖縄であったと解釈できる[33]。

つまりここで日本政府は、非軍事化措置の一環である保障占領の拠点として、講和の際に受け入れることを所与としていた沖縄米軍基地が、対ソ戦略の拠点として日本の安全保障にも資する存在であると認識し始めたのだった。したがって、「芦田書簡」には「『日本を対象とする』安全保障と『日本のための』安全保障という二つの概念が併存していた」とする指摘は[34]、以上のような沖縄米軍基地をめぐる日本政府の理解についても当てはめることが可能である[35]。米ソ協調関係の衰退という国際情勢を受けて日本政府が用意した新たな安全保障の考え方は、沖縄米軍基地を中心拠点とする米軍の駐留に依拠した構想だったのである[36]。

ただしここで留意しなければならないのは、従来の研究でも指摘されている通り、「芦田書簡」で示された構想が即座に日本政府内において主流になったわけではなかったということである。次章で確認するように、外務省におけるその後の検討過程においては、国連に依拠した安全保障のあり方が再び有力案として提示されることになる[37]。

しかしながら、沖縄米軍基地との関連で重要なのは、同基地に保障占領の拠点という役割に加え、冷戦下での対日防衛の拠点という新たな意味付けがなされたことを、日本政府が同時代的に把握していたということである。米ソ二大陣営が対立する冷戦という新たな国際政治環境の下で、憲法九条を抱えながら、国際連合に依拠する安全保障に代わる手段を模索し始めた日本の安全保障構想は、保障占領の拠点とされていた沖縄米軍基地の存在を、自国の安全保障にとっても重要な存在であると位置付ける方向に明確に動き出したのであった。

二　信託統治構想の後退

アジアにおける「ヤルタ体制」実現のための必須条件の一つであった米ソ協調関係が衰退していく過程は、米軍部が作り上げた沖縄信託統治構想の観点から見れば、その実現可能性が失われていく過程であった。そもそも、終戦直後の時期の軍部の沖縄信託統治構想は米ソ協調主義に則っていたため、その前提が崩れた場合、米国が望む信託統治を実現することは事実上困難であることを意味したからである。

米国政府内において沖縄信託統治問題は、軍部と国務省との間の意見対立により、一九四六年一二月以降は事実上棚上げされた状態にあった[38]。そのような棚上げの状態は、一九五〇年六月の朝鮮戦争勃発以降、再び政府内で沖縄の信託統治の是非をめぐり議論がなされるまで続くことになる。しかし、「マーシャル・プラン」をめぐって欧州において冷戦構造が生まれ、米ソ協調関係が破綻したことの影響が対日講和問題にまで及ぶようになったことで、米軍部が練り上げた沖縄信託統治構想は、問題が棚上げされている間にその実現可能性を失いつつあった。

一九四七年三月の早期対日講和を提唱するマッカーサー声明の後、七月一一日に米国務省が対日講和予備会議の開催を提唱した。しかし、会議開催の方式をめぐって米ソが対立したことで、一九四七年末には連合国間において対日講和問題が行き詰まりを見せた[39]。そのことは、対日講和問題にも米ソの対立関係が反映され始めており、同問題における米ソ協調が困難であることを明白なものにした。

同時にそれは、米国が信託統治制度を、沖縄の領土主権問題という戦後処理問題の解決手段として用いることが有効でなくなったことを意味した。というのも、国際連合における国際信託統治制度が、そもそもは「国際警察軍」構想を前提としていたからである。

前章で述べた通り、戦時中から米国務省が中心となって編み出した信託統治制度は、米英中ソの四大国が協調して、戦後世界の秩序維持の責任を担うことを前提としていた。そのため、該当地域に基地を設けることを想定して規定された戦略的信託統治を実施するにあたっては、国連の安全保障理事会の監督を受ける必要があった[40]。したがって、沖縄における戦略的信託統治の実施を目指した米軍部の沖縄信託統治構想を実現するためには、国連の安全保障理事会においてソ連を含めた常任理事国各国からの同意を得ることが必須だった。しかしながら、米ソ協調関係が破綻し、対日講和問題をめぐる米ソの対立も表面化し始めていた当時の状況では、米国が沖縄の信託統治について安全保障理事会に申請したとしても、ソ連が拒否権を行使する可能性が極めて高かったのである。[41]

実際、一九四七年八月から対日政策の転換に向けた作業に取り組み始めていたケナンは、米ソ協調関係が破綻した状態ではソ連からの反発が予想されるため、国際信託統治制度を沖縄に適用することを現実的ではないと指摘していた。すなわち、米ソが対立関係にある「現在の環境下で、国際信託統治を実施することは非効率であり、長期的に見ても満足の行くものではない」との予想だった。また、「ロシアの満足を充たさない限り、これが将来の国際紛争の火種となることは明らかである」と論じ、沖縄の領土主権問題についての結論を下すことを先送りしたのだった。[42]

もっとも、この後、一九五一年九月八日に締結された日本と連合国との間の講和条約であるサンフランシスコ講和条約第三条では、米国が沖縄の信託統治を国連に提案することを示唆する規定となっている。[43]これまでの研究でも明らかになっている通り、この条約の立案過程において、米国は沖縄を信託統治領にする方針を日本に対しても一貫して示し続けた。[44]しかしながら、軍部が志向した沖縄における信託統治の実施は、対日講和問題をめぐっても米ソ協調が困難となった時点において、事実上、実現可能性が低いものとなっていたのである。第四章で詳述するように、最終的に米軍部は、その実現可能性の低さを理由に、一九五二年初頭に沖縄信託統治構想を名実ともに放棄せざるを得なくなる。

第二節　沖縄米軍基地の役割の再定義

一　基地の長期保有の決定

ケナンの限定的封じ込め政策——日本の政治経済的安定化の優先

一九四七年八月以降にケナンの主導によって行われた対日政策の転換過程は、その沖縄政策との関連で見れば、対日講和問題が棚上げされている最中に、沖縄米軍基地が持つグローバルな対ソ戦略上の重要性が確定され、講和後の長期存続の方針が確定する過程であった。

対日政策の転換に向けた作業に着手したケナンは、沖縄政策についても米ソ協調の破綻という新たな国際情勢に合わせた見直しが必要だと考えた。一九四七年九月以降、ケナンら政策企画室のメンバーと軍関係者によって、沖縄の処遇についての話し合いが進められた。もっとも、九月八日付の政策企画室の文書は、「戦略的理由から、沖縄を含む琉球諸島の南部を米国の戦略的信託統治下に置くべきである[45]」として、依然としてそれまでの軍部の沖縄信託統治構想を支持する考えを示していた。

政策企画室がこの時点で軍部の信託統治構想を支持した理由は、保障占領の必要性にあった。九月八日付の文書は、「日本が再び平和の脅威にならないことを保障する将来の手段[46]」についての交渉が今後必要であり、その関係上、領土主権についての最終的な決定がなされるまでの措置としては、沖縄における信託統治が有用であることを説いた。このことは、日本の非軍事化を実現しなければならないとする、戦後処理の論理に基づく理解自体は、政策企画室と軍部との間に未だ存在していたことを意味していた。

しかし同時に、日本への侵略に対する措置の必要性に対する認識も徐々に大きくなりつつあった。九月一七日付の文書では、非武装化された日本に対する侵略への備えとして、沖縄米軍基地を維持すること、すなわち「太平洋における我々の兵力を適切に配備する[47]」ことの重要性が唱えられた。米ソ協調破綻後の国際情勢に見合った政策の立案を試みていたことを踏まえれば、ここで指摘された日本に対する侵略への備えが、対ソ戦略というグローバルな冷戦戦略の一環としての意味合いを持つものであることは明らかだった。

以上の検討を経て、政策企画室が一〇月一四日にマーシャルに提出した前述のPPS10では、米国が「沖縄に軍事施設を要求することを前提に、交渉を進めるべき[48]」であるとの結論が主張された。つまり、ケナンら政策企画室メンバーが、対日講和条約を含めた対日政策全般の見直し作業の中で立案した沖縄をめぐる政策構想は、戦後処理と冷戦という二つの論理に基づき、沖縄米軍基地の確保を目指す構想だったのである[49]。

このように、政策企画室として沖縄米軍基地は維持すべきとの結論を下した後のケナンは、具体的な政策立案をする前にその判断材料を得るべく、マッカーサーの見解と対日占領政策の現状調査のために、一九四八年三月に自ら日本に向かった[50]。後にケナンが、PPS10立案過程で抱いていた「懸念が裏付けられた[51]」と述懐したように、一九四八年三月に実施された日本における調査は、一九四七年秋以来の政策企画室の対日方針を確固たるものにした。まず、日本に独立を認めるのは時期尚早であるとの判断である。訪日後の一九四八年三月二五日付で作成された文書PPS28「米国の対日政策に関する勧告」では、対日講和条約の締結を推進すべきでないことが説かれた。ケナンによれば、現状では日本が独立の責任を負うことは困難であるため、これが可能になるよう、当面は経済復興を最優先に行うべきであった[52]。

そこで、日本の経済的安定を目指すのと同時に、ケナンがその必要性を唱えたのが、政治的安定を目的とする国内治安維持能力の強化だった。ケナンは、日本の安全にとって最も危険であるのは、共産主義勢力が日本に浸透する結果生じる国内の政治的不安定化であると考えた[53]。したがってPPS28では、そのような事態を防ぐべく、占領改革の結果弱体化した警察の治安維持能力を回復することが必要であると説かれた[54]。ケナンは、日本の弱体化を図ることを目的にした従来の対日政策からの転換の必要性を強く訴えたのだった。

ケナンにとって、この日本国内の政治経済的安定化を図る政策と沖縄米軍基地の維持は相互関連性を有するものだった。当時の日本にとっての最優先課題は、政治経済的な安定であって、対外的防衛を目的とする外国の軍事基地を日本本土に置くことではないと考えていたのである[55]。したがってPPS28では、日本本土に米軍基地を置くべきか否かの判断は、講和条約交渉の段階で行うべきであるとの進言がなされた(56)。

しかしながら、米ソ協調関係が破綻した現況において、日本の対外的防衛のための備えも不可欠である。その備えの役割を果たすと考えられたのが、他ならぬ沖縄米軍基地だった。日本国内の政治経済的な安定を優先し、日本の対外防衛の備えとして沖縄米軍基地の存在を重要視するこの方針は、当時ケナンが構想した封じ込め政策と密接に関係していた。

ケナンの封じ込め構想は、ソ連の脅威を軍事的側面よりは政治的側面に求め、また普遍主義的な対外関与を諌めるところにその特徴があった(57)。具体的には、西欧と日本を対象に経済的手段を用いることを強調する構想であった。ケナンが対日政策の見直しをPPS10で提言した翌月の一九四七年一一月六日付でマーシャル国務長官に提出したPPS13「世界情勢のレジュメ」は、当時のケナンの対ソ認識と、これに基づき彼が必要と考えた米国の対外政策の基本方針が端的に描かれていた(58)。

PPS13においてケナンは、「マーシャル・プラン」が実行に移されるようになって以降、米国を取り巻く国際情勢は改善されてきていると指摘した。すなわち、西欧における共産主義勢力の浸透は「少なくとも一時的に停止した」と見なすことができる。それにもかかわらず、「戦争の危険が多くの方面であまりにも誇張されている。ソ連政府は近い将来に我々との戦争を欲していないし、予想もしていない」というのが、ケナンの対ソ観であった。したがって、情勢が流動的な現況下において米国が緊急に為すべきは、「欧州とアジアにおけるある種の力の均衡を、両地域の育成と我々の負担の一部を負わせることによって回復すること」なのだとした。

そのケナンが、アジアにおいて育成すべき国として指名したのが日本である。だが、それまでの対日占領政策では「敵対するソ連という可能性と共産主義の政治的浸透の手法を考慮していない」ため、政治経済的安定化を図るべきであるというPPS10と同様の提言がここでもなされた(59)。つまりケナンは、PPS13において、ソ連の脅威は政治的側面にあることを強く訴え、その軍事的脅威について強調すべきでないとしたのである[60]。

もっともケナンは、ソ連が弱体化ないし穏健化しない場合に、将来的に日本本土において米軍基地を設けること、さらには日本に限定的な再軍備を行わせる必要が生じる可能性自体は念頭に置いていた[61]。だが、同時にそれが現実のものとなる可能性を低く見積もっていた。ケナンは、ソ連が日本に対して軍事行動を起こす可能性はないと推察すると共に、日本周辺の安全保障について、ソ連との間で近い将来にある種の全般的な合意（some general understanding）を形成し得ると考えていた[62]。実際ＰＰＳ２８においても、ソ連が穏健化し、かつ日本が政治経済的に安定した後であれば、ソ連も含めた国際条約の下に日本の完全な非軍事化を図るべきであると主張していた[63]。

長期保有の提言と帰属先決定の先送り

先の「長文電報」において、ソ連は協調可能な相手ではないと断じていたケナンであったが、そのような理解の下で注視していたのはソ連が日本国内にもたらす政治的・心理的脅威であった。その軍事的脅威が差し迫ったものだとは解していなかったのである[64]。ましてや、冷戦的対立状況が誕生していた欧州とは異なり、アジアにおいてソ連の軍事的脅威に備える予定はなかったのである[65]。ここに、ケナンが対日政策において、日本国内の政治経済的安定化を喫緊の課題と位置付けたことの意味が明らかとなる。

こうして、ソ連の軍事的脅威は低いものであると考えるケナンにとって、ソ連の脅威に対する対外的防衛の確保は、保障占領の拠点として軍部を中心に従来からその基地権の獲得が企図されていた沖縄米軍基地を保持すれば十分実現可能な課題であった。したがって、ＰＰＳ２８でケナンが沖縄米軍基地の維持の重要性を指摘するとき、それは将来的に米ソ関係が現況より好転することを見込みながらも[66]、拡張主義的な対外行動を起こす傾向にあった当時のソ連への対応として位置付けていたと解釈できる。

それは、ケナンが訪日時にマッカーサーから受けた、「沖縄に十分な兵力を配備すれば、我々は、アジア大陸からの野心的な勢力による侵略を防ぐことを目的に日本本土にこれを必要としない」という主張を参考にした理解だった[67]。そのため、現況の国際情勢の下で沖縄を日本に返還することは「魅力的な戦利品(desirable prize)」をソ連に与えることになるため、決して選択し得ないというのがケナンの最終的な結論だった[68]。

そして、沖縄米軍基地が保障占領の拠点としてだけでなく、グローバルな冷戦戦略上も重要であるという認識に基づき、ケナンは、日本との講和後の時期も見据えた長期的な基地保有を目指すべきだと判断するに至った。ただし、訪日後のケナンは、ソ連からの反発が予想される現状で、信託統治制度を沖縄に適用することもまた現実的ではないと考えた。前述の通り、信託統治制度が米ソ協調の枠組みの下に設立された制度である以上、米ソ対立の現況下で制度を利用しようとすれば、ソ連が対米戦略の一環としてこれに反対して沖縄における米国の試みを頓挫させるであろうことが容易に想像できたからである。それにもかかわらず無理にこれを実行しようとすれば、ソ連との間に「国際紛争の火種」を作り出すことになりかねないとケナンは危惧した[69]。したがって、沖縄についてケナンが提言したのは、現時点で「米国が恒久的な施設を沖縄に持つ意思があることについて決断すべき」ことだった[70]。

もっとも、ケナンは信託統治制度を利用せずとも、将来的にも長期にわたり沖縄を統治することが可能だと考えていた。現状として沖縄の住民が対外的な防衛能力を有さない以上、沖縄の防衛に適した取り決めを住民たちが結ぶまでは、現に沖縄を統治している米国が、「国際的に彼らの防衛責任を負う」ことは自明だというのがその根拠だった。そして同時にそれは、琉球諸島に長期的な責任を負うことを正当化する根拠になり得るため、結果として国際機関に依拠せずに、将来的に実際的な方法で沖縄における施政の保持を実現できるとの推測だった[71]。こうして、講和後も沖縄の米軍基地を長期保有する方針が固められる一方で、沖縄の領土主権の帰属先についての決定は先送りされることになったのである。

以上のように、ケナンの構想する限定的な封じ込め政策において、沖縄米軍基地の役割は専ら日本との関連で論じられていた。ケナンは、日本における米国の地位の強化を図る政策の一環として、沖縄米軍基地の長期保有を志向したのである。[72]このようなケナンの基本構想が記されたPPS28は、この後国家安全保障会議に提出され、NSC13として政策立案のための具体的な検討に移されることになる。

二　確実となる領土主権の喪失

対日政策の変化の顕在化

米ソ関係の悪化が米国の対日政策に決定的に重要な影響を与えていることを認識した日本政府は、沖縄の領土主権の帰属先を決定する際の米国の判断にもその影響が及ぶことを確実視するようになった。米国の対日政策の変化の過程は、日本政府の沖縄構想の観点から見れば、沖縄の領土主権を喪失する可能性が高いという懸念が確信に変わる過程であった。

日本政府にとって、一九四七年九月に「芦田書簡」を作成して以来の国際情勢の推移は、対ソ関係の悪化を前提とした対日政策が米国において構想され始めているとする、自らの推察の正しさを裏付けるものだった。その最たる例が、対日講和予備会議の招請問題をめぐる米ソの対立だった。[73]一九四七年七月に、米国務省が対日講和予備会議の開催を提唱していたことは前述の通りである。しかし、極東委員会一一ヶ国による拒否権抜きの三分の二の多数決方式をもって予備会議を行おうとする米国務省の提案は、ソ連からの反発を招いていた。対日処理問題の審議を、先ずは米英中ソの四大国外相会議で行うべきだとするソ連の強硬な反対に遭い、[74]議論は行き詰まりを見せたのである。

そのような中で一九四七年一一月末から開催されたロンドン外相会議について、日本政府は、対日講和問題の事態打開の可能性を読み取る絶好の機会として注目した。ロンドン外相会議の主要議題は対独講和問題であったが、同問題に対して「米・ソ間の協調が可能かどうかということは、直接に対日平和問題の今後の交渉に影響を及ぼすもの[75]」と考えたからである。

だが結果として、ロンドン外相会議は米ソ対立を背景に一二月半ばには無期限休会に至った。それは、米ソ間の対立状況が深刻なものであることを日本に知らしめるものだった。日本政府は、「米・ソの対立は講和条件に関する意見の相異以上のものがあると見られ、かかる深刻な対立は日本の場合にも持ち越されると思われる」と判断した。したがって、「ソヴィエトを交えての対日講和の早期実現は、外相会議の決裂により不可能となった」という結論が下された[76]。つまり日本政府は、米ソ関係の悪化が、講和問題を含めた米国の対日政策に今後反映されることを確実視するようになったのである。

実際、一九四八年以降明らかとなった米国の新たな対日政策には、ソ連との対立関係に基づいて立案されていることが明確に見て取れるようになった。一月六日にロイヤル（Kenneth C. Royall）陸軍長官が、極東における全体主義の防壁としての日本の強化を主張して以来、日本の経済復興に主眼を置いた政策が実施されるようになっていたからである。

もっとも、マッカーサーによって「占領政策中軍事的及び政治的部分は概ね完了し、経済的部面が重要である」との見解はそれまでも示されていた。日本政府がこの時注目したのは、「対日経済施策が著しく政治的含蓄を帯びて来た」ことだった。日本の経済復興を図る米国の政策は、ロイヤル演説からも明らかなように、対ソ関係悪化の深刻化という「政治的理由」を政策的背景としているものと捉えられた。それは、日本の弱体化を基本方針としたがゆえに、戦後日本の経済復興に連合国が責任を負うことを回避しようとした「米国初期の政策と照合すれば、まさに隔世の感を禁じ得ない」と日本政府に言わしめるものだった[77]。したがって、「対日平和会議早急開催への従来の努力を一応放棄し、占領政策の範囲内において独自の対日援助政策を進める方針に転じた」米国の姿勢は[78]、日本を共産主義勢力の影響下に入らせまいとする政策的考慮のあらわれであると理解されたのだった。

「防共」の拠点としての沖縄

以上の対日政策の転換に伴い、日本政府は、米国の戦略上における沖縄米軍基地の存在意義も確実に変化したと判断した。一九四八年一二月付の文書は、そのような認識を端的に反映していた。そこでは、「非軍事化の完了、民主化の進行及び右のような米国の対日方針の転換の結果、占領軍駐屯及びこれに伴う各種施設の意義も、ポツダム宣言の条項履行を保障するということから防共ということに漸次転移」していることが指摘された[79]。一九四七年九月に「芦田書簡」を作成した際に、沖縄米軍基地の役割に変化の兆しを読み取っていた日本政府は、米国の対日政策の転換を契機に、米国の冷戦戦略上、同基地が「防共」の拠点として決定的に重要な存在になったことを理解したのである。

ただし、沖縄米軍基地の役割の変化を察知していたこの時の日本政府が、日本の非軍事化を試みる方針を依然として米国が維持していると考えていたことに留意しなければならない。確かに、一九四八年初頭以来、「主として経済的部面においては百八十度の転換とも称し得べき重大な政策変化」が現れていた。だがその一方で、「日本占領政策中、非軍事化、民主化などの軍事的、政治的部面においては、占領開始以来一貫した方向を堅持し、変化の兆を認めない」というのが、一九四八年末当時の情勢認識だった[80]。

したがって、この時の日本政府は、米国が依然として日本の非軍事化を占領政策上の課題としており、日本を監督することを目的とする保障占領の拠点確保の方針を堅持しているという文脈の中で、米国の対日政策における沖縄米軍基地の存在を位置付けていたと解釈することができる。換言すれば、沖縄米軍基地は、防共の拠点であると同時に、依然として保障占領の拠点として重要であるとの理解であった。

事実、日本政府は、沖縄米軍基地が米国の対日政策上、防共の拠点として重要になったと解するようになったことで、沖縄の領土主権を喪失する可能性を高く見積もる悲観的認識を更に強めるようになった。沖縄米軍基地が防共の拠点として不可欠になったことは、米国にとって同基地の存在が従来以上に重要になったことを意味するからであった。そのため日本政府は、米国が沖縄米軍基地の排他的基地管理権を獲得する必要性をより一層認識するに伴い、講和後の沖縄が米国の信託統治領となるのは「確実」であると予想するようになった[81]。沖縄における信託統治の実施には日本の領土主権の放棄が伴うとする当時の日本政府の解釈に鑑みれば、そのような推察は同時に、日本が沖縄の領土主権の喪失を確実視していたことを示すものであるといえよう。

こうして対日政策の転換が図られる中において、日本政府は、沖縄米軍基地の役割が従来以上に重要になっているとの認識の下、沖縄の領土主権の喪失が「確実」であるとの判断を下すに至ったのである。

第三節 「不後退防衛線」の一角としての沖縄

一 「中国チトー化」政策と沖縄政策の修正

米国の対中政策の修正

一九四八年は米国にとって、戦時中以来のアジア構想を再考する年となった。米国政府内において、ケナンが一九四八年三月に作成したPPS28に基づき対日政策の転換を図る作業と並行して行われたのが、対中政策の見直しであった。その過程を経た上で中国に与えられた新たな位置付けは、米国の沖縄政策の立案過程において、戦後秩序を構成する大国としての政策的配慮を払う必要がもはやなくなったことを意味した。

「ヤルタ体制」の実現を目指した米国の戦後アジア構想の中核が、アジアの安定勢力としての大国中国の創出と、日本の非軍事化にあったことは前章で述べた通りである。もっとも、その構想において米国が大国になることを期待したのは、国民党政権からなる中国だった。一九四五年二月に開かれたヤルタ会談の際に交わされた「ヤルタ協定」（「クリミヤ会議の議事に関する議定書中の日本国に関する協定」）では、ソ連が「中華民国国民政府」との間で友好同盟条約を結ぶ用意があることが明記されていた[82]。それは、「ヤルタ体制」の枠組みにおいて、国民党中国が大国としてアジアの安定勢力となることを、米国のみならずソ連も想定していたことを意味した[83]。

その中国において、日本の敗戦後に国民党と共産党の間で内戦が再発したことは、米国のアジア構想を戦後直後から危殆に晒した。そこで内戦を早期に終結させ、構想通りに中国を大国として育てることを目的に、米国政府は一九四六年末にマーシャルを特使として派遣し、国民党と共産党を政治交渉のテーブルにつかせ停戦協定を結ばせるべく、両者の調整を行った[84]。しかしながら、結果として国共軍ともに内戦の武力的解決を追求する姿勢を崩さなかったため、マーシャルは調停を断念せざるを得なくなる。一九四七年を迎える頃には、米国の期待に反して共産党軍の優勢な状況が明確となり、米国政府は内戦の調停の試みを放棄するに至った[85]。

ただし、共産党がいずれ中国大陸に政府を樹立することになるにしても、これを直ちに敵視する必要はないというのが米国政府の理解だった。一九四八年一〇月一三日付の「米国の対中国政策」と題する文書NSC34は、「中国が米国にとって由々しき意味を持つのはソ連の潜在的手先としてである[86]」ことが指摘された。共産中国がソ連と一枚岩とならないかぎりは、米国にとって脅威とはならないと説かれたのである。当時ユーゴスラヴィアのチトー（Josip B. Tito）大統領が、共産主義を標榜しながらも、ソ連陣営に加わらない選択をしていたことを念頭に置いた、いわゆる「中国チトー化」への期待であった。米国によるその期待の背景にあったのは、「革命中国の成立は、国民党政府に代わる独立国家が出現することを意味するに過ぎない[87]」との判断だった。国民党政権による大国中国の出現はもはや望み得ないため、戦時中以来の「中国大国化」構想は放棄せざるを得ない。だが、共産中国が「チトー化」路線を歩むかぎりにおいては、主権国家の一つとして対応すれば良いというのが、対中政策の見直しを行った米国政府の結論だった。

この「中国大国化」構想の後退は、米国の沖縄政策の前提に修正を加えるものだった。既述のように、一九四六年前半に米軍部と国務省が米ソ協調主義に基づいて立案した沖縄構想に関する文書には、大国になることが期待された中国への政策的配慮が包含されていた。確かに、その当時、沖縄において信託統治を実施するかの是非をめぐっては、軍部と国務省は徹底して対峙していた。しかし、一九四六年一月付のＪＣＳ５７０／５０において軍部は、信託統治協定に関する当事国の第一順位として中国を指定していた(88)。その一方で国務省は、同年六月付のＳＷＮＣＣ５９／１で沖縄に恒久的な米軍基地を建設した場合に生じることが予想される中国の不安に対する配慮を軍部に要求していた(89)。つまり、「中国大国化」構想を所与とした米国政府の沖縄政策の立案過程では、大国中国に対する考慮が不可欠要素として捉えられていたのである。

だが、ＮＳＣ３４において、中国を一つの独立した主権国家として対応する方針が決定されたことは、沖縄政策の立案にあたる際に、米国が中国に対してもはや大国としての配慮を行う意図がないことを意味した。つまり、この時点で「中国チトー化」政策の実施を選択した米国政府が策定した沖縄政策は、中国に対する政策的考慮の影響を受けない内容となっていたと解釈することができよう。そしてこの後、一九四八年一〇月にＮＳＣ３４が作成されてから朝鮮戦争の勃発まで、以上の「中国チトー化」政策が基本的に維持されたことになる(90)。このことに鑑みれば、朝鮮戦争が勃発するまで、米国の対中認識がその沖縄政策に直接的な影響を与えることはなかったと考えられる。次章で論じるように、米国の対中認識が沖縄政策に決定的に重要な影響を及ぼすのは、朝鮮戦争に中国義勇軍が本格的に軍事介入してからのことである。

対沖縄政策への影響

では、「中国チトー化」政策をとるに至った米国が、アジア政策の軌道修正を図る一方で、新たな対日政策及び対沖縄政策はいかなる内容に仕上げられたのであろうか。

ケナンが一九四八年三月二五日にマーシャル国務長官に提出したＰＰＳ２８は、政策企画室による修正を加えられた後に、ＰＰＳ２８／２「米国の対日政策に関する勧告」として五月二六日に提出された。それはＮＳＣ１３として、六月二日付で国家安全保障会議における話し合いに付されることとなった。

結果として、一〇月七日付でトルーマン大統領の決済を受け、新たな対日政策として公式に承認されることになるＮＳＣ１３／２「米国の対日政策に関する勧告についての国家安全保障会議報告」と題する文書では、沖縄政策に関しての項目の決定は先送りされていた[91]。沖縄政策を含めたＮＳＣ１３／３が大統領の決裁を受けるのは、一九四九年五月のことである。ＮＳＣ１３／３においてなされた、沖縄米軍基地を長期的に保持すべく、「長期的な戦略支配についての国際的承認を、将来的にその時点で最も有利な方法で獲得するべきである」との提言が、米国の沖縄政策として公式化するのである[92]。そこで、まずは対日政策の転換の過程が、沖縄米軍基地及び沖縄政策にとってどのような意味合いを持つものであったのかをまとめたい。

これまでの研究が明らかにしている通り、ＰＰＳ２８からＮＳＣ１３／３までの一連の作業の第一義的な目的は、対日講和を遅らせる一方で、日本の政治経済的な安定化を図るべく経済復興政策を実施することにあった[93]。この目的の重要性は、作業の過程において米国政府内で共有されたといえる。

非軍事化方針の後退

他方でＰＰＳ２８が米国政府内で検討されるにあたって議論の的となったのは、非軍事化政策の扱いであった。政策企画室における修正の後に作成されたＰＰＳ２８／１では、ソ連が穏健化し、かつ日本が政治経済的に安定した後の国際社会において、ソ連も含めた国際管理の下で日本の完全な非軍事化を図ることの可能性を考慮したケナンの方針が維持された[94]。

これに対して異議を唱えたのが陸軍であった。ソ連の政治的・心理的脅威を強調するケナンとは異なり、陸軍省は、日本を共産主義に対する防波堤とするには、日本の対外的な安全保障能力の向上を目指すべきだと主張した。そのため、日本の軍備再建を可能にする措置を早期にとる必要を説いた[95]。もっとも、この時に陸軍が想定していたのは、規模や目的を限定した日本の再軍備であり[96]、ソ連による軍事攻撃を想定したものではなかった[97]。

結果として、一九四八年一〇月七日にトルーマンによって決裁を受けたＮＳＣ１３／２では、陸軍の要望は取り下げられ、そこでは「米国の最終的な立場は、講和交渉が近づくまでは決定されるべきではない。それは、その時点の国際情勢及び日本がどの程度国内の安定を実現しているかに鑑みて決定されるべきである」ことが記された[98]。換言すれば、将来の対日政策として、非軍事化政策の維持と限定的再軍備のいずれを選択するかについての決定は、現時点では先送りすべきであるとの結論だった。

しかし、この日本の限定的再軍備[99]については、ＮＳＣ１３／２が改訂される際に再び争点となった。それは、フォレスタル（James V. Forrestal）国防長官の指示に基づくものだった。一九四八年二月にチェコスロヴァキアで共産党が事実上のクーデターで政権の座を奪取したことを契機として、国際情勢が緊張の度合いを高めているとの理解を有するフォレスタルにとって[100]、ＮＳＣ１３／２が日本の再軍備について具体的に言及しなかったことは、政策上の決定的な欠陥に思われた。

しかし、フォレスタルの命に応じて一九四九年三月一一日付で作成されたＮＳＣ４４「日本の限定的再軍備」では、その実現可能性の低さが説かれた。「純軍事的観点」からいえば、日本の再軍備は責任分担や米国の限られた兵力の有効な配置という点で望ましいことではある。だが、政治経済的理由に基づけば、「限定的な日本軍の建設」ですら「この時期には実現可能性がなく、望ましくない」ことが論じられたのだった[101]。そのため、一九四九年五月のNSC13／3の成立に至る過程においても、日本の限定的再軍備構想は退けられた。

このように、対日政策の転換が決定し、日本国内の政治経済的安定が政策の基本方針として据えられる一方で、従来実施されてきた非軍事化政策は、政策上の優先順位が下がったものの、この時点で撤回されることはなかったのであった。それは、米国政府内における対ソ脅威認識が、非軍事化政策を放棄し、日本に限定的再軍備を要求するほどには未だ高まっていなかったことを端的に示していた。

限定的再軍備論の挫折と沖縄

それでは以上のような米国政府内における日本の限定的再軍備をめぐる議論の存在は、沖縄米軍基地との関連でどのように理解できるであろうか。後に朝鮮戦争の勃発を契機として、米国が実際に日本に再軍備を要求するようになった事実、およびその背景にあった軍部の対ソ脅威認識の存在を踏まえれば、確かにこれを日本再軍備論の始まりとすることもできよう。そして、そのような米国の対日政策の中に、沖縄米軍基地の存在を意義付けることも可能である。

しかし、沖縄米軍基地の同時代的役割に注目した場合、日本再軍備論が構想されながらもこの時点ではこれが放棄され、沖縄米軍基地の長期保有方針が採用されたことが重要であろう。ケナンがPPS28で提言した、日本における地位の強化を図る政策の一環としての沖縄米軍基地である。新たな対日・対沖縄政策として一九四九年五月にNSC13／3を策定した時点において、米国は、アジアにおけるソ連の軍事的脅威を差し迫ったものではないと判断していたのである。

また、「チトー化」することが期待されていた共産中国の存在が、対日・対沖縄政策と関連付けて論じられなかったことからは、当時の米国政府の構想の中に、欧州で誕生していた共産主義勢力との間の冷戦的な対立構造をアジアに持ち込む意図は存在していなかったと考えることが可能である。NSC13/3で正式に決定した、沖縄米軍基地を長期的に保有するという方針[102]は、経済的手段に重きを置き、米国の資源の投資先を厳格に選別する限定的な封じ込め政策の枠組みの中で確立されたものであったのである[103]。

二 対ソ脅威認識の拡大と恒久的基地建設の開始

米国の新たなアジア政策

米国政府が一九四九年五月にNSC13/3で沖縄政策を確定させて以降、その対ソ脅威認識をアジアにまで拡大せざるを得ない重大な出来事が続いた。同年九月にはソ連の原爆保有が明らかとなり、一〇月一日には中華人民共和国が樹立した。そうしたなか、米国が新たなアジア政策を立案するまでの過程において、それまで対日政策との関連で意義付けられてきた沖縄米軍基地の存在は、軍事戦略的な観点からアジア政策と有機的に連動し始めることとなった。

一九四七年初頭に中国における内戦の調停が不調に終わり、共産党の勝利が明白になって以来、米国は国民党政権からなる中国を「大国化」させる方針を放棄せざるを得なくなった。その米国がとった対中政策は、先述の一九四八年一〇月付のNSC34に基づく「中国チトー化」政策だった。そこでの基本路線は、中国への関与は外交的、経済的手段に限り、軍事介入は行わないというものだった[104]。米国は、いわゆる『中国白書』を一九四九年八月五日に公表し、自らの戦後対中政策の失敗を総括した[105]。この『中国白書』の提出にあたって、アチソン国務長官がトルーマン大統領に送付した「伝達書」では、「中国においての内戦の忌まわしい結果は、米国政府の統制の範囲を超えていた」ことを指摘し[106]、共産党の最終的勝利が決定的となった現況下で、共産中国の存在を事実上受け入れる方針を示した。

『中国白書』発表の翌月九月にソ連の原爆実験成功の事実が明らかとなり、米国の原爆独占状況が終焉を迎えたことは、米国政府内に深刻な対ソ危機意識を芽生えさせた。米国の政策決定者たちは、外交及び軍事政策の根本的な再考を迫られたのである[107]。

その最中の一〇月一日に中華人民共和国の樹立が宣言されたことで、米国はいよいよアジアにおける共産主義勢力の影響力の拡大を想定せざるを得なくなった。ソ連の原爆保有と共産中国の成立が短期間のうちに連続する形で起きたことで、米国の対ソ危機意識は急激に高まることとなった。ただし、この段階で米国は、共産党中国がソ連と一枚岩になったとは判断せず、その後も「チトー化」政策を維持した。後述するように、共産党中国がソ連の手に落ちないことに依然として望みをかけていたのである[108]。

そうした中で米国が新しいアジア政策として作成したのが、一九四九年一二月付のNSC48／1とNSC48／2だった。これらの文書は、アジアにも軍事戦略的な「不後退」ラインを設定するほどに、米国の政策決定者の対ソ危機意識が高まっていたことを反映するとともに、米国のアジア政策において沖縄米軍基地が決定的に重要となったことをあらわしていた。

一九四九年一二月二三日に完成したNSC48／1「アジアに関する米国の地位」は、対ソ戦略の観点から、アジアのあるべき姿と、それを実現するための米国の役割について検討を加えた。そこではまず、「現在における対ソ戦の際の基本的戦略構想は、〝西〟で戦略的攻勢に、〝東〟で戦略的防衛に努めること」が指摘され[109]、アジアにおいて第一になすべきことは「戦略的防衛」であることが説かれた。

確かに米国は、アジアにおいてもソ連の影響力の拡大の兆しを認識するようになってはいた。しかし、米国にとって、冷戦の主戦場はまだ欧州であったため、「主要な努力を〝西〟で割くことができるように、最小限の軍事上の人員、物資の投入で〝東〟における戦略的防衛の成功が保障されることが肝要[110]」とされた。つまり米国は、アジアにおける人的物的資源の投資は、ソ連の影響力の拡大を阻止するための最小限のものにとどめるべきであると考えたのだった。その最低限維持すべき防衛線、すなわち「戦略的防衛の第一線」として挙げられたのが、「日本、沖縄、フィリピン」だったのである。[111]

このNSC48／1の分析は、一二月三〇日付のNSC48／2によって最終的にまとめられ、トルーマン大統領の承認を得た。同文書は、「国内の安全を維持し、そして共産主義の侵入を防ぐために、アジアの特定の非共産主義諸国の軍事力を十分に発達させ」、「アジアにおいて優勢であるソ連の勢力と影響力を徐々に減少させ、最終的に消滅させること」を米国のアジア政策の基本方針として掲げた。[112]この方針を実現するために不可欠とされたのが、日本、沖縄、フィリピンにおける米国の地位の向上だった。そして、これと同時に、アジア諸国に援助を施し、共産主義の侵略の脅威に耐えうる体制を築き、地域的集団安全保障制度を確立させることがアジアにおける米国の喫緊の課題とされたのである。[113]

一九五〇年一月一二日に行われたアチソン国務長官の演説は、このような米国の新たなアジア政策を対外的に発表する場となった。このアチソン演説は、「アリューシャン列島から日本へ達し、さらに沖縄へ延び」、「沖縄からフィリピンへ至る」とする米国の「不後退防衛線」、いわゆる「アチソン・ライン」を提示した。日本と沖縄が米国のアジアにおける戦略的防衛拠点であることを強調したのである。[114]

恒久的基地建設の開始

以上のNSC48／1からアチソン演説に至る一連の政策において、日本と沖縄が「不後退防衛線」に加えられたことは、米国のアジア政策にとって、沖縄米軍基地が決定的に重要な存在であるという政策的考慮が背景に存在していたことを示していた。事実、トルーマン大統領は、アジア政策の立案作業に先立ち、沖縄の長期保有を決めた一九四九年五月のＮＳＣ１３／３に基づく政策の具体化への第一歩として、中国が共産化した直後の一〇月末に、沖縄米軍基地の建設計画を内容とする法案に署名をしていた(115)。

また、一九五〇年一月にはアチソンが、沖縄の戦略的重要性を次のように説いた。すなわち、「我々は、琉球諸島における重要な防衛要地を保持し続ける。琉球諸島の住民の利益のために、我々は適切な時期に、これらの島嶼を国連の信託統治下に置くことを提案する。しかし、琉球諸島は、太平洋の防衛線の極めて重要な一部をなしており、我々はこれを保持しなければならない(116)」。その翌二月、沖縄における基地建設工事計画が発表され(117)、三月には工事が開始されるに至る(118)。

こうして、アジアにおけるソ連の脅威の拡大に直面した米国は、ソ連を封じ込めるための「不後退防衛線」の設定と沖縄米軍基地の建設による対応を図った。その一連の決定は、アジアにおける米国の政策を実現する上で、沖縄米軍基地の存在が決定的に重要であるとの考慮に基づくものだったのである。

三　沖縄と本土における米軍基地の意義の一体化

「中国チトー化」政策の失敗

「中国チトー化」政策の維持を前提にアジア政策の修正を図った直後に米国は、これを根本的に見直さざるを得ない事態に直面した。中ソ同盟関係の成立である。一九五〇年二月に中ソ友好同盟相互援助条約が締結されたことで、共産中国がソ連と一枚岩的団結をなさない限りはこれを安全保障上の脅威と見なさないという、一九四八年一〇月のＮＳＣ３４に基づく米国の「中国チトー化」政策の政策的前提が侵食されることになった。この事態を受けて米国政府内では、日本本土における米軍基地の確保が喫緊の課題として浮上した。

一九四九年一二月に作成されたＮＳＣ４８／１及び４８／２に見られるように、アチソン演説が行われる段階において、米国のアジア政策は、ソ連に対する脅威認識の拡大への対処として策定されていた。一九四九年九月にソ連の原爆実験が成功した直後の一〇月に中華人民共和国が樹立を宣言した際にも、米国は共産党中国がソ連と一枚岩になったとは判断せず、その後も「チトー化」政策を維持した。依然として、共産党中国がソ連の手に落ちないことに望みをかけていたのである[119]。それゆえ、ＮＳＣ１３／３で決定した沖縄の長期保有化という新たな沖縄政策を実現すべく、一九四九年一〇月末にトルーマン大統領が沖縄における米軍基地建設を許可したことは、対ソ脅威認識の高まりに基づく判断といえた。

しかし、その後一九五〇年二月に中ソ友好同盟相互援助条約が締結されたことで、共産中国がソ連と一枚岩の団結を行わないことを期待して実施されてきた米国の「中国チトー化」政策は、政策的前提を失うことになった。それは、米国の沖縄政策に、その対中認識が影響することを予感させる出来事であった。

一九四九年一二月付のＮＳＣ４８／１では、アジアでの最大の脅威はソ連であるとし、中国に対しては引き続き「チトー化」政策の実施を試みる方針が記された。ＮＳＣ４８／１は、「中国における共産主義体制とモスクワとの間には、深刻な摩擦が生じるであろう[120]」として、将来の中ソ対立を予想し、中国「チトー化」への期待をかけ続けることを選択した。

その「中国チトー化」政策を堅持しようとする姿勢は、台湾防衛へのコミットメントを回避する決定を生み出した。いわゆる「台湾放棄」政策である。ＮＳＣ４８／１は、「台湾が戦略的に重要な地域であっても、そこにおける軍事的行動が正当化されることはない」と判断せざるを得ないことを説いた。米国の人的物的資源には限りがあり、これを投入できる地域を限定せざるを得ないというのがその理由であった。そのため、米国が台湾にすべきことは、台湾に対する外交的経済的な援助の継続であるとの結論が下されるに至ったのだった[121]。

こうした米国の台湾政策は、一九五〇年一月五日のトルーマン大統領の演説にも反映された。「合衆国は現時点において、台湾で特別な権利または特典を得ようとも、また台湾に軍事基地を設けることも望まない。合衆国はまた、軍隊を使用して現状に介入する意図を持たない。合衆国政府は、合衆国を中国の国内紛争に巻き込むことになるような道をたどることはしないだろう。同様に、合衆国政府は、台湾にいる中国軍に軍事的な援助や軍事上の助言をあたえるつもりはない」との声明であった[122]。そこでは、対中政策として「中国チトー化」方針を維持する決定を下したことの結果として、米国が台湾には軍事的には関与しないことが宣言されていた。大統領自らが台湾への軍事的不介入を宣言したことからは、米国政府の「中国チトー化」に対する希望の強さを読み取ることができる。

しかしながら、このトルーマンによる台湾不介入宣言からわずか一ヶ月後の一九五〇年二月一四日に中ソ友好同盟相互援助条約が締結されたことで、米国の「中国チトー化」への期待は打ち砕かれることになった。一九四八年一〇月のＮＳＣ３４に記されたように、米国の「中国チトー化」政策の前提となっていたのは、共産中国が「ソ連の潜在的手先」にはならないことだった。ソ連と一枚岩となって団結しない限りは、共産中国が米国の安全保障上の脅威にはならないと評価していた米国にとって[123]、共産中国がソ連と同盟関係に入ったことは、従来抱いてきた「中国チトー化」構想の前提が崩れたことを意味したのである。「中国チトー化」の失敗であった[124]。また、アジアにおける対ソ脅威認識が拡大する中で起こった中ソ同盟の成立は、米国にとって自らの対ソ認識が正しいことを知る出来事となったのだった。

ＮＳＣ68の立案

「中国チトー化」構想の崩壊に伴い、米国がアジア政策を再考する過程は、同時に、その国家安全保障政策全体が見直される過程でもあった。一九五〇年一月三一日にトルーマン大統領は、一九四九年の衝撃への対応、すなわち中華人民共和国の成立という「中国の喪失」と、ソ連の原爆保有という現実への対策を軸に、米国の対外政策全般を再検討するよう命じた[125]。その成果として同年四月一二日に国家安全保障会議に提出されたのがNSC68である。

もっとも、このNSC68に基づく政策変更が決定されるのは、六月の朝鮮戦争勃発から三ヶ月経った九月三〇日のことである。しかし、従来の研究が指摘している通り、NSC68の提言の背景にあった問題意識の存在が、次章で詳述する朝鮮戦争への参戦と、「中国チトー化」政策の転換としての台湾海峡への第七艦隊派遣という、米国のアジア政策上の決断に影響を及ぼした[126]。また、これらのアジア政策の変化は、米国の対日・対沖縄政策にも決定的に重要な変更をもたらすことになる。そこで本節において、NSC68で示された米国の危機意識と、それに基づき提言された政策の内容を予め確認しておきたい。

NSC68は、一九五〇年一月にケナンにかわり政策企画室室長に就任したニッツェ（Paul H. Nitze）の主導により作成された文書であった。NSC68でニッツェが強調したのは、封じ込め政策の拡大化と軍事力増強の必要性であった。ニッツェの分析によれば、一九四九年に原爆実験に成功したばかりのソ連が、北米大陸への核攻撃の敢行も含め、一九五四年には米国に深刻な打撃を与える量の原爆を保有する可能性があった。

そのような対ソ危機意識を背景に、ニッツェは、ソ連に今以上の勢力拡大をさせないためにも、米国は局地紛争から全面戦争に至る全ての軍事レベルでのソ連に行動に備え、あらゆる形態の軍事的脅威にも耐えうる軍事態勢を築く必要を唱えた。そして、これを実現すべく、防衛予算の大幅な拡大を要求した[127]。つまり、経済的手段を主とする従来の限定的な封じ込め政策から脱却し、封じ込め政策の対象をソ連の拡張主義的行動全てに広げ、軍事力によって対抗すべきことを強調したのだった。それは、日本を含めた「死活的権益地域」とそれ以外の「非死活的権益地域」とを区別することなく、世界規模でソ連を封じ込めることを目指すべきだとの意見具申だった。

このNSC68の志向に基づけば、米国のアジア政策には、「死活的権益地域」である日本以外においてもソ連の影響力の排除を目的とした行動が必要となる。つまりNSC68の提言は、封じ込め政策の拡大化は、既に「不後退防衛線」の一角として重要な位置付けを与えられていた沖縄米軍基地が、米国のアジア政策上、一層重要な役割を担うという論理的帰結が内包されていたのだった。そのことを示唆したNSC68が、朝鮮戦争後にトルーマン大統領に承認されたことで、この論理は米国の沖縄政策にも反映されていくことになる。

本土における米軍基地確保の決定

以上の作業と並行して行われていた対日講和問題の作業過程において、講和後の日本本土における米軍基地の確保が喫緊の課題となった。アジアにおけるソ連の脅威の拡大に危機感を覚えた米国は、対日講和問題を検討するにあたり、日本における自らの地位の強化を一層高めることを試みた。

一九四九年九月にアチソン米国務長官とベヴィン（Ernest Bevin）英外相との間で、ソ連を除外する形での対日講和の推進が合意された。そして講和をめぐる軍部と国務省の対立が続いていた米国政府内でも、一九五〇年一月にトルーマンによって対日講和促進の決定がなされた[128]。この決定以降、米国政府内では、国務省を中心に対日講和を実現するにあたって解決すべき問題への対応が図られた。

そこで再び争点となったのが、講和後の日本本土における米軍駐留の問題に他ならない。対日講和問題の一環として、講和後の日本の安全保障問題が検討される中で、日本本土に米軍基地を保持することが目指されたのだった。その試みの結果、講和後の米軍基地の存続という点において、沖縄と日本本土との間の差異はなくなることとなる。

一九四八年三月にPPS28が作成されてから、一九四九年五月にNSC13／3が承認される過程において、講和後の日本本土における米軍基地確保の問題は、優先順位の低い課題であった。先述したケナンやマッカーサーの見解に代表されるように、この過程では沖縄米軍基地の存在をもってすれば、ソ連の脅威への対処を目的として日本本土に基地を存続させる必要はないものだと判断されたからである[129]。彼らの判断の背景に、日本の安全保障問題は既に解決されているとの認識が存在していたことが窺えよう。

しかし、NSC13/3承認直後の一九四九年六月以降、軍部内では日本本土の基地確保問題が重要な課題として位置付けられるようになる。

一九四九年六月一五日付のNSC49「日本における米国安全保障要件の戦略的評価」と題する文書は、グローバルな対ソ戦略の中で、日本本土における米軍基地の確保の必要性を見直した。そこでは、グローバルな冷戦を戦う上での日本列島の地政学的重要性と日本の人的資源・潜在工業力の戦略的重要性が強調された。このことに鑑みれば、日本を失うことは、軍事的前進基地のチェーンの戦略的価値を減少せしめることになるので、最低でも現況下と同程度の軍事力を米国は保持し続けなければならない。しかし、仮に「日本本土の基地保持が不可能となれば、沖縄基地や付近の太平洋上の米軍基地は、米国の軍事的な必要要件を満たすことはできない」ことが論じられた[130]。NSC49は、日本本土における基地確保が、沖縄米軍基地との関連において必要不可欠であるという問題意識が米軍部内で抱かれ始めたことを端的に反映していた。

しかし、この軍部の問題意識が米国政府内ですぐに共有されたわけではなかった。まず、国務省からの賛同が得られなかった。それは、軍部と国務省の考える最優先課題の違いに由来していた。

一九五〇年一月にトルーマン大統領が対日講和促進を決定した後、軍部が日本本土における基地確保を日本再軍備とともに優先課題と位置付けるようになっていた一方で、国務省の目下の課題は講和の実現であった。一九四九年の半ば以降、国務省は一九四八年一〇月付のNSC13/2で決定した対日講和の延期について再考する動きを見せ始めた[131]。この背景には、既に中国内戦で共産党軍の勝利が決定的となり、極東情勢が悪化しているという情勢認識が存在していた。そのためアチソン（Dean G. Acheson）国務長官は、アジア諸国が共産勢力からの侵略に耐え得るほどの発展をし、西側陣営に協力的になるようにするべきであり、この目的を遂げるためには、アジア諸国内の「心理的安定」が重要だと考えた[132]。

そしてアチソンは、このような考えを日本に適用した。実際この時の日本国内は、経済復興を重視する米国の政策がうまく機能していなかったため、国民が占領の長期化に不満を覚え始めているという状態にあった。このような状況をアチソンは講和の実現によって改善しようとした。すなわち、日本が共産勢力と結びつくことを防ぐために対日講和を推進し、日本国内が心理的に安定することを目指すという論理をアチソンは用いたのであった。ただし、対日講和の時期については、この後一九五〇年九月にＮＳＣ６０／１として米国政府内で合意が形成されるまでは、国務省と軍部の間で対立が続くことになる。

もっとも国務省も、日本再軍備の可能性について完全に否定していたわけではない。「ＮＳＣ４９に対する国務省のコメント」において、国務省は、適当な時期に日本の再軍備を実現しなければならないという軍部の見解に賛同はするが、現況下において最優先すべきは早期講和により日本を西側陣営の一員として確保することなのだと主張した[133]。この両者の課題に対する優先順位の付し方は、基本的に一九五〇年春頃まで変化はなかった[134]。

また、マッカーサーもワシントンの軍部とは相いれない認識を有していた。マッカーサーが沖縄米軍基地の存在を重視し、その一方で本土における米軍駐留に消極的であったことは前述の通りである。ただし、極東における情勢の変化を背景に、マッカーサーは日本本土における米軍駐留に条件付きで賛成する考えを持つようになっていた。一九五〇年四月のシーボルト（William J. Sebald）総司令部政治顧問との会談の際に、「本質的には日本に基地を保有する必要はない。基地使用権が承認されなければならないという米国の主張は、日本人の反米運動を惹起するだけである。しかし、日本国民を代表する日本政府が米軍駐留と基地存続が必要であるとして正式に要請するならば、異議は全く起こるまい。特に例えば五年というような期限付きの基地ならば、問題はないであろう」との見解を披露していた[135]。

講和後の日本本土の米軍駐留に関する議論の中心となったのは、一九五〇年四月六日に国務省顧問に、五月八日に対日講和問題担当に任命されたダレス（John F. Dulles）であった。「中国の喪失」の結果、野党共和党から対中政策に対する厳しい批判を浴びていたトルーマン政権にとって、共和党員のダレスの登用による超党派での取り組みは、共和党からの批判をかわす狙いがあった[136]。

そのダレスが本土の米軍基地確保問題について主に取り組むべきは、マッカーサーと、駐留を強く望むワシントン軍部との意見対立を収束させることだった。基地確保問題を理由に軍部が早期講和に反対していたため、この問題の解決こそが早期講和の実現を促進することを見越した国務省は、基本的に軍部と同様の立場を既に採るようになっていたからである[137]。

日本からの基地提供の申し出

このダレスによる取り組みの過程において、日本からの基地提供の申し出が対立の収束に重要な役割を果たしたことは、これまでの研究が明らかにしている通りである[138]。

一九四八年一〇月から首相の座についていた吉田茂は、「私は日本は軍隊を持ち得ないから、講和条約が調印されたのちも米占領軍が日本に残ることを希望する」と発言し、早くから講和後の日本本土への米軍駐留を希望していた[139]。日本は敗戦国として「非武装の平和国家」になることを求められているため[140]、憲法九条を堅持しながら、米国に講和後の安全保障を委ねるというわけである。一九五〇年四月になると、吉田はGHQ外交局のヒューストン（Cloyce K. Huston）に対して、「日本は自前の軍事力を保有していないため、保護を受けるために米国に頼らなければならない」との見解を伝えた[141]。

そして吉田は、同年五月に池田勇人大蔵大臣を渡米させ、自身の意向を米国政府に伝える。「米国の軍隊を日本に駐留させる必要があるであろうが、もし米国側からそのような希望を申し出にくいならば、日本政府としては、日本側からそれをオファするような持ち出し方を研究してもよろしい」との提案であった[142]。

以上のことからは、当時の日米両政府の間で、講和後の日本本土における米軍基地の存続について見解が一致していたことが分かる。ダレスにとって日本政府からの申し出は、日本本土における米軍駐留と基地存続の条件にしていたマッカーサーを説得するための格好の材料となったのである。

一九五〇年六月に国防総省関係者と共に訪日したダレスは、マッカーサーと会見し、三者の合意を形成することに成功した。その成果は、六月二三日付のいわゆる「マッカーサー覚書」として結実した。そこでは、①日本本土における基地の自由使用、駐留米軍の行動の自由、②日本の自衛権はいかなる制限も受けないこと、が定められた[143]。こうして、講和後の日本において、沖縄のみならず本土にも米軍基地が設定されることとなったのである。

信託統治の正当性喪失

日本本土における米軍基地の存続決定は、米国の沖縄政策との関連で見れば、講和後の沖縄において信託統治を行うことの政策的前提を侵食したことを意味した。

終戦間際から一九四六年初頭の時期にかけて、軍部が練り上げた沖縄信託統治構想は、沖縄米軍基地の排他的基地管理権の確保を目指す試みであった。その際に軍部が想定していた沖縄米軍基地の同時代的役割は、武装解除後の敗戦国日本を監視するという保障占領の拠点としての役割であった。それは、日本における占領業務が終了した後には、日本本土からは米軍を撤退させるという方針と表裏一体の構想であった[144]。すなわち、軍部が沖縄に対する信託統治制度の適用を企図したことの根底には、日本占領終了後は沖縄にのみ米軍基地を確保するために、日本から沖縄の領土主権を剥奪した上で信託統治を実施するとの論理が存在していたのである。

しかしながら、前述のように、米ソ協調の破綻と中ソ同盟の成立という極東情勢の悪化への対応として講和後の日本本土における米軍駐留と基地存続が決定した。これにより、信託統治を試みる政策的前提であった、沖縄米軍基地の相対的価値の高さが失われたのであった。ここにおいて、制度上も政策を実現する上でも、米国が沖縄に信託統治制度を適用することが事実上困難となった[145]。

したがって、この後米国政府が、講和後の沖縄における信託統治を試みる方針を掲げるとき、そこには様々な矛盾が表出することになるのである。それは、米ソ協調原則に基づく戦後秩序構想を前提に、その領土的地位の決定をポツダム宣言起草時に棚上げしたことで生まれた沖縄の領土主権問題という戦後処理問題を、グローバルな対ソ戦略という冷戦を背景とした政策によって処理せざるを得なくなったことで生じた矛盾に他ならなかった。そこにおいて、沖縄の領土主権問題が冷戦下の米国の軍事戦略とそれを支える日米同盟の陰に埋没し、その後の沖縄に課せられた過剰な軍事的負担が米国の軍事的プレゼンスの必要性という論理で「正当化」されるという、沖縄基地問題の負の側面の源流が生まれたのである。

日本の駐留協定構想の再検討

そうした流れの中で、講和後の日本本土における米軍基地の存続は、講和後の安全保障を構想するにあたり、日本政府に沖縄と日本本土における米軍基地の役割を同一視する発想を抱かせることとなった。

一九四八年の初頭以来、対日占領政策が日本の経済復興に重点を置くものに転換していく一方で、米ソ対立を背景として対日講和予備会議の開催は無期限に棚上げされていた。しかし、一九四九年九月にアチソン米国務長官とベヴィン英外相との間で対日講和の推進が合意された後には、米英が対日講和の緊急性を認識していること自体は日本政府の知り得るところとなっていた[146]。さらに一一月になると、マッカーサーが「対日講和条約が明年はじめ東京で調印されることを期待しており、また同元帥はさきにワシントン経済会議のおり行われたアチソン・ベヴィン会談で対日講和条約の主要論点で意見の一致をみて以後の発展について満足の意を表している」ことが新聞を通じて報じられた[147]。

こうして日本政府は、米国政府が対日講和方針を変更したことを理解し[148]、講和条約締結に向けた準備に再び取り掛かった。講和に向けた準備は、「平和條約促進のため何等かの措置を講ずるとすれば今を措いてはない」、「若し今回平和条約が成立しなければ、恐らく今後数年間は條約成立の見込みはないのではないかと思われる」とする危機感を伴っていた[149]。

ただし、一九四八年一〇月に首相に返り咲いていた吉田茂は、一九五〇年春頃まで講和問題に関する方針を明確に示すことはなかった[150]。そのため、一九四九年秋以降の講和に向けた準備は、外務省が先導することになった。そこで、再び本格化した日本の講和準備作業の中での最重要課題は、講和後の安全保障問題であった。そしてその作業の過程で再び浮上したのが、米兵力の駐留を念頭に置いた駐留協定構想であった。

この時期の日本の駐留協定構想が、前章で触れたそれと決定的に異なっていたのは、沖縄米軍基地の存在のみならず、日本本土における米軍基地の設定を前提としていたことである。それは、米ソ二大陣営が対立し、連合国全ての講和が不可能となった以上、「米側諸国との間にのみ講和条約が締結される状況に鑑み、わが国の安全保障は、実質的には米側諸国にこれを委ねる方針を採る[151]」とする日本の決断に基づいていた。その意味で、米ソ対立が厳しさを増す国際環境において、日本が米軍駐留に依拠する安全保障構想を抱いたのは、「日本の選択の問題ではなく、日本が敗戦国として甘受せざるを得なかった不可避的な枠組みであった[152]」。

こうした、日本本土への米軍駐留及び米軍基地の設定を所与とした駐留協定構想が練り上げられる過程は、その沖縄構想の観点から見れば、保障占領の拠点が沖縄に限定されているという認識が変化する過程であった。前章で明らかにした通り、米ソ協調に基づく国際情勢下における日本の沖縄構想の中核にあったのは、非軍事化義務の履行として、沖縄においては保障占領を受け入れなければならないとの理解であった。その後、米ソの対立が深まり始めた時に、「芦田書簡」において沖縄米軍基地の存在に基づいた安全保障構想が提案された際には、保障占領の拠点として同基地の受け入れが講和のための所与の条件であるとする政策的考慮を背景としていた。

これに対して、本土の米軍基地の存在にも依拠する安全保障構想では、本土でも保障占領を受け入れることを前提としていた。「日本領域内に駐軍、基地設定がなされるとき」、「日本本土内」と「周辺諸島」におけるその「名目は条約履行確保の目的と外部からの脅威に対する警戒との目的」を含むものにするとの想定であった[153]。本土に米軍基地が設けられる場合でも、沖縄米軍基地と基本的な役割には変わりがないとの理解だった。

一九五〇年五月三一日付の「安全保障（特に軍事基地）に関する基本的立場」と題する文書は、本土と沖縄の米軍基地の存在意義について差異はないとする観点から、当時の安全保障構想における米軍基地の意味を論じた。そこでは、「対外安全の保障については、新憲法の規定した戦争放棄と軍備放棄に徹することが日本の安全保障の根本義務である」とされ、「平和条約が日本の完全非武装を規定するならば、それに対応して連合国において日本の独立及び領土保全の尊重を誓約されて然るべき」と説かれた。したがって、連合国間で日本に「軍事基地を設置することが安全保障措置の核心として考慮されて」いることが窺い知れる報道は、「欣快の情を禁じ得ない」ものと受け止められた[154]。

「平和条約後の軍事基地」に関しては、連合国間で二つの目的があることが指摘された。第一に、「日本の条約履行を監視するために基地を設けること」、つまり保障占領である。依然として非軍事化義務を履行する必要があると理解する日本にとって、これを目的とする駐留が「絶対必要として規定される場合」は、国民感情にかかわらず、「やむを得ないと観念せざるを得ない」と考えられた。第二に、「日本の対外安全の保障、又は自国の安全保障、又は西太平洋地域の全般的安全保障の見地から連合国（複数又は単数の）が日本に軍事基地を保有すること」である。以上の目的が、沖縄米軍基地及び本土の米軍基地にあることが想定されたのだった。

そして、日本の安全保障に資するがゆえに、こうした軍事基地が「日本人によって好感をもって受け入れられるため」に外務省が必要だと考えたのが、連合国と軍事協定を締結することであった。それは、①基地の数を明確に定めること、②基地の保有期限を明定すること、③基地の設置及び維持に伴う財政的負担は設置国が負担すること、④基地に関連する特権免除の範囲を明確に定めることで、国内における不要な論争を事前に回避すること、の四点を規定しようとする試みであった[155]。もっとも、この時企図された駐留協定も、当初構想された、沖縄を主な対象にした協定と同様に、そこに主権制限の範囲を限定する目的を含んでいたことが分かる。しかし、ここでより重要視されていたのが、国内世論への配慮であったことは、当初の駐留協定構想からの大きな変化であった。

外務省が国内世論への配慮を重視した背景にあったのは、講和をめぐる当時の日本社会の分裂であった。ソ連等の共産陣営をも含めた講和（全面講和）を主張する勢力と、自由主義陣営のみとの講和（多数講和）の促進を主張する勢力とで、国内世論が二分される状況にあったからである。その中で全面講和を唱える勢力は、講和後の米軍の駐留、在日米軍基地の存続に強く反対していた。そのため外務省は、講和後の安全を米国に委ねる場合に、世論への配慮が必要不可欠であることを認識していたのだった[156]。しかし、第四章で確認するように、全面講和と多数講和、そして安全保障のあり方をめぐる日本社会の分裂は、講和後の政治外交路線の対立へと発展し、米国の沖縄政策に決定的な影響を与えることになる。

こうして日本の安全保障構想には、本土と沖縄の米軍基地に依拠することで、講和後の安全を確保するという、戦後日本の安全保障政策の基本的論理が包含されるようになったのだった。

小　活

本章では、米ソ協調関係の破綻という国際政治情勢の変容によって、沖縄米軍基地が対ソ戦略の一環としての対日防衛の役割を新たに担うようになっていたこと、また、本土における米軍基地の存続が決定したことで、沖縄と本土の米軍基地の意義が一体化していたことを検証した。本章の考察を通じて明らかになったことは、以下の三点にまとめることができる。

第一に、沖縄米軍基地が、保障占領の拠点としての役割に加えて、対日防衛の役割を担うようになったことである。「マーシャル・プラン」を契機として欧州での米ソ対立が決定的になったことで、対ソ戦略の一環として日本の対外防衛の必要を検討するようになった米国は、沖縄米軍基地にその役目を期待するようになった。そのため、保障占領の拠点としてだけでなく、対日防衛の拠点として重要となった沖縄米軍基地を、講和後も長期的に保有する方針を決定した。他方で、沖縄米軍基地の長期保有の方針を決定するにあたり、米国は沖縄の領土主権の帰属先についての決定を先送りした。だが、その判断は、日本との講和後も米国が沖縄を統治し続けるという発想に基づき下されていた。

第二に、講和後の米軍基地の存続という点で、本土と米国が同条件の下に置かれたことである。中ソ同盟が成立し、アジアにおける対ソ危機意識が一層高まったことを契機として、米国は講和後の日本本土における米軍基地の存続を追求し始めた。その過程において、日本が米軍基地の存続を希望したことは、米国政府内における意見対立を収束させることになった。一九四八年一〇月から再び首相となっていた吉田茂は、非武装化の維持が講和の絶対条件となっている以上、憲法九条を抱えた日本が自衛することは困難であるため、講和後の米軍基地は沖縄のみならず日本本土にも残すことを想定していたのである。こうして日米は、講和に際して安全保障条約を締結し、同盟関係を築く方向へと進み始めたのであった。

第三に、沖縄における信託統治の実現可能性が低下したことである。日本は、沖縄米軍基地が保障占領の拠点としてのみならず、対日防衛の役割を担うようになったことで、講和後の沖縄が米国の信託統治領になることは「確実」

であると予想するようになった。しかしながら、沖縄米軍基地が対日防衛の役割を担うようになったこと、また、講和後の米軍基地の存続という点で本土と米国が同条件の下に置かれるようになったことは、米国が講和後の沖縄を信託統治することの正当性が失われたことを意味した。講和後の沖縄を信託統治することを目指す米軍部の構想は、日本占領終了後の沖縄にのみ米軍基地を確保することを前提としていたからである。また、軍部が追求していた戦略的信託統治の沖縄への適用には、国連の安全保障理事会の監督を受ける必要があったため、ソ連との対立関係が深まる情勢下において、軍部の信託統治構想は現実的なものではなくなっていた。制度上も政策を実現する上でも、米国が沖縄に信託統治制度を適用することは事実上困難となっていたのである。そのため、次章で見る通り、朝鮮戦争勃発後の米国は、講和後の沖縄を信託統治以外の手段で統治することを模索するのである。

第三章　日本の再軍備と沖縄問題

本章は、一九五一年九月八日に締結されたサンフランシスコ講和条約と日米安全保障条約に関連する形で、「沖縄基地問題の構図」の形成にとって重要な二つの判断が下されたことを明らかにする。第一に、日本に対する沖縄の「潜在主権」保持の容認である。前章で明らかにしたように、NSC13／3により沖縄米軍基地の長期保有が決定し、沖縄では大規模な基地建設が開始された。同時に、講和後の沖縄において米国が信託統治を実施する方針が謳われていたため、日本は、自国が沖縄の領土主権を確保することは困難であると判断していた。しかし、対日講和条約の立案過程において国務省は、沖縄を日本の主権下に残す道を模索し、最終的に米国は日本に対して沖縄の「潜在主権」保持を容認した。これにより、日本には、将来的に沖縄の施政権を取り戻し、領土主権を回復する可能性が残されたのである。

第二に、日本が将来的に防衛すべき地理的範囲である「日本区域」に沖縄が含まれたことである。日米安全保障条約上、日本は将来的に自衛力を備えることを求められた。そこで、やがて日本が防衛すべき範囲として想定されたのが、日本の「潜在主権」が認められた沖縄を含む「日本区域」であった。講和条約の立案過程で沖縄の「領土主権」の保持が日本に認められることになったため、将来的に日本が防衛すべきである「日本区域」の中に、沖縄が含まれることになったのである。さらに、以下でみる通り、一九五一年に日米安全保障条約が締結されるにあたって、日本が「日本区域」の防衛の責任を負担できるようになった際には、論理的には日米安保条約に代わって相互防衛条約が締結されることが想定されていた。つまりそれは、日米安保条約締結の時点で、将来的に沖縄防衛を負担する責任が日本に生まれたことを意味した。

この二つの判断には、日本による沖縄防衛の責任負担と引き換えに、沖縄米軍基地の整理・縮小が可能となるという論理が潜んでいた。つまり、以下で詳しくみる通り、サンフランシスコ講和条約と日米安保条約が締結される過程において、日本が沖縄の防衛責任を負担するようになれば、米国は沖縄から兵力を引き揚げることが可能になるという論理が確認されていたのである。

米国が、日本に対して沖縄の「潜在主権」保持を容認した背景については、これまで多くの実証研究が蓄積されてきた(1)。しかし、先行研究では、「潜在主権」の容認過程とその要因について、必ずしも明確になっていない部分が存在する。吉田との会談を契機として、ダレスが「潜在主権」を容認する方針を固めたことについては、先行研究では見解が一致している一方で、そのようなダレスの判断に影響を与えた要因については、先行研究において統一した見解は存在しない(2)。もっとも、吉田をはじめとする日本政府による米国への働きかけを受けたダレスの対日配慮であった可能性を指摘する研究はいくつかある(3)。だが当時、沖縄米軍基地が朝鮮戦争の作戦支援基地として重要な役割を果たしていたことに鑑みれば、そのような日本に対する政治的配慮のみで、ダレスが「潜在主権」の容認を決断したとは考え難い。したがって、米国政府内における「潜在主権」容認の過程を再検討する余地が残されていよう。

また、本章で明らかにするように、日本に沖縄の「潜在主権」が残され、将来の日本の再軍備が想定されたことで、「条約の効力終了」という日米安保条約の将来的な展望を定めた第四条は、沖縄問題にとっても重要な意味を持つことになった。しかし、日米安保条約第四条を、沖縄をめぐる日米の構想と関連付けた分析は管見の限り皆無である。講和後も米国の施政権下におかれることとなった沖縄が、日米安保条約の適用範囲である「日本国」に含まれなかっためため、そもそも、日米安保条約における沖縄の位置付けについて十分な関心が向けられてこなかったのである。しかし、日米安保条約と沖縄の関係を検証することは、沖縄基地問題の起源を探るための不可欠な作業であると思われる。

本章では、沖縄の「潜在主権」保持が容認されたことに伴い、将来的に日本が沖縄防衛の責任を担う想定が生まれたことで、日本による沖縄防衛の責任負担によって沖縄米軍基地の整理・縮小が実現するという論理が成立していたことを明らかにする。そこに、本書が解き明かそうとする「沖縄基地問題の構図」の第一の要素が形成されたのである。

以下では、この論理の成立過程を、三つの段階に区分して検証する。第一節では、朝鮮戦争の勃発を契機に、米国側に日本から沖縄の領土主権を剥奪することへの疑問が生まれた一方で、日本は、沖縄が信託統治下に置かれる場合でも、将来的に沖縄の領土主権を確保する可能性を見出していたことを明らかにする。第二節では、朝鮮戦争への中国の介入を受けて、日本の防衛力増強が課題となる中で、日本による将来の沖縄防衛の責任分担を、沖縄を日本の主権下に残すことを事実上の条件とする構想が米国側に生まれたことを検証する。また、日本は沖縄において信託統治が実施されることは確実であるとの認識の下、信託統治終了の際に施政権の委譲を受けるための保証を確保しようとしていたことを考察する。第三節では、日本が再軍備の着手を確約したことで、米国が日本に対して沖縄の「潜在主権」を認める方針を固め、日米安保条約を締結するにあたり、日本による沖縄防衛の責任負担をひとつの要件とする相互防衛条約締結という将来構想を抱いていたことを明らかにする。

第一節　朝鮮戦争と沖縄問題の変質

一　朝鮮戦争の作戦支援基地としての沖縄

朝鮮戦争の勃発と基地の役割変化

朝鮮戦争は、沖縄米軍基地の役割に複合的な変化をもたらし、「沖縄基地問題の構図」の形成に重要な影響を与えた。

一九五〇年六月二五日に勃発した朝鮮戦争は、従来の研究が指摘している通り、そもそもは武力による朝鮮半島の統一を目論む北朝鮮による「民族解放戦争」として開始された戦争だった。共産中国が国民党との内戦を制し、一九四九年一〇月についに国家を樹立するに至ったことに触発された北朝鮮が、中国と同様の成果を希求して起こした戦争であった(4)。

だが、一九五〇年四月作成のＮＳＣ６８に象徴されるように、アジアにおける対ソ危機意識を徐々に強め、対ソ封じ込めの拡大と軍事力の増強の必要性を検討し始めていた米国が、朝鮮戦争を「民族解放戦争」として理解する余地はなかった。そのためトルーマン大統領は、朝鮮半島に米軍兵力を投入すること、及び台湾海峡に第七艦隊を派遣することを決断し、開戦二日後の六月二七日にこれを発表したのだった(5)。

この朝鮮戦争への参戦は、米国の対ソ封じ込め政策における沖縄米軍基地の価値を一層高めることになった。沖縄米軍基地は、朝鮮戦線に対する作戦支援基地としての役割を新たに担うことになったのである(6)。それまでの米国の朝鮮半島政策は、ソ連との不用意な衝突を回避しようとする政策的配慮の下に立案されていたが、朝鮮戦争が勃発すると、沖縄米軍基地の存在と朝鮮半島政策は有機的に関連付けられるようになったのだった。

戦後米国の朝鮮構想は、米ソ協調に基づく「ヤルタ体制」の実現の下で朝鮮半島に国際信託統治制度を適用し[7]、米中ソ共同で信託統治を実施しようとするものであった[8]。だが、その朝鮮信託統治構想の前提であった米ソの協調関係が崩れたことに伴い、構想の実現可能性は失われることになった。「マーシャル・プラン」に関する交渉を契機に米ソ対立が決定的となった直後の一九四七年九月に、米ソ共同の信託統治を実施することで朝鮮半島の管理を行うという、戦後朝鮮構想は放棄されるに至る[9]。

しかし、それでもなお米国は、朝鮮半島におけるソ連との対立を望まず、一九四九年六月までに軍事顧問団を除いて撤兵を完了させた[10]。そこには、米ソ協調が破綻したといえども、撤兵政策を実施することでソ連との不用意な衝突を回避しようとする政策的配慮が働いていたのである。

また、一九五〇年一月の「アチソン・ライン」宣言、すなわち米国のアジアにおける「不後退防衛線」から朝鮮半島が除外されたことも、同様の文脈から理解できる。一九四九年一二月に新たに策定された米国のアジア政策NSC48/2において、韓国は政治的、経済的、軍事的援助を与えるべき存在であり、米国がその防衛に直接関与すべきでない地域であると位置付けられた[11]。この決定を受けて発表されたのが「アチソン・ライン」だったのである。それは、冷戦の主戦場と位置付けられた欧州において主要な努力を割くべく、米国がアジアにおけるソ連との衝突回避を試みたことのあらわれだった。

しかし、朝鮮戦争により冷戦はアジアに一気に拡大した。朝鮮半島への派兵と同時に、米国が行った台湾海峡への第七艦隊の派遣は、それまでの中国政策に修正を加え、「中国チトー化」政策の転換を図る措置であった[12]。それは、「中国チトー化」への期待に基づき、台湾問題への軍事的関与を回避する「台湾放棄」政策に変更が加えられたことを意味した。

ただし、六月二七日に発表された第七艦隊派遣の第一義的な目的は、台湾海峡の「中立化」であり[13]、この時点で米国が中国を必ずしも敵対視していなかったことに注意しなければならない[14]。トルーマン政権が台湾海峡に第七艦隊を派遣した背景には、台湾の国民党政権を保護すると同時に、中国との全面戦争に発展する恐れのある蔣介石の「大陸反攻」を阻止する狙いがあった。米国は中国との武力衝突を想定していたわけではなかったのである[15]。

しかしながら、米国の朝鮮戦争への参戦決定は、朝鮮半島に対ソ封じ込め政策を適用する決断を下したことを意味した[16]。そして、米国が朝鮮半島に兵力を投入し、韓国防衛に関与する方針に転じたことで、沖縄米軍基地は朝鮮半島に対する作戦支援基地（停戦後は後方支援基地）としての役割を新たに担うようになった[17]。その結果米国は、後述するように、対日講和条約の立案過程において沖縄の排他的管理権を確保することを目指すのである。

対日講和問題への影響

ただし、朝鮮戦争の勃発にもかかわらず、トルーマン政権は対日講和条約の締結に向けて邁進する。この決断に重要な影響を与えたのが、ダレスによる意見具申だった。ダレスは一九五〇年四月に国務省顧問に任命され、五月には対日講和問題を担当することとなっていた。

ダレスが対日講和推進を進言した背景にあったのは、朝鮮戦争への対応を優先し、講和を再び延期した場合に、日本からの反発を招きかねないとの危機感であった[18]。朝鮮戦争の勃発を目の当たりにした日本人が共産主義の脅威に目覚めた現況下でこそ、むしろ対日講和条約締結への準備を加速させる意義があると考えたのである[19]。それは、共産主義勢力の脅威が可視化されたことで、日本が自由主義陣営の一員となることを一層望むであろうとの期待に基づく主張であった。こうして朝鮮戦争勃発から一ヶ月後には、従来通り対日講和に向けた準備を進めることが決定されたのだった[20]。

対日講和問題に対するダレスの考え方は、それを冷戦の観点から取り組むべき問題として捉え、日本を西側陣営に取り込むことを重視した点で、ケナンの方針と一致したものであった[21]。また、ケナン同様、ダレスも日本本土の米軍駐留に慎重であった。ただし、ダレスの場合は、国連の枠組み内であることを条件に、限定的に米軍駐留を認める方針であった[22]。このような方針の下、ダレスは、対日講和予備会議を夏の終わりないしは秋に開催することを目指して準備を進めた[23]。

しかし、ダレスが対日講和を実現するためには、国務省と軍部の意見を調整するという問題を解決する必要があった。一九四九年九月の米英外相会談を契機に対日講和に向けて動き出した国務省に対して、軍部は依然として講和に反対していた。そこでの最大の争点は、講和後の日本本土の安全保障問題であった。国務省やダレスが、日本本土の米軍駐留は限定的であるべきと考えていたことに対して、軍部は軍事戦略上の観点から、日本本土に米軍を必要なだけ駐屯させる必要があると主張していた[24]。

この軍部との意見調整という難題を解決するための基盤を作ったのは、マッカーサーであった。一九五〇年六月下旬にそれぞれ訪日を予定していたダレス、及びジョンソン（Louis A. Johnson）国防長官とブラッドレー（Omar N. Bradley）統合参謀本部議長一行に対して[25]、マッカーサーは国務省と軍部の妥協案とも言うべき覚書を用意した。この覚書においてマッカーサーは、講和後も日本に米軍が駐留し続けることが可能であるとの見解を示し[26]、講和と日本本土における米軍駐留とは両立すると主張した。ただし、ダレスがマッカーサーの提案に賛同したのに対して、ジョンソンとブラッドレーは、日本との講和になおも反対した[27]。

しかし、朝鮮戦争勃発により、対日講和問題におけるダレス及び国務省と軍部との対立は、一気に収束した。とりわけ、朝鮮戦争の開始によって、ダレスが軍部同様に日本本土に米軍を駐留させる意向を示したことが効果的であった[28]。ダレスがこの見解を示したことで、軍部は対日講和を促進することに同意した[29]。

こうして、戦争遂行下での対日講和条約締結という方針の下で、作戦支援基地となっていた沖縄米軍基地の役割が重要であることに議論の余地はなかった。一九五〇年九月八日にトルーマンの承認を得た、対日講和に関する国務省・国防省の合意文書であるＮＳＣ６０／１では、以下の文言が盛り込まれた。「米国にとって死活的で、講和条約で考慮に入れられるべき安全保障上の要請」として、「米国による北緯二九度以南の琉球諸島と孀婦岩以南の南方諸島の排他的戦略支配を保障すること」[30]。米軍の直接統治下にあった沖縄の米軍基地が、米国の対ソ戦略上の措置として日本の対外防衛だけでなく韓国防衛のための役割も担うようになった以上、基地の自由使用については従来通りの権限を確保することが肝要であるとの政策的考慮に基づく決定であった。

二　米国による対日政策の再検討と沖縄

非軍事化方針の転換と基地の役割変化

朝鮮戦争を契機に、米国は対日政策の転換を図った。その試みは、沖縄米軍基地の対日政策上の役割に変化をもたらすものであった。

朝鮮戦争の勃発を受けて、米国が非軍事化政策の実行を名実ともに撤回し、日本に再軍備を要求する方針を固めたことは、これまでの研究が明らかにしている通りである[31]。朝鮮戦争勃発以前の時期において、米国政府内では将来的な日本の再軍備の必要性が指摘されながらも、その実現可能性の低さから具体的な検討作業は先送りされていた。だが、日本の眼前で戦争が勃発し、在日米軍基地及び沖縄米軍基地に駐留していた米兵力の大半が朝鮮半島に派遣され、日本に「軍事上の空白」が生じたことで、その埋め合わせが喫緊の課題となった。事実、朝鮮戦争勃発から三週間後には「日本国内に残されていたのは第七師団と若干の陸軍管理部隊と空軍部隊のみとなり、その第七師団も出動態勢をとるよう指令を受けていた」状況だった[32]。この「軍事上の空白」を埋めるべく、米国は日本の再軍備方針を決定したのである。

そのあらわれが警察予備隊と海上警備隊の創設であった。一九五〇年七月八日にマッカーサーは吉田首相に対して、七万五千人の警察予備隊の創設と海上保安庁の人員を八千人増員することを指示した[33]。この指令が出された当初は、組織創設の意図について、日本政府関係者を中心にその理解のあり方について混乱が見られた[34]。だが、米国政府内では、NSC49が作成された一九四九年六月以降、陸軍を中心に限定的な日本の再軍備についての検討が本格的に始められていたことは先に述べた通りである。警察予備隊の創設担当者は、「警察予備隊というのは、さしあたり四個師団編制で、定員七万五〇〇〇の日本防衛隊のことだが、将来の日本陸軍の基礎になるものだ」との指示を受けていたという[35]。警察予備隊の創設は、そのような日本再軍備構想の実現に向けた第一段階の措置であった。

この警察予備隊の創設は、沖縄米軍基地の対日政策上の役割に変化が生じたことを意味した。すなわち、保障占領の拠点として武装解除後の日本を監視するという「ヤルタ体制」の枠組みに基づく戦後構想を背景に、沖縄における基地確保が追求され始めた当初に期待された役割が失われたのである。ここにおいて沖縄米軍基地は、対日懲罰としての役割を終えたのだった。したがって、対日講和条約の締結の際には沖縄の排他的支配の必要性を考慮するべきであるとする前述のNSC60／1の勧告は、政策的役割が冷戦戦略上のものに絞られた沖縄米軍基地の自由使用を目的としたものであったと解釈できる。

警察予備隊の創設——自助努力の必要

以上の日本再軍備に向けた政策行動の背景として、米国がNSC68の提言に基づく封じ込め政策の世界的拡大化と軍事力の増強を自ら推進し始める一方で、自由主義陣営諸国に自助努力を求めたことは重要である。米国によるこの方針は、日本同様にその再軍備の必要性が重視されていた西独の再軍備問題に関する米国と西欧諸国との間の議論に端的にあらわれた。

朝鮮戦争後、アチソン米国務長官が西欧における米軍の軍事力増強の意思を示すとき、その条件として提示したのが、西独再軍備を含めた西欧諸国の自助努力だった[36]。アチソンが示したこの条件は、一九四八年六月一一日に米国上院が行った「ヴァンデンバーグ決議」に基づくものであった。すなわち、「合衆国政府が憲法上の手続きに従い国際連合憲章の範囲内でとくに次の諸目的を追求すべきであるという上院の見解」として掲げられたのが、「継続的かつ効果的な自助及び相互援助を基礎」とすることであった[37]。それは、米国が西側諸国に軍事援助を行う場合に、相手国に「継続的かつ効果的な自助」が見られなければ、米議会は防衛予算を認めないという「上院の見解」の表明であった[38]。

このような米国議会の要請に基づけば、日本の「軍事上の空白」を埋めるためには、米国が軍事援助を行うとともに、日本にも「継続的かつ効果的な自助」を行わせることが不可欠となる。そこで米国は、日本に警察予備隊を創設させた後の更なる防衛力増強を実行させることを試みた。政策企画室長のニッツェは、朝鮮戦争勃発から約一ヶ月後の一九五〇年七月二六日に、国務・国防両長官に日本の再軍備のための方策を具体的に検討するよう進言したのだった[39]。前述のように、朝鮮戦争の勃発直前まで日本が非軍事化の達成を講和の絶対条件だと認識していたのは、米国政府内で「日本を武装国家として再現させる方針[40]」が朝鮮戦争を契機にはじめて確立されたことを背景としていたのである。

そのため、前述した一九五〇年九月八日付のＮＳＣ６０／１では、「日本の自衛権、そして自衛権を行使する手段の保有に対するいかなる禁止も含まない」講和条約を作成し、将来的に日本が再軍備を進められるようにしておくことが、「米国にとって死活的で、講和条約で考慮に入れられるべき安全保障上の要請」であることが説かれた[41]。こうして、米国の対日政策は、日本が自衛可能な規模の再軍備を行うことを指向するものへと明確に展開し始めたのだった。

ただし、ここで留意すべきは、当面の課題として日本に与えられたのは国内の治安維持であったことである。トルーマン大統領は、一九五〇年七月六日の国家安全保障会議において、この段階で自助努力として日本に再軍備を行わせるのは尚早だとの判断を下していた[42]。日本国内の治安維持は日本に任せ、当面の日本の安全保障は、在日米軍基地及び沖縄米軍基地を通して確保するというのが、当時の米国政府の構想であった[43]。

したがって、NSC60／1では、講和後の在日米軍基地の存続を可能にする条項を対日講和条約に含めることが必須であるとされた。「米国が日本で必要とみなす期間、及び規模の軍隊を保持する権利を有する」ことの保証を得ることもまた、「米国にとって死活的で、講和条約で考慮に入れられるべき安全保障上の要請」であると唱えられたのである[44]。

もっとも、在日米軍基地の使用権限などの詳細な取り決めについては、講和条約の発効と同時に有効となる日米二国間の協定において定めるものとされた[45]。次章で明らかにする通り、この在日米軍基地の使用権限をめぐる米国の懸念が、講和後の沖縄政策に決定的に重要な影響を与えることになるのである。

沖縄領土主権問題への影響

NSC60／1の立案過程において、国務省は、米国による沖縄の戦略的支配の必要について軍部と合意したものの、日本から沖縄の領土主権を剝奪することの是非については引き続き検討の余地があると考えていた。軍部が唱え続けていた沖縄信託統治構想に基づき、沖縄の領土主権を日本から剝奪した上で、講和後の沖縄において米国が信託統治を実施することに対して、国務省は疑問を抱いていたのである。

沖縄の領土主権の帰属先に関して再検討を要するとの国務省の判断は、以下の三つの理由を根拠に下されたものだったと考えられる。第一に、講和後の基地存続について、日本本土と沖縄が同一条件の下にあったことである。

一九五〇年一一月一四日に作成された文書において、国務省北東アジア部のフィアリー（Robert A. Fearey）は、講和後の日本本土でも米軍駐留を継続する方針を固め、またＮＳＣ６０／１でこの方針を対日講和条約に反映させることを決定した今となっては、沖縄だけを日本の主権下から切り離すほどの理由が存在しないと主張した。そこでは、「米国が沖縄に恒久的な基地を保持しなくてはならない」としても、「米国が北緯二九度以南の琉球諸島全般を恒久的に支配」する必要はなく、「米国は琉球諸島に日本本土と同じ協定の下で基地を維持すべきだ」との見解が披露されていた。(46)

つまり、沖縄米軍基地の確保を目的とする信託統治の実施を理由に、沖縄だけを日本の主権下から切り離す必要はないとの判断だった。また、この判断には、在日米軍基地と沖縄米軍基地の政策的役割自体も同一であるとの理解が影響していたと考えられる。

実際、朝鮮戦争勃発後にダレスら国務省関係者が作成した対日講和条約草案においては、沖縄における信託統治の実施について明言を避ける規定が掲げられていた。(47)一九五〇年九月一一日付の草案では、「合衆国はまた、北緯二九度以南の琉球諸島、小笠原、火山列島、沖ノ鳥島及び南鳥島の全部または一部を、合衆国を施政権者とする信託統治制度の下に置くよう国際連合に対し提案するだろう（will also propose）」との条項を明記していた。(48)当該条項が、沖縄を講和直後から信託統治に置くことを想定しない内容となっていたことからは、(49)国務省内で、講和後の沖縄の統治を信託統治以外の手段で実施する方途が模索されていたことが窺える。(50)

従来の研究で指摘されてきた通り、米国はこの後、講和をめぐる日米交渉が行われた一九五一年一月末まで対外的には講和後の沖縄を自らが信託統治する方針であることを表明し続ける。(51)しかしながら実際には、前述の通り、米国政府は沖縄米軍基地の排他的管理の必要性については合意を形成した一方で、沖縄の領土主権の帰属先について最終的な判断を未だ下せずにいた。これが領土主権問題という極めてセンシティヴな問題であるがゆえに、朝鮮戦争の勃発という予期せぬ事態に直面した米国は、結論を早急に導き出せず、従来の方針を示さざるを得なかったというのがその実態であったと考えられよう。

第二に、ソ連との対立関係が強まる情勢においては、軍部が説いていた沖縄信託統治構想の実現可能性が低かったことである。前述の通り、軍部が目指していたのは、該当地域に基地を設けることを想定して規定された戦略的信託統治の沖縄への適用であった。だが、この戦略的信託統治を実施するにあたっては、国連の安全保障理事会の監督を受ける必要があった(52)。そのため、米ソが対立する情勢下では、米国が沖縄における戦略的信託統治を提案した場合にソ連が拒否権を行使する蓋然性は高く、その実現可能性は極めて低かった。

事実、NSC60/1作成後の九月一五日に、ダレスが米国政府の対日講和構想として沖縄における信託統治の実施方針を公表すると、当該方針についてソ連から批判を受けることになった。米国による極東委員会構成国への対日講和構想の説明活動の一環として、一〇月二六日に行われたソ連との会談において、ソ連国連安保理代表のマリク(Yakov A. Malik)が、沖縄において信託統治を実施することの正当性に対して疑問を呈したのである。会談においてマリクは、「ポツダム宣言」上、沖縄が日本から剝奪すべき領土に該当しないことを指摘した(53)。さらにマリクは一一月二〇日に、沖縄の領土主権について前記と同様の見解を覚書にしたため、米国を施政権者とする信託統治を沖縄において実施する根拠がないことを改めて強調した(54)。このようなソ連の反応は、国務省にとって、沖縄における信託統治を実施することが困難であることを再確認する出来事だったと考えられる(55)。

第三に、日本国内からの反発の存在である。九月一五日にダレスによって米国の対日講和構想の概要が公表された結果、日本国内にもその内容が報じられるようになっていた。例えば、一九五〇年九月二四日付の新聞では、米国務省スポークスマンによる発言として、「米国政府の方針は、沖縄を含む琉球諸島および小笠原諸島を国際連合の信託統治下に置くことを要求するものである」ことが伝えられた(56)。また、一〇月一三日付の新聞は、沖縄等の「地域が米国の信託統治になれば一切が施政国たる米国の支配下に置かれ、日本の主権は消滅するわけでこの住民も日本の国籍を失」うことになることに言及していた[57]。

このような情報に対する日本国内の反応を伝えたのが、シーボルト総司令部政治顧問による一〇月二六日付の報告書だった。シーボルトは、「我々は、琉球諸島、小笠原諸島、そして千島列島などの領土の割譲に対して日本国民の間に根強い反対が広範に存在することは、対日講和問題に対処する際に無視できない最も重要な政治的要因であるとみている[58]」として、日本国内の反発の強さとその政治的影響に対する懸念をワシントンに訴えたのである[59]。そのような日本国内の状況に鑑みれば、「我々は、戦略的要請を満たす有効的な支配をしながら、日本に領土保有を認める領土条項の可能性を丁寧に模索する義務が米国及び連合国にある」ことを、シーボルトは強調したのだった[60]。

また、一一月一四日付の国務省作成の文書からは、ダレスも沖縄の領土主権を日本から剝奪することに疑問を抱いていたことが窺える。文書では、「ダレスは講和交渉を担当した当初からこれらの諸島を日本から切り離すことに疑問を持ち、軍部にその当否を明らかにさせようとし」、「彼は後にその初期の立場に変化はないことを明らかにしている」旨が記された[61]。次節で見るように、実際にこの後、ダレスを中心とする国務省関係者は、沖縄の領土主権を日本に保持させることについての可否を軍部に打診することになる。

以上の理由を背景として、ダレスら国務省関係者は、沖縄の領土主権を日本に残すための具体的方法を模索し始めたのである。

三　日本政府の対応

保障占領の役割消滅への期待

朝鮮戦争勃発後の日本の沖縄構想は、米国による非軍事化政策の転換を契機に一変することとなった。日本は、沖縄において信託統治が実施される場合でも、その領土主権を確保し得ると考えるようになったのである。

朝鮮戦争の勃発直後の日本国内では、講和条約の締結は当面延期になるのではないかとの考えが広がっていた[62]。実際、当時外務省条約局長だった西村熊雄は、朝鮮戦争の勃発を受けて「非常に失望した[63]」と述懐している。しかしながら、朝鮮戦争開始から二週間ほど経った頃になると、西村は「早期講和の可能性は増加したと考えることもできる[64]」との見解を持つに至った。西村が有した見識は、朝鮮戦争への米国の対応を論拠としていた。西村は、「朝鮮事件のためアメリカの極東政策がはっきりしてきた[65]」と理解したのである。つまり、朝鮮戦争に即座に参戦した米国の行動からは、「極東においてソ連にたいしてこれ以上の進出は断じて許されない、ソ連がその手先をつかって現在の線以上に武力進出をすれば米国は国連憲章の上にたって国連の名の下に武力でこれを阻止する[66]」という、政策意図が窺えるのであった。

そのような米国の政策意図に基づけば、これまで講和条約締結実現を阻害していた二つの問題が解決されたはずだと西村は考えた。この二つの問題について、西村は、一九五〇年七月一〇日付の文書において、以下のような推察を披露していた。第一に、対日講和へのソ連参加問題である。朝鮮戦争は、ソ連が手先である北朝鮮を使って開始されたと考える米国にとって、対日講和をめぐりもはやソ連に配慮をすることはせずに、「ソ連を除外した多数講和の決意[67]」をすることになるだろう、そう西村は考えた。

第二に、「日本の安全保障の方式」をめぐる問題である。前章で考察したように、米国が講和後も駐留を継続することによって、日本の安全を確保する方針であると、日本政府は推察していた。これに加えて、七月八日に日本は、マッカーサーから警察予備隊を創設するよう指令を受けていた。もっとも、日本政府内においては、当該指令を受領した直後は、その組織の内実を把握できていなかった[68]。だが、朝鮮戦争の直後に警察予備隊の創設命令を受けたことで、少なくともこの組織が「日本の安全保障方式」との関連で創設されるものであると、日本政府が予想することは可能であったと解釈できよう。こうして西村は、二つの問題が「今度の朝鮮事件ですっかり解消し早期講和の途は拓けたと考えられる」[69]と結論付けたのだった。

九月以降、米国が対日講和について関係諸国と予備交渉に入る予定であること、また米国の対日講和構想の概要を外電で知ると[70]、日本政府は、講和条約締結に向けた準備を急ピッチで進めた。そこでまず外務省は、「A作業」と呼ばれる文書を作成した。

米国によって提示された対日講和構想は、米国がもはや日本に非軍事化の達成を求めていないことを詳らかにしたという意味で、「A作業」の作成を進める日本にとって重要な指針となった。外務省は、米国が「日本の再軍備を禁止ないし制限しないこと」を見込むようになったのである[71]。さらに、「米国政府としては、その案について、ある程度の修正には応ずるが、その基本原則を変更する意図はない、と国務省当局は述べている」ことから、「日本の再軍備を禁止ないし制限する条項」を設けないことについては、「関係諸国が強く反対しても、譲らない」であろうと予想した[72]。日本は、米国が自らに対する軍備制限措置を撤回したこと、すなわち非軍事化方針を放棄したことを認識するようになったのである[73]。

実際、一九五〇年九月下旬から一〇月中旬にかけて行われた、米国務省北東アジア部日本課フィアリーとの会談において、外務省当局者は[74]、「日本が自らの力で自己を防御する努力を成すことは希望する」とともに、「在外米軍が特定地域に釘付けされることには困難な事情があり、日本防御のためいつまでも米軍の駐屯を期待されては困る」[75]とする米国の立場を説明されていた。これら一連の発言は、講和の要件として非軍事化の達成という敗戦国の義務の履行を日本が免れたこと、また米国が将来的には日本の自衛を望んでいることのあらわれと言えるものであった。

そのため日本政府は、沖縄において保障占領を受け入れる必要がなくなったと考えるようになった。米国による非軍事化方針の放棄は、沖縄米軍基地の保障占領の拠点としての役割が消滅したことを意味するからである。外務省は、もはや「駐兵が保障占領的の意味合いのものではなく、日本の安全保障のためのものである」との見解を示していた[76]。つまり日本政府は、沖縄において保障占領の受け入れという敗戦国の義務を履行する必要がなくなったと判断したのであった[77]。これ以降の日本は、沖縄米軍基地が「保障占領的の意味合いのものではなく、日本の安全保障のためのものである」ことを前提に、沖縄の領土主権確保に向けて取り組むのである。

信託統治と沖縄の主権問題

しかし、保障占領の論理が後退する一方で、講和後の沖縄を信託統治におくことを目指す米国の方針自体には変化がないように見受けられた。

前述の通り、日本政府は、終戦直後から米国が沖縄における信託統治の実施を追求するのは、沖縄米軍基地が保障占領の拠点として重要な役割を担っているからであると考えていた。そのことは、非軍事化政策の放棄に伴い沖縄基地がそのような役割を失った以上、講和後の沖縄において、米国が保障占領を目的とする信託統治を実施する必要性がもはやなくなることを意味した。沖縄米軍基地が在日米軍基地と同様に、「日本の安全保障のためのもの」となったことで、本土と異なる扱いを受ける必要はなくなるはずなのである。

ところが、一九五〇年九月下旬以降、外電を通して報じられていた沖縄をめぐる米国の政策構想は、沖縄の信託統治を図ろうとする従来の方針を維持する内容となっていた。既述のように、一九五〇年九月二四日には、「米国政府の方針は、沖縄を含む琉球諸島および小笠原諸島を国際連合の信託統治下に置くことを要求するものである」ことが報じられたのである[78]。

そのため日本政府は、沖縄が信託統治に付されることに伴って生じる、本来であれば受け入れる必要のない主権制限を回避するべく、対策を講じる必要に迫られた。この時期の外務省が、沖縄の領土主権喪失という事態を回避すべく立案した対応策は、三段階からなっていた。第一段階は、講和後に米軍基地が存続するという点において、本土と沖縄が同一条件下にあるということを強調し、両者の領土主権について区別なく扱うよう要求することである。

一九五〇年一〇月四日付の文書では、「米国の対日平和条約案の構想によれば、日本の本土に米国軍が駐屯することとなる以上、これらの諸島［琉球列島、小笠原諸島及び硫黄諸島］を本土と別個のベイシスにおく必要は、何もない」（［　］内、引用者注）ことを主張すべきだと論じられた。[79] そこには、米軍基地の政策的役割について在日米軍基地と沖縄米軍基地の間に違いはないとする、朝鮮戦争以前の時期からの理解も働いていたと考えられる。またその際には、「米国において、これらの諸島の使用が是非共必要とあらば、わが方としては、十分に米国側の要望に沿うようにする用意があること」を、併せて米国側に伝える必要があるとされた。[80] つまり、在日米軍基地と沖縄米軍基地とを区別して扱う必要が無いことを訴え、沖縄の領土主権の喪失を回避することが、第一義的な目標とされたのだった。

しかし、現に日本本土から行政的に分離されていた沖縄について、米国がこれを本土と同様に扱う可能性は低いと言わざるを得ない。そこで対応策の第二段階として、沖縄米軍基地の使用権限に関する特別協定を結ぶことが考えられた。「米国側で、本土と別個のベイシスにおくことを固執する場合には、地域を最小限度に止め」、「本土とは別個の軍事的使用協定を締結することを考慮する」よう要請し、「日本の領土主権が残される形をとること」を求めるべきであると説かれたのだった。[81]

もっとも、米国が講和後の沖縄において信託統治を実施する方針を示している以上、その場合の対応策も策定しなければならない。対応策の第三段階として考案されたのは、米国による信託統治終了後における、沖縄の領土主権の確保を追求することであった。（イ）日本と米国が共同の施政権者になること、（ロ）信託統治終了の際に沖縄において人民投票を行い、帰属先を決定すること、（ハ）特定期間の経過後、日本が施政権者としての権利を引き継ぐこと

のいずれかにより、最終的に沖縄の領土主権が日本に残されるよう求めることが必須であるとされたのだった。(82)

この信託統治への対応策は、沖縄が信託統治に付される場合に、日本は沖縄の領土主権を放棄せざるを得ないとした、朝鮮戦争以前の時期における日本政府の認識が決定的に変化したことを物語るものであった。日本の新たな沖縄構想からは、沖縄において信託統治が実施される場合でも、その領土主権を確保できる可能性を当局者が念頭においていたことを窺い知ることができる。つまり、日本政府は、米国による信託統治終了後に自らが沖縄の領土主権を確保する余地を見出していたのだった。

また、日本のこの試みの背景に、米国による非軍事化政策の転換に伴い、沖縄米軍基地が「保障占領的の意味合い」の役目を終えた、とする理解が存在していたことは重要である。日本にとって、沖縄米軍基地の存続目的に「保障占領的の意味合い」が含まれなくなったことは、沖縄における信託統治の実施目的からも、敗戦国である自らに対する懲罰的意味合いがなくなったことを意味するからであった。換言すれば、沖縄米軍基地の役割変化に伴う、信託統治の実施目的の変化である。米国の非軍事化政策の転換を受けて、日本政府は、沖縄における信託統治の実施目的が変化したことを前提に、米国による信託統治の終了後にその領土主権を確保する可能性を追求するようになったのであった。

要するに、朝鮮戦争勃発後に沖縄の領土主権を確保すべく新たに編み出された日本政府の沖縄構想は、講和後に米軍基地が存続するという点において本土と沖縄が同一条件下にあること、また、沖縄における信託統治の実施目的自体が変化していることを前提とした構想だったのである。

第二節　日本による沖縄防衛構想の浮上

一　米中対立と日本による沖縄防衛の責任負担

日本の防衛力強化の早期実現

朝鮮戦争に中国義勇軍が本格参戦したことを契機に、沖縄をとりまく状況は一変することになった。それに伴い米国の沖縄政策にも変化が生じ、国務省内において、日本に沖縄防衛の責任を負担させる構想が生まれた。一九五〇年一一月、朝鮮戦争に中国義勇軍が本格参戦した。米国にとってそれは、中国がソ連と一枚岩的に団結しつつあるとの懸念が確信に変わる出来事だった。

もっとも、一九五〇年六月に朝鮮戦争が開始されて以来の三ヶ月間、米中双方に互いを敵視する意図はなく、両者の関心は台湾にあった。前述の通り、米国は台湾海峡に第七艦隊を派遣したものの、それは、朝鮮戦争に乗じた国民党政権による大陸反攻の動きを抑え込むことで、戦争を局地化できるとの狙いを背景とした行動であり[83]、中国との対立を想定していたわけではなかった[84]。実際、この時の中国の関心も、朝鮮半島ではなく台湾に向けられていた[85]。

だが、そのような状況は、米国による「北進」によって一変した。マッカーサーが、韓国防衛という当初の戦争の目的を越えて三八度線以北に進撃し、中朝国境付近に接近したことが招いた事態であった[86]。一一月二四日にマッカーサーが「戦争終結のための攻勢」と称して、鴨緑江沿岸地域への攻撃を開始したことに脅威を覚えた中国が、大規模な反撃を開始したのだった。そのため、マッカーサー率いる朝鮮国連軍は後退を余儀なくされ、一二月一五日にはトルーマン大統領が非常事態宣言を出さざるを得ない事態にまで追い込まれた。これにより、米中の対立関係が決定的なものとなったのである[87]。

こうして、この時まで辛うじて中国を敵対視することを避けていた米国は、その方針を放棄し、封じ込めの対象にソ連だけでなく中国も加える必要性を認識するようになった。米国政府内における「中ソ一枚岩」のイメージ、すなわちソ連ブロックの一員としての共産中国というイメージが確立され、中国に対して封じ込め政策を適用すべきだとの方針が採用されるようになったのである(88)。

ここにおいて、米ソ協調と安定勢力としての中国の創出を基軸に据えた、アジアにおける「ヤルタ体制」の実現を目指す連合国の戦後構想は、名実ともに崩壊することになった(89)。また、これ以降の米国は、共産中国を封じ込めの対象と位置付けたことの裏返しとして台湾を戦略的防衛の拠点とし、一九五四年一二月には米華相互防衛条約を締結するに至る(90)。米中関係の悪化に伴い、沖縄米軍基地の役割は、米国の台湾政策と有機的に関連付けられるようになるのである(91)。

朝鮮戦争への中国義勇軍の本格介入による戦況の悪化は、米国政府にとって、日本による防衛力強化の早期実現の必要性を痛感させる出来事だった。とりわけ、戦況悪化に伴い再び日本に「軍事的空白」が生じているとの危機感を抱いた軍部は、日本に自衛力を備えさせることが喫緊の課題であることを主張した。

統合戦略調査委員会が作成した一二月二八日付の文書は、そのような軍部の問題意識を端的に反映していた。「日本自身が自国の安全保障を確保する能力を強化する必要がある。自助努力してもらわねばならない」として(92)、朝鮮戦争が終結するまでは、米国が日本の防衛のために軍事力を振り向けることは不可能であるとし、日本自身の防衛能力の強化と憲法改正の実行が急務であることを訴えたのだった。

日本に早期に自衛力を身に着けさせるべきだとの見解は、国務省にも共有されていた。実際、一二月三日に北東アジア部長アリソン（John M. Allison）がダレスに宛てた文書では、対日講和の際に、日米が平等の地位に立つ二国間協定を締結すると同時に、「日本自身と日本地域の防衛については（respect to their own defense and the defense of the

Japan area)、日本に地上軍提供を同意させるように我々は努力するべきであり、海軍戦力は米国と一部の同盟国が提供すべきである」ことが説かれていた[93]。日本の防衛力強化が、米国のアジアにおける冷戦戦略上、第一義的に重要であるというのが米国政府の統一見解となっていたのである[94]。

対日配慮の必要

また、前節で明らかにした通り、当時の国務省は沖縄の領土主権を日本から剝奪することに疑問を抱き、沖縄を日本の主権下に残すための方法を模索し始めていた。そのような試みを行う国務省にとって、米国が日本の防衛責任を満足に負えない危機的状況は、日本に沖縄の領土主権の保持を認めるべきだとする自らの考えを確たるものにする機会となった。

国務省が以上のような構想を編み出したことの背景にあったのは、自由主義陣営への日本のコミットメントに対する懸念であった。とりわけダレスが、日本のコミットメントについて懐疑的な立場にあった。朝鮮半島情勢の現況を踏まえれば、ソ連や中国は「アジアを支配する行動」に出ていると考えられ、「その主要な目的は恐らく日本である」。それゆえ、米国としては、日本を確実に自由主義世界の一員として確保しなければならない。しかしながら、朝鮮戦争における米国の劣勢を目の当たりにした日本が、「非共産主義の信頼できる一部」になり得るかは疑わしくなってきている、との対日認識を抱いていたのである[95]。そのためダレスは、朝鮮戦争における「米軍敗退の政治的意味合いに日本人が気づかないうちに平和条約を結び、自由世界にコミットさせなければならない」とし[96]、日本を自陣に取り込むための手段として講和が不可欠であることを主張したのだった。

こうして、日本を自由主義陣営に確実にコミットさせる手段として、対日講和条約の締結を目指し始めた国務省関係者にとって、講和の際に沖縄の領土主権を日本から剝奪することで、日本国内における反米感情を更に高めることは避けねばならなかった。前述のように、一九五〇年九月末に沖縄における信託統治の実施方針が米国の対日講和構想として発表されて以来、日本国内には既に沖縄等の領土の割譲に対する反発が広がっていた。国務省がそのような日本国内の情勢を目の当たりにし、またその対処の必要性を認識していたことに鑑みれば、朝鮮戦争の戦況の悪化を契機に、沖縄を日本の主権下に残すべきだとするその従来の方針は確固たるものになったと推察できよう。国務省にとって、日本に沖縄の領土主権の保有を認めることは、日本を自由主義陣営にコミットさせるための手段の一つとしての意味を持つものでもあったのである[97]。

他方でダレスは、講和の際に経済援助の提供の他、日本本土や沖縄、フィリピンの防衛公約を行うこと、及び太平洋協定を締結すべきことをアチソンに進言した[98]。自由主義陣営にとどまるのか疑わしい日本をつなぎ止めるべく、防衛公約を行うべきだとの主張だった[99]。また後者は、太平洋協定という国際的な枠組みを提供することで、憲法九条の改正に固執することなく日本が防衛力増強を行いやすくなるという提案だった[100]。

このように見てくると、中国義勇軍が朝鮮戦争に本格参戦した後の国務省の対日講和構想には、日本を自由主義陣営に確実にコミットさせるためには対日配慮を積極的に行う必要がある、との論理が内包されていたと理解することが可能である。

沖縄返還の要件としての防衛責任の負担

以上のように、日本を自由主義陣営にコミットさせるための手段の一つとして、日本の主権下に沖縄を残す方法を模索していた国務省が、日本の防衛力強化の早期実現という新たな課題に直面したことで生み出したのは、沖縄の防衛責任の負担を日本に求めるという発想であった。

国務省は、朝鮮戦争において米国が苦境に立たされていたにもかかわらず、沖縄の領土主権を日本に残すことを試みた。一二月一三日にアチソン国務長官は、マーシャル国防長官に、「沖縄について特別に考慮する安全保障協定を条件」に、「琉球、小笠原諸島を日本の主権の下に残すこと」を提案したのである。[101]

アチソンによるこの提案において注目すべきは、日米の安全保障協定の沖縄への適用が前提条件とされた点である。マーシャル宛ての前記書簡に添付された、対日講和に向けた米国の方針である「対日講和七原則」の改訂案には、国務省の意図がより明確に示された。日本本土と同様に沖縄に安全保障協定が適用されることを条件に、沖縄を日本に返還しようとする案文が提起されたのである。[102]ここで沖縄が日米の安全保障協定の適用地域に含められたことからは、沖縄防衛について日本が責任を負うべきであるとする国務省の考えが窺える。

前述の通り、実際にこの時期の国務省は、朝鮮戦争への中国義勇軍の参戦に伴う戦況の悪化を受けて、軍部同様に日本の防衛力強化の早期実現が不可欠であるとの問題意識を持つようになっていた。アチソンによる前記の書簡が作成される過程では、北東アジア部長のアリソンがダレスに以下の提言をしていた。対日講和の際に日米が平等の地位に立つ二国間協定を締結し、「日本自身と日本地域の防衛については（respect to their own defense and the defense of the Japan area）、日本に地上軍提供を同意させるように我々は努力するべき」である。「アジアにおける米国の軍事的コミットメントは、可能な限り海空戦力及び装備、弾薬の補給に限定されるべきである」と。[103]「日本自身と日本地域の防衛」に必要な兵力については、海空兵力はともかく、陸上については日本に拠出させるべきである、とする責任負担の論理が謳われたのである。

ここで重要であるのは、沖縄の領土主権を日本に残す方針を堅持していた国務省が、「日本自身と日本地域の防衛」について、日本が責任を負担すべきであるとの考えを抱くようになったことである。日本が防衛に関与すべき対象として、「日本自身と日本地域」が挙げられたことに鑑みれば、国務省が、日本の主権下に残すべき沖縄を含めた領土の防衛について、日本が責任を負うべきであるとの立場をとっていたと考えられよう。前述のように、国務省が日米の安全保障協定を沖縄にも適用することを構想していたことも、同様の論理から理解できる。日本による防衛責任の負担に関する国務省の主張は、将来的に日本が沖縄防衛の責任を負担することへの期待を含むものであったのである。

つまり、当時の国務省の沖縄構想は、講和後の日本がいずれ沖縄防衛の責任を負担することを所与とする中で、沖縄を日本の主権下に残そうとするものであったと解釈することができる。

しかしながら、軍部はそのような国務省の提案に反対した。そもそも、朝鮮戦争の戦況の悪化を理由に、軍部は対日講和交渉を進めることに異議を唱えていた[104]。とりわけ、従来から米国による沖縄保有を主張していたマッカーサーは、日本人は戦争に対する懲罰として沖縄等の地域を失うことを認めており、また米国による沖縄管理は「公式に確立され、一般的にも認められている」として、国務省の見解に反論した[105]。また、軍部内に日本に対する不信感が依然として根強く残っていたことも、国務省案への反対理由として挙げられた。沖縄を日本の主権下に残した場合に、米国の軍事戦略の必要に応じた沖縄米軍基地の使用ができなくなることが懸念されたからである[106]。

以上のような対日講和促進と沖縄の処遇に関する意見対立を踏まえ、一九五一年一月八日にアチソン国務長官とマーシャル国防長官との間で会談が行われた。その結果、国務省と軍部による各々の主張の折衷案を採用することが合意された。すなわち、対日講和条約の早期締結に向けて対日交渉を開始すること、日本が自衛力を漸次保持するよう働き掛けることである。沖縄については一九五〇年九月のＮＳＣ６０／１の決定通りに、米国の排他的管理権を確保する方向で話を進めることとされた[107]。これらの方針に基づき、ダレスを大統領の特別代理人に任命した上で、米国は一九五一年一月末から対日講和に向けた交渉を開始することになったのであった。

二　沖縄返還の保証

日本政府の構想――信託統治の想定

朝鮮戦争が米国にとって形勢不利な現況下であっても、米国が講和促進方針を堅持する意向であることは、日本の知るところとなっていた。一九五〇年一二月一四日の外電により、米国政府当局者が「米最高首脳筋は朝鮮動乱で対日講和はさらに一層緊急問題となったと考えている」ことを表明し、「極東情勢の悪化により日本国民の好意と支持を確保することが、さらに一層必要となった」との見解を有していることが伝えられた。

加えて、一二月二一日の外電では「新年早々ダレス顧問が来日してマ元帥と日本政府首脳と会談することとなっている」旨が報じられた(108)。そこで外務省は、ダレスとの来るべき折衝に向けた準備作業に取り組み始めた。この一二月から翌一月にかけて作成された文書は「D作業」と呼ばれた。「D作業」は吉田茂首相の同意を得ることになり、一九五一年一月から二月にかけて行われた対米交渉の基礎資料となった。

その「D作業」において、朝鮮戦争の戦況悪化という新たな情勢の下で外務省が練り直した沖縄構想は、沖縄における信託統治の実施は免れ得ないとの認識に基づくものであった。先に述べたように、一九五〇年一〇月初めまでの日本政府は、信託統治の実施可能性を想定した方策を検討しつつも、「本土とは別個の軍事的使用協定」の締結によって、沖縄を日本の領土として残すための働きかけを行うことを検討していた。だが、一九五〇年九月下旬から一〇月中旬にかけて行われた米国務省北東アジア部日本課フィアリーとの会談の席上、日本は、沖縄において信託統治を実施するという米国の方針が揺るぎないものであることを知らされていた。フィアリーは、「沖縄については国連信託の線で進んでいる」が、これは「必ずしも国務省の意見ではないが軍部の強い希望によるもの」であること、「他の形式による基地設定についてはセキュリティその他の関係で軍部説得に困難がある」との内部事情を説いたのだった。[109]

そのため、外務省は、一〇月一三日付の文書において、沖縄を「米国の信託統治領とするとの方針をくつがえすことは、なかなか困難であろう」との情勢認識を示すに至った。[110] ただし、前述の通り、米国が沖縄を信託統治領とすることの正当性はもはや失われていたため、「日本の国民感情がこの米国の措置を到底了解することを得」ないのには「充分な合理的基礎」がある反面、「米国の決定には多大の無理があり、米国人もそれを自覚している」ことが指摘された。[111] そのため、信託統治の受け入れを講和のための所与の条件と位置付けながらも、「我方としては、これら諸島［南西諸島、小笠原諸島、硫黄諸島］の全部について、保有方を強く要請するべきである」（［ ］内、引用者注）[112]との使命感の下、「合理的な基礎」に乏しい政策の実行を試みる米国に対して働きかけを行うことを、講和に向けた指針と定めたのだった。

「D作業」作成の過程で、沖縄が「信託統治に付せざるを得ざる場合」[113]の対策を行うようになった日本政府が、その領土主権を確保すべく用意した対策案は、信託統治終了後に施政権が日本に委譲されることの保証を米国から得る試みであった。

沖縄米軍基地は「日本の安全保障のため」の役割を担っているとの理解を有する日本は、米国が沖縄において信託統治の実施を試みる目的は、「米国の軍事上の必要」[114]にあると考えた。日本にとってそれは、日本の安全保障を目的として沖縄基地を排他的に管理する必要がなくなり次第、米国による沖縄の信託統治が終了を迎えることを意味するのだった。

したがって、日本が領土主権を確保するためには、信託統治の終了後に、米国がその施政権（統治権）を日本に委譲することが不可欠となる。[115] 一九五一年一月二六日付の「米国が沖縄、小笠原諸島の信託統治を固執する場合の措置」と題する文書では、沖縄における信託統治の実施を前提とする対策案が論じられた。そこでは、沖縄が「永久に日本の手を離れる」可能性の存在が「国民感情を最も刺戟する点」であることが指摘され、これを緩和するための措置として、①信託統治に期限を付すること、②日本を共同施政者（ジョイント・オーソリティ）とすることが求められた。

とりわけ、①の期限を設ける点については、「信託統治にする必要の解消したる暁には合衆国がこれらの諸島を日本に返還する考えであるとの保障を協定外の文書で取り付けられれば、万全である」と説かれた[116]。米国による信託統治終了の際に、その施政権が日本に戻されることの確約を得ようというわけである。②の共同施政者についても、同様の文脈で理解できる。

むろん、敗戦国という立場上、日本が共同施政者になり得たとしても、実質的には米国が施政権を行使する可能性は十分あり得る。ただ、名目上でも共同施政者になることで、米国が信託統治を終える際に必然的に施政権が日本に戻されるようにすることが、第一義的に重要だった。つまり、日本政府は、信託統治終了後に沖縄の領土主権を回復することの保証を、講和の際に米国から得ようと考えたのだった。

日本が米国からこのような保証を得ようとした理由は、沖縄の領土主権問題が国連に上程され、多国間で議論されることになる場合に問題が複雑化し、その領土主権を確保できる可能性が低くなる恐れがあったためであると思われる。一九五〇年九月下旬から一〇月中旬にかけて行われた会談においてフィアリーは、沖縄などの「将来の地位については、米国としては情勢が変化すれば何時までもこれを必要とするわけではない[117]」と言明した。ただしその一方で、米国による沖縄信託統治終了後の「処分は国連の決定すべき問題である[118]」との指摘をしていた。

フィアリーがどのような真意の下で前記の発言をしたのかは史料上明らかではない。だが、仮に沖縄の領土主権問題が国連に上程された場合、米ソの対立関係が同問題の処理に反映される可能性があることは容易に想像できる。日本にとっては、沖縄の領土主権問題の解決が国連に委ねられるよりは、米国との二国間での解決を図る方が領土主権確保の実現可能性は高いのである。それゆえ日本政府は、信託統治終了後の沖縄を「日本に返還する考えであるとの保障」を米国から得ることを企図したと推察できよう。

日本の安全保障構想における沖縄

それでは以上のような日本の対策案は、その安全保障構想との関連ではどのように理解できるであろうか。この当時の日本政府の再軍備観、および沖縄米軍基地の役割に対する理解からすれば、沖縄の領土主権確保に向けた対処法を、その安全保障構想と連動させて検討する余地が存在していてもおかしくはないはずである。

一九五〇年九月に米国の対日講和構想を受けて作成された「A作業」において外務省は、講和後の日本の安全を米軍の駐留により確保するという構想を引き続き論じた。ただし、この「A作業」作成の過程で外務省が新たに強調したのは、米国に安全を委ねる構想を国連と密接に関連付けて実現することであった。すなわち、「日本の安全保障について、特定国と特別の取極を必要とするとしても、その取極は、国際連合に根源を有するものでなければならない」との主張であった[119]。それは、朝鮮戦争に際して、米国主導とはいえ国際連合軍が韓国の防衛を図ったことへの反応であった[120]。外務省は、米ソ対立により機能不全に陥っていると考えられていた国連の役割に対する期待を高めたのである。同様の発想で、一〇月には「安全保障に関する日米条約案」、及び「安全保障に関する日米条約説明書」(「B作業」)が作成された[121]。

しかしながら、以上の外務省の安全保障構想は、吉田茂首相やそのブレーンたちから痛烈な批判を浴び、再検討せざるを得なくなる。対ソ関係を考慮した場合、国連の役割を重視した外務省の構想は現実味に欠けるというのが吉田らの批判の主な理由であった[122]。

そして、外務省が「A作業」の改変作業を進める最中の一一月末、朝鮮戦争に中国義勇軍が介入する。そのため日本政府は、講和の際に再軍備する必要に迫られることを現実的に想定するようになった。すなわち、米国が朝鮮戦争への中国義勇軍の参戦という「最近における世界情勢の重大化にともない、民主陣営の防衛体制を急速に整備することに全力を傾注しつつあ」り、「日本がその重要な一環となるべきは、自明のことに属する」。そして「西ドイツの例」に鑑みれば、アジアにおいては米国が「日本の自衛能力の急速なる強化（究局における再武装を含む）を強く要望していることまた確実」であるとの予想だった[123]。この時期には、自由主義陣営の欧州諸国と米国との間において、西独再軍備問題について合意が形成されるに至っていたため[124]、当時首相の座にあった吉田茂をはじめとする日本政府当局者は、日本は米国による再軍備要求を受け入れざるを得ない状況に置かれていると解していた[125]。

もっとも、吉田が元々、いずれ日本は再軍備に乗り出す必要があるとの考えの持ち主であったことは、従来の研究が指摘する通りである[126]。実際、一九四六年五月に開かれた枢密院審査委員会において、吉田は、「日本が独立後如何なる形をとるかについては不明であるが、やはり国家として兵力を持つようになるのではないか。それは今日は言えないことである。主権を回復すれば兵力を生ずるのではないかと想像する[127]」との持論を展開していた。

当時の日本政府は、沖縄米軍基地の役割がもはや「日本の安全保障のためのもの」に変化したとする理解を有していた。このことに鑑みると、論理的にいえば、将来的な再軍備を目指すのであれば、やがて日本による沖縄防衛の責任負担を通じて、米国による沖縄米軍基地の排他的管理、及び信託統治が終わり、そこに沖縄の施政権返還が実現するという構想があってもおかしくはなかった。

しかしながら、当時の日本の政策的背景として重要であったのは、講和実現後に最優先すべき課題が敗戦からの復興であったことだった。早期の経済復興が求められた当時の時代状況の中で、吉田政権は、当面は経済的資源を再軍備に振り向ける余裕がないと判断し[128]、その実現を先送りしたのである[129]。「日本の再軍備というても一朝一夕でできる仕事ではない。立派なものを作るためには、事前からよく研究しておかねばならぬ」と考える吉田にとって[130]、早急な再軍備は回避すべき案件として捉えられていたのだった。そのため日本政府は、「遠い将来はいざ知らず、当面の問題として、再武装することを欲しない」[131]ことを建前に、一九五一年一月末からのダレスとの折衝に臨む方針を固めた。

このように見てくると、講和前の時期の日本政府が、自国による沖縄防衛の可能性を検討する余地はなかったと解釈できる。日本にとって沖縄防衛は後世の課題に他ならなかった。むろん、国際情勢の変容に伴い米国の対日政策から懲罰的要素が失われたとはいえ、戦後処理問題である沖縄の領土主権問題について、敗戦国日本は米国による判断を受け入れる立場にあった。そのため、そもそもこれを安全保障構想と有機的に連動させようとする発想を明示的に持ち難かったという側面もある。

いずれにしても、信託統治終了後の主権回復を目指すという沖縄の領土主権確保のための方策は、政策選択を制約される中で日本政府が導き出したものであったと位置付けられよう。

第三節　沖縄米軍基地の整理・縮小の可能性

一　再軍備着手の確約と「潜在主権」の容認

吉田・ダレス会談における沖縄問題

一九五一年一月末に行われた吉田・ダレス会談は、日本政府から見れば、沖縄が米国による信託統治の下に置かれ、自らは領土主権を放棄せざるを得ないという現実に直面する場となった。もっとも、実際には米国政府内において、沖縄の領土主権の帰属先についての最終判断が未だついていなかったことは、先に述べた通りである。

領土をめぐる日米の話し合いは、一月二六日にダレスら米国代表団が、その対日講和構想の概要をまとめたいわゆる対日講和七原則と、会談に向けた議題表を日本側に提示するところから開始された。すなわち、日本国は「合衆国を施政権者とする琉球諸島及び小笠原諸島の国際連合信託統治に同意し」なければならないとする対日講和七原則と、「『日本国の主権は、本州、北海道、九州、四国及びわれらが決定する諸小島に局限される』との降伏条項をどのように履行するか」との問いを記した議題表の手交であった[132]。これに対して、日本政府は、それまでの対策案を集約した「わが方見解」を提案議題として一月三〇日に米国側に手渡した。「わが方見解」の沖縄に関する条項の全文は、以下の通りである[133]。

一　琉球及び小笠原諸島は、合衆国を施政権者とする国際連合の信託統治の下におかれることが、七原則の第三で提案されている。日本は、米国の軍事上の要求についていかようにでも応じ、バミューダ方式による租借をも辞さない用意があるが、われわれは、日米両国かんの永遠の友好関係のため、この提案を再考されんことを切に望みたい。

二　信託統治がどうしても必要であるならば、われわれは、次の点を考慮されるよう願いたい。

（a）信託統治の必要が解消した暁には、これらの諸島を日本に返還されるよう希望する。

（b）住民は、日本の国籍を保有することを許される。

（c）日本は、合衆国と並んで共同施政権者にされる。

（d）小笠原諸島及び硫黄島の住民であって、戦争中日本の官憲により又は終戦後米国の官憲によって日本本土に引き揚げさせられたもの約八千人は各原島へ復帰することを許される。

以上の文書中、それまでの対策案では記されなかった「バミューダ方式による租借をも辞さない」の文言が新たに挿入された。当時外務省条約局長だった西村熊雄が、「沖縄・小笠原を『租借地』として提供していいから信託統治にすることを思いとどまってほしいといわれる総理の勇断としていたく感銘した」と後に回想したように[134]、租借の提案は吉田の指示に基づくものであった。

もっとも、この吉田による租借の提案も、その背景にある意図は、従来の方針に沿うものだったと思われる。すなわち、沖縄に信託統治制度が適用される場合、その領土主権を失う可能性があり、またそうでなくとも、統治の問題が国連に上程されることで、これに米中ソの対立関係が影響を及ぼし、事態が複雑化する可能性が十分に予想される。そうであるならば、米国との二国間での解決を図る方が領土主権確保の実現可能性は高いため、まずは問題を日米間の問題と位置付けた方がよい、との論理である。吉田の要望通り、日米二国間で租借に関する取り決めを結べることができれば、米国の沖縄統治終了後に、確実に沖縄が日本の主権下に戻されるというわけである[135]。

だが、領土をめぐる吉田とダレスの会談において、以上の日本側の要望はダレスによって一蹴された。日本の要望案を受領したダレスは、一月三一日の会談の席上、「国民感情はよく解るが、降伏条項で決定済みであって、これを持ちだされることは、アンフォーチューネートである。セットルしたこととして考えて貰いたい」と応じたのだった[136]。

このようなダレスの態度は、日本政府を失望させた。それは、「日米間に恒久の友好関係を樹立するためには領土という国民感情上の根本問題にわだかまりを残しておいてはならないとの確信」から提案された「バミューダ方式による租借」までもが峻拒されたからであった[137]。西村によれば、「わが方見解」に示した沖縄に対する要望は、日本の気持ちを率直に述べたものであったため、これに対してダレスが「明らさまに不快の色を示し」、「日本が領土問題を取りあげたことを、おもしろくないとして、しりぞけた」ため、酷く落胆したのだという[138]。「わが方見解」に対するダレスの反応が、全体的に「ほぼこちらの予期したとおり」であったのに対して、「ただ、一点」領土についての反応だけは「まことにショッキングであった」のである[139]。このような感想からは、日本政府が、沖縄に対する日本の要望をダレスが一定程度は聞き入れるものと期待していたことを窺い知ることができる。

むろん、会談におけるダレスの対応は、先の国務・国防両省の合意内容に基づくものであった。前述の通り、国務・国防両省が、講和後の沖縄における排他的な戦略的支配の実施を謳った一九五〇年九月のＮＳＣ６０／１の方針をもって日本との会談に臨むことを決定していたため、ダレスら国務省関係者が、沖縄を日本の主権下に残すべきだとする自らの構想を披露する余地はなかった。

会談当日の朝に行われたスタッフミーティングの場でダレスは、「この問題を我々はワシントンに持ち帰るべきであり、日本政府が我々に議論を焚き付けることを許してはならない」と発言していた[140]。吉田との会談では、沖縄を信託統治するという米国の方針に変わりはないことを強調する意向を表していたのである。

また、ミーティングの場では、米国代表団の一員であったジョンソン（Earl D. Johnson）陸軍次官補も、沖縄の領土主権問題についてはは更に議論を深める必要があることに同意する姿勢を示していた。すなわち、「琉球問題のある側面については、米国政府の首脳レベルにおいて正しい理解を欠いている状態にあるため、高官レベルでの更なる検討が必要である」との主張であった[141]。

以上に鑑みると、沖縄が信託統治の下に置かれることは既に決まっており、問題は「セットルした」とする、吉田との会談におけるダレスの姿勢は、あくまで建前に過ぎなかったと理解できる。

「再軍備計画のための当初措置」の意義

沖縄防衛の責任負担を、日本の主権下に沖縄を残すことの条件として設定していたダレスら国務省関係者にとって、安全保障をめぐる交渉過程は、日本に対して沖縄の「潜在主権」を認める決意を固める過程であった。そのような決断が下されるのに決定的な役割を果たしたのが、日本による再軍備着手の確約であった。

日本の防衛力強化の早期実現を企図していた米国政府にとって、日米会談における最重要課題は、日本から防衛努力の言質を得ることだった。前述の通り米国は、日本に防衛力の漸増を促すことを会談における目標と定めていた。そのため二月一日の会談では、「日本に侵略ありたる場合」に日本が米国に対していかなる協力をし得るのかを追究した[142]。アリソンとジョンソンは、「米国は、日本が警察力や産業力を以て米国に協力する以上に、少なくとも、ある程度のグラウンド・フォースを以て協力することを期待す。日本が警察予備隊の増強を必要と考えておることは承知しおるが、それは、現段階において国内治安力を充実するものにして、米国の問題とするは、その次にくる段階としてどの程度のグラウンド・フォースを建設せられんとするやの点」なのだと繰り返し指摘した[143]。それは、米国の問いかけに対して、「考えうるすべての手段」が、「例えばフィジカルフォースとしては警察力もあり、工業生産力もあり、人力（マンパワー）もあり、施設提供もあり、運輸もあり、法律上も事実上もできるすべての手段をふくむつもりなり」とした日本側の説明[144]への不満を包含した議論だった。「少くとも、第一段階において日本がもたれんとするグラウンド・フォースの規模について承知したし」というのが[145]、米国代表団の質疑の核心なのであった。

このような問いかけを「繰り返し繰り返し」行ってくる米国側に対して、日本政府は再軍備を拒否する「建前」を転換し、二月三日に「再軍備計画のための当初措置（Initial Steps for Rearmament Program）」を提示する。米国の心証を悪くして講和が頓挫しかねないことを懸念し[147]、「防衛努力の第一段階[148]」にあたる計画書を手交したのだった。すなわち、「平和条約および日米協力協定の実施と同時に日本において再軍備を発足する必要がある」として、「海陸をふくめて新に五万の保安隊（仮称）を設ける。この五万人は、予備隊と海上保安隊とは別個のカテゴリーとして訓練し、装備においても両者より強力なものとし、国家治安省の防衛部に所属させる。この五万人が、日本に再建される民主的軍隊の発足とする」ことを謳った計画書であった[149]。このことは、迎合的な対応ではあったものの、日本が憲法九条を抱えた状態で再軍備を選択したことを意味していた。

むろん、五万人という数字が、米国政府とりわけ軍部にとって小さすぎるものであった可能性は高い。しかしながら、この日米会談における米国政府の最重要課題は、日本から防衛力増強の言質を得ることにあった。そのため、「再軍備計画のための当初措置」を受領した米国代表団は、日本が防衛力増強を講和と同時に実行する意思がある旨をワシントンに報告した[150]。日本政府による再軍備計画の提出は、米国にとって日本から防衛力増強の確約を獲得したことを意味するため、歓迎すべきものだったのである。

ただし、日本が自国の防衛に関してどの程度の義務を負うか現状では不明確である、というのがダレスの見解であった。そのため、日本が一定の師団数を整える時期を明確化できるようになるまで、米国は安全保障に関する具体的な約束はできないとの認識を示した[151]。

「再軍備のための当初措置」を提出した日本に対する以上の評価は同時に、沖縄を主権下に残す前提条件として日本の自衛の実現を想定していた国務省にとって、その前提条件が十分には満たされなかったことを意味した。日本が実現しようとする自衛の程度について確証を得られなかった以上、日本が沖縄防衛の責任の一端を負える程の軍事力を備えられるかも不透明であると言わざるを得なかったのである。

そのため、日本との会談後の国務省は、沖縄を日本の主権下に残すことを引き続き企図しながらも[152]、講和の段階ではこれを明示することを回避した。一九五一年三月二三日付で対日講和条約草案を新たに作成する過程では、そのような国務省の姿勢が端的にあらわれた。

例えば、ダレスの代理としてイギリスに対日講和の方針を説明する際にアリソン米公使は、米国が沖縄の主権をいずれ日本に返還する考えであることを表明した。沖縄の領土主権を日本から剝奪すべきであると主張していた英国の外務次官に対して、アリソンは、沖縄を併合したいとは考えていないため、沖縄の領土主権問題を信託統治の論理の中で扱うことを「頭痛の種」と捉えている。そのため、三月付の対日講和条約草案において、沖縄における信託統治を提案するかもしれない（may propose）としているのであって、提案する（shall propose）にはしていないのだと説明したのだった[153]。また、上院外交委員会においてはダレスが、対日講和条約草案の沖縄に関する条項では、米国が沖縄の信託統治を要求することが可能となる「選択権（option）」を確保する予定であることを説明した[154]。

両者の発言からは、沖縄の領土主権を日本に残しはしたいが、講和に際して主権保持を完全に認めるわけにいかないとの判断が働いていたことが窺える。

国務省による軍部の説得

以上を受けて国務省が新たに作成した一九五一年三月二三日付の対日講和条約草案では、沖縄について以下のように規定された[155]。

> 合衆国は、北緯二九度以南の琉球諸島（中略）を、合衆国を施政権者とする国際連合の信託統治の下におくことを、国際連合に提案するかもしれない。日本は如何なる提案にも同意する。このような提案がなされ、そして承認されるまで、合衆国は、領水を含むこれらの諸島の領土及び住民に対して、行政、立法、そして司法の全部及び一部の権利を行使する権利を有する。

この対日講和条約草案は、米国を施政権者とする国際連合の信託統治の下におくことを「提案するかもしれない（may propose）」とし、「提案するだろう（will also propose）」と規定した前述の一九五〇年九月草案から、実行の可能性を低く設定する内容となっていた[156]。

そして米国が沖縄における信託統治を実施する意欲に乏しいことは、日本政府の知るところとなった。日本政府は、一九五一年四月に入ってから米国の講和条約草案を受領した際に、草案が日本の沖縄放棄を規定していないことに着目した[157]。西村条約局長は、「条約案には、こちらの要望に応えようと努力してくれたことがはっきり現われてい」ると受け止めたことを述懐している。西村のそのような反応に対して、米国側は「いいところに気がついてくれた」といって、「沖縄が日本から分離されていないことを明らかにした」という[158]。

ダレスや国務省にとって、問題はいかにして軍部を説得するかであった。日本に対して沖縄の「潜在主権」を認めることは、対日講和条約上、沖縄における米国の排他的な戦略的支配権を保証すべきとした前年九月の軍部との合意内容（NSC60／1）や、一月からの日米会談に際して決められた対処方針との間に齟齬をきたす可能性が生じるからである。

以上の方針のもとで国務省は、講和後の沖縄における信託統治実現を主張していた軍部の説得を試みた。一九五一年四月以降の会議を通して、国務省が軍部からの了承を得ることに成功したことは、従来の研究が明らかにしている通りである[159]。

一九五一年四月一一日に行われた会議は、軍部が提起した、対日講和条約草案が現実のものとなった場合に想起される軍事戦略上の懸念材料を、国務省が逐一解消していく場となった。例えば、ブラッドレー統合参謀本部議長は、沖縄において米国は軍事上のフリーハンドを得るべきであるにもかかわらず、国務省が作成した対日講和条約草案ではそれが得られないことを指摘した。その上で、講和後の沖縄において戦略的信託統治を実施することで、自らの行動に拒否権が行使されないようにするべきであるという、従来通りの軍部の論理を改めて強調した[160]。

「潜在主権」の論理

だが、これに対してダレスは、対日講和条約案は、「琉球に関する統合参謀本部の意見に一〇〇％一致している」と反論した。むしろ、米ソ対立の続く現況下では、沖縄において戦略的信託統治を実施しようとすれば、国連の安全保障理事会においてソ連に拒否権を行使される可能性があることを指摘したのだった[161]。つまり、軍部の論理では結果として、軍部が望む沖縄における軍事上のフリーハンドは得られないことを説いたのである[162]。

またダレスは、日本に沖縄の領土主権を放棄させるべきではない理由として第一に、大西洋憲章が謳った領土不拡大原則に則り、そもそも米国は沖縄を自国の領土とすべきではないとの考えを持っていた。第二に、そのような中で日本が沖縄の領土主権を放棄すると、国際的な混乱を招く可能性があり、米国による沖縄の信託統治実施のための申請が国連で認められない場合も同様に問題になることを危惧していた[163]。そのような事態を避けるためにも、「潜在主権（residual sovereignty）」を日本に認めることが得策であるというのがダレスの見解だった。日本に沖縄の潜在主権を認めることこそが、沖縄における米国の戦略的支配権を可能にする方途であり、また日本の潜在主権と米国の戦略的支配権は両立するとの判断だった[164]。

沖縄における戦略的信託統治の実施に固執する統合参謀本部や統合戦略調査委員会の論理に風穴を開けたのは、陸軍による意見具申だった。コリンズ（Joseph L. Collins）陸軍参謀総長は、国務省が作成した対日講和条約草案の領土条項によって、米国の沖縄における戦略的利益は十分に確保できると論じたのである。すなわち、米国の戦略的利益は、対日講和条約草案の第三条で十分に保証されている。また、米国は日本本土と同様の基地権を沖縄でも取得した上で、住民の統治権は将来日本に返還することが望ましいと考えられる。それゆえ、対日講和条約において、沖縄をめぐる諸権利を日本から剝奪することは適当でないとの主張であった[165]。

最終的に国務省は、六月二八日にマーシャル国防長官から対日講和条約における沖縄の扱いについて了承を得ることとなる。その際には、統合参謀本部からの要請に応じ、三月付の対日講和条約草案の領土条項について、領土的範囲に南方諸島を加え、さらに「合衆国を唯一（sole）の施政権者とする」との修正がなされることになった[166]。

こうして米国は、沖縄の潜在主権を日本に認めることを前提にしつつも、沖縄における米国の信託統治の実施可能性を残す形で、サンフランシスコ講和条約の領土条項を以下の通り成立させた[167]。

日本国は、北緯二十九度以南の南西諸島（琉球諸島及び大東諸島を含む。）孀婦岩の南の南方諸島（小笠原群島、西之島及び火山列島を含む。）並びに沖の鳥島及び南鳥島を合衆国を唯一の施政権者とする信託統治制度の下におくこととする国際連合に対する合衆国のいかなる提案にも同意する。このような提案が行われ且つ可決されるまで、合衆国は、領水を含むこれらの諸島の領域及び住民に対して、行政、立法及び司法上の権力の全部及び一部を行使する権利を有するものとする。

つまり、国務省関係者は、日本政府が防衛力増強の「第一段階」の実行を確約したことの反対給付として、日本に対して沖縄の「潜在主権」を認めることが可能となる講和条約草案を作成した。この意味で、「潜在主権」の容認は、日本が防衛力増強を実行し、自由主義陣営の一員として軍事的貢献を行うという米国の長期的な展望の中で下された決断であった。つまり、沖縄の「潜在主権」とは、日本による沖縄防衛の責任負担の実現に対する期待の下に、将来的な施政権返還の可能性を残すべく日本に認められた権利であったと解釈できよう。

このように、サンフランシスコ講和条約上、沖縄の領土主権の保持が事実上日本に容認されたことにより、講和後の日米間に残されたのは、沖縄の施政権返還をめぐる問題となったのである。

二　日米安全保障条約と沖縄問題

沖縄施政権返還の論理

一九五一年二月三日に日本政府から「再軍備計画のための当初措置」を受領したことで、日本から防衛力増強の確約を得るという最重要課題をクリアしたと考えた米国代表団は[168]、二月六日に「集団的自衛のための日米協定（国際連合憲章第五一条の規定にしたがい作成された集団的自衛のためのアメリカ合衆国および日本国間協定）」案を日本に提示した。そこには、本文第一条として、「日本国は、平和条約及びこの協定の実施と同時に合衆国の陸・空及び海軍を日本国内またはその近辺に駐屯させる権利を許与し合衆国は受諾する。この措置は、もっぱら外部からの武力攻撃に対する日本国の防衛を目的とする（would be designed solely for the defense of Japan）ものであって、これによって提供された軍隊は日本国の国内事項に干渉する責任または権能をもたない」との規定が設けられていた[169]。米国が日本における基地駐留権を確保するための条文である。

この日米協定案中、沖縄の施政権返還問題との関連で重要だったのは、前文において日本の自衛力増強の実現に対する期待が明記されたことである。協定案では、「日本が、直接及び間接の侵略に対する自衛のため漸進的に責任を負うことを期待する」との案文が用意されていた[170]。

むろん、この前文の立案意図は、条約という法的拘束力を用いることにより、日本に確実に自衛力を身に着けさせることにあった[171]。二月五日のスタッフミーティングでは、バブコック（Stanton C. Babcock）陸軍大佐が、国防省のメンバーは「日本が自国防衛のために警察その他の武力を行使することを明確にするよう望んでいる」ことを表明していた。そして以上の要望が協定案上で記されたことは[172]、日本の自助努力について明文化することの重要性が米国政府内において認識されていたことを端的にあらわしていた。加えて、日本による防衛力増強の延長線上に沖縄防衛の責任負担の実現を見込んでいた国務省関係者にとって、この案文は、沖縄の施政権返還への布石としての意味合いをも内包するものであったと解することが可能であろう。

最終的にこの案文は、一九五一年九月八日に締結されることになる日米安全保障条約の前文に反映された[173]。すなわち、「アメリカ合衆国は、日本国が、攻撃的な脅威となり又は国際連合憲章の目的及び原則に従って平和と安全を増進すること以外に用いられうべき軍備をもつことを常に避けつつ、直接及び間接の侵略に対する自国の防衛のため漸増的に自ら責任を負うことを期待する」[174]旨の明文化であった。

こうして、日米安全保障条約は、日本の防衛努力への期待を明文化した基地協定として成立したのだった。国務省は、主権回復後の日本が条約の規定通りに、「自国の防衛のため漸増的に自ら責任を負う」ことの帰結としていずれ沖縄の防衛責任も負担することを期待するのである。

日米安全保障条約が暫定的な取り決めとしての性格を有していたことは、従来の研究が指摘している通りである[175]。前述のように、日本が将来的に自衛力を備えるべきだとの認識は、米国政府内において共有されていた。また、吉田率いる日本政府も、経済復興を成し遂げた後に「立派な軍隊」を組織することを想定していた。ただ、講和の段階では日本が十分な軍事力を備えていなかったため、日米安全保障条約は、日本の防衛努力への期待を明文化した基地協定という性質の条約にとどめられたのである。

安全保障条約をめぐる交渉を主導したダレスが、「日本が対応する自らの義務を果たすようになるまでは、米国は義務より権利を要求する」方針を抱き、また「日本が一定期限までに一定の師団数を整備するという約束ができて初めて、米国も更に具体的な約束を交わすことができる」との展望の下に日本との交渉に臨んでいたことは[176]、同条約の内容に決定的に重要な影響を与えた。前半の文言からは、日本が自衛力を身に着けたと判断できるまでの間において、日米間の安全保障条約は基地協定としての性質を帯びるものにせざるを得ないとの考えを米国政府が有していたことが分かる。前述の通り、最終的に日米安全保障条約が、日本の防衛努力への期待を明文化した基地協定という特徴を有した条約として成立したことは、以上の政策的考慮が働いていたことの証左であった。

一方、後半の文言からは、日本が十分な防衛力を備え得る状況になれば、基地協定よりも更に具体的な約束、すなわち相互防衛条約の締結に臨めるようになると考えられていたことが読み取れる。言い換えれば、米国にとって日米安全保障条約は、相互防衛条約の締結に至るまでの暫定的な措置として位置付けられていたのである。

むろん、日本政府も将来的には相互防衛条約を締結することを望んでいた。西村条約局長は以下の通り回顧している。「安保条約は、暫定措置である。日本が『継続的で効果的な』援助ができるようになれば、日本の意図したような対等な、国連憲章の原則に従って運用される、より恒常的な安全保障取決めと交代すべきもの」であり、日本がそうなるまで米国が「軍隊を置いてまもってあげようという趣旨の条約」であると[177]。日本政府もまた、日米安全保障条約を相互防衛条約の締結に至るまでの暫定的な措置として理解していたのである[178]。

日米の将来構想――安保条約第四条

では、当時の日米両政府は、具体的には何を日米相互防衛条約締結の条件としていたのであろうか。その条件が記されたのが、日米安全保障条約第四条の「効力終了」の項であった。日米安全保障条約は、「国際連合又はその他による日本区域における国際平和の安全の維持のため充分な定をする国際連合の措置又はこれに代る個別的若しくは集団的の安全保障措置が効力を生じたと日本国及びアメリカ合衆国の政府が認めた時はいつでも効力を失うものとする」との規定である[179]。

この条項の意図を、後に西村条約局長は端的に説いている。すなわち、「国際連合の措置に代わる個別的の安全保障措置とは、具体的にいえば、日本の再軍備のごときものであり、集団的の安全保障措置とは、たとえば、安全保障条約に代わるものとして新しい条約が日米間に――と限らず他の国が加わってもいい――締結される場合のごときである」と[180]。つまり、日本が再軍備をし、「日本区域」における国際の平和と安全の維持に「継続的で効果的な」貢献を為し得るようになれば、日米相互防衛条約を締結することが可能になる、との論理であった。「物〔基地〕と人〔軍隊〕」の交換を特徴とする日米安全保障条約を、「人〔軍隊〕と人〔軍隊〕」の交換を意味する相互防衛条約へ発展させることを想定していたのである。

従来から、講和後の米軍基地が存続する場合には、それに伴う主権制限を最小限にとどめたいと考えていた日本はもとより、日本に対する防衛コミットメントを最小化することを企図していた米国にとっても[181]、早期の相互防衛条約の実現は望ましいことだった。

一九五一年五月一七日付で作成された新たなアジア政策に関する文書、ＮＳＣ４８／５「米国のアジアにおける目標、政策、行動指針」では、朝鮮戦争が勃発したことで、今や米国の利益を最も脅かしている地域は、欧州ではなく東アジアであることが指摘された。だが、「米国のアジアにおける目標、政策、行動方針はソ連圏に対して自由世界を強化するというグローバルな目的に貢献することを図り、米国の能力と世界におけるコミットメントとの関係に十分配慮して決定されるべき」であるため、アジア諸国による「自助と相互援助（self-help and mutual aid）」を通して、安定的かつ自立的で親米的な非共産主義国を育成することが不可欠とされた[182]。

つまり、米国の国家安全保障政策が、前年の九月に承認されたＮＳＣ６８に基づき、ソ連の拡張主義的行動に対してグローバルに対応することを試みるものとなっていたがゆえに、自由主義陣営に属するアジア諸国に対して可能な限りの自助努力を求めたのである。したがって、米国にとっては、自衛力を備えた日本と相互防衛条約を締結し、自国の対日防衛コミットメントを最小限にすることが望ましかったのだった。

沖縄米軍基地の整理・縮小の論理

このことは、将来的に日米が相互防衛条約を締結すれば、その論理的帰結として、沖縄の施政権返還と米軍基地の整理・縮小の可能性が生じたことを意味した。日本が米国と相互防衛条約を締結し得るほどの軍事力を備えれば、沖縄防衛についても一定の責任を負えるようになる。そうなれば、米国が沖縄防衛の責任を全面的に負う必要はなくなり、排他的管理権を維持する必要性は低くなるため、沖縄の施政権については日本に返還することが可能になる。同時に、沖縄防衛について日本が果たす役割が増えれば、その分、沖縄防衛上の米国の負担が軽減するため、沖縄米軍基地の整理・縮小が論理的には可能となるのである[183]。対日防衛コミットメントをできるだけ限定的なものにしようと試みていた米国にとって、日本の防衛力増強に伴う米軍基地の整理・縮小はむしろ望ましいことなのであった。だが、そのことが直ちに政府——この場合特に日本政府——がそうした論理に沿った政策を選択したことを意味するわけではない。この点は次章で詳述しよう。

要するに、日米安全保障条約第四条の「効力終了」の項に反映されていたのは、日本が「日本区域」の防衛責任を負担できるようになった際に相互防衛条約を締結し、米軍基地の整理・縮小を実行するという、当時の日米両政府の展望なのであった。

こうして、米国が日本に沖縄の「潜在主権」の保持を認める方針を確立する中でたてられた以上のような相互防衛条約締結までの道筋は、日本による沖縄防衛の責任負担によって沖縄米軍基地の整理・縮小が可能になるという論理を生み出した。ここで重要なのが、日本が沖縄の「潜在主権」を確保したことにより、その防衛責任の範囲である「日本区域」に沖縄が明確に含まれることになったことである。

実際、沖縄の「潜在主権」を認められた後の外務省当局者は、米国側との第二次交渉を前に作成した一九五一年四月二〇日付の文書において、日米間に集団的自衛の関係を設定することが可能であるとの主張をする中で、「仮りに日本区域における合衆国の支配下にある地点（たとえば沖縄）に対する武力攻撃が発生したときは、日本にある米国軍隊はこれに対し軍事的行動をとる」ことになるとして、「日本区域」に沖縄が含まれることを前提とした議論を展開した[184]。

また、西村条約局長も、「安保条約の有効期間を定める第四条に『日本区域』における国際の平和と安全を確保する国際連合の措置又はこれに代わる安全保障措置ができたと日米両国が認めたとき失効するとあるところの『日本区域』は日本国より広く沖縄をふくむこと、もちろんである」と述懐している(185)。ただし、日本に沖縄の「潜在主権」の保持を認める方針をとる方向で対日講和条約の立案作業が進められたとはいえ、当面は沖縄米軍基地を自由に使用できることが重要であり、沖縄の施政権は引き続き米国が行使する必要があるため、日米安全保障条約のいう「日本国」に沖縄は含まれないというのが米国の立場であった(186)。

むろん、実際に沖縄米軍基地の整理・縮小を行おうとすれば、沖縄を「血で購った」と理解する米軍部の徹底した抵抗にあうであろうことは想像に難くない。だが、当時の日米両国の構想に、日本による沖縄防衛の責任負担によって沖縄米軍基地が整理・縮小される論理が成立していたことが重要だった。しかしながら、講和後の日本政府は、米国の再軍備要求に対して一定の譲歩をしつつも、本格的な再軍備はあくまで後世の課題とする姿勢を堅持しながら、引き続き沖縄の施政権返還問題に取り組むことになるのである。

小　括

本章で明らかにしたように、朝鮮戦争の勃発によって、米国にとって日本を自由主義陣営の一員として確保することの必要性が高まると同時に、日本の防衛力増強が喫緊の課題となった。そうしたなかで米国は、再軍備の着手を確約した日本に対して沖縄の「潜在主権」の保持を容認した。これに伴い、日米安全保障条約に、将来日本が、実質的に沖縄防衛の責任負担をすることへの期待が込められることになった。それは、事実上日米相互防衛条約締結の要件となり、そこには日本による沖縄防衛の責任負担によって沖縄米軍基地の整理・縮小が可能になるという論理が存在した。そこに、「沖縄基地問題の構図」の第一の要素が形成されたのである。この形成過程については、以下の三つの時期区分に基づいてまとめることができる。

第一に、朝鮮戦争勃発直後の時期である。米国が朝鮮戦争への介入を決定したことで、沖縄米軍基地は作戦支援基地としての役割を担うようになった。そのため、講和に際して、沖縄における排他的な戦略支配権を確保する必要があるということが、米国政府内の統一見解となった。だがその一方で国務省は、沖縄の領土主権を日本から剝奪する必要性については慎重であった。講和後の米軍基地の存続という点では、日本本土と沖縄が同一条件下にあったこと、そもそも軍部が目指す戦略的信託統治の実現可能性が低かったこと、更に日本国内からの反発が強まっていたことがその理由であった。そのため国務省は、沖縄における排他的な戦略的支配権を米国が確保しながら、その領土主権を日本に残す方法を模索した。他方で日本は、米国が非軍事化政策を転換したことで、沖縄米軍基地が保障占領の拠点としての役目を終えたと認識した。そのため、米国が信託統治を沖縄において実施する場合でも、その目的は専ら日本の安全保障との関係にあるため、信託統治終了後に沖縄の領土主権を確保する可能性を見込むようになった。

第二に、朝鮮戦争に中国義勇軍が本格介入し、米中対立が決定的となった時期である。これにより日本の防衛力増強が喫緊の課題となり、米国は将来的に日本が防衛力を持つことを期待するようになった。他方で、とりわけダレスら国務省関係者は、日本を自由主義陣営の一員として確保することの必要性が高まったと考えた。そこで編み出されたのが、将来的に日本が沖縄の防衛責任を負担することを事実上の条件として、これを日本の主権下に残すという構想であった。他方で、沖縄を信託統治の下に置くという米国の方針に変わりがないと考えるようになった日本は、信託統治終了の際に、米国から施政権の委譲を受けることとの確約を得ようと試みた。問題を米国との二国間で処理する方法をとることで、より確実に沖縄の領土主権を確保しようとしたのであった。

第三に、講和条約及び安全保障条約をめぐる日米会談が行われた時期である。会談上、沖縄の領土主権の確保を目指して吉田が提示した租借案は、ダレスに一蹴されることになった。もっとも、日本が沖縄の防衛責任を負担することを事実上の条件に、沖縄の領土主権を日本に残す構想を抱くダレスら国務省関係者にとって重要であったのは、日本から再軍備着手の確約を得ることであった。そのため、再軍備を拒否する「建前」を堅持することで講和が頓挫することを懸念した日本によって「再軍備計画のための当初措置」が提出されたことは、沖縄問題の視角からみれば、日本が沖縄の防衛責任を負担する第一歩を踏み出したことを意味した。そこで国務省は、講和条約の締結に際して、日本に対して沖縄の「潜在主権」の保持を認める方針をとった。そして、沖縄が日本の主権下に残されたことは、日米安全保障条約上、日本が将来的に防衛責任を負担すべき地域に沖縄が含まれることを意味した。これにより、日本による沖縄防衛の責任負担によって沖縄米軍基地の整理・縮小が可能になるという論理が成立することになったのである。

しかしながら、主権回復後の日本が、米国の期待通りに沖縄防衛の責任負担を試みることはなかった。そのため、次章でみる通り、日本による沖縄防衛の責任負担によって沖縄の施政権返還を実現するという国務省の構想は後退することになる。

第四章　沖縄防衛問題と日本国内の政治対立

本章は、講和後の沖縄防衛をめぐる議論の過程で、「沖縄基地問題の構図」の構造的様態を決定付ける重要な判断が下されたことを明らかにする。

前章で明らかにしたように、サンフランシスコ講和条約と日米安全保障条約が締結される過程において、日米は、沖縄の「潜在主権」の保持を容認された日本が将来的に沖縄防衛の責任を負担することを想定するようになった。その将来構想が日米安全保障条約第四条に反映されたことで、日本には沖縄を含む「日本区域」の防衛をいずれ負担する責任が生まれた。これにより、日本が沖縄の防衛責任を負担するようになれば、米国は沖縄から一定程度の兵力を引き揚げることが可能になり、その帰結として沖縄米軍基地の整理・縮小が実現するという論理が成立することになったのである。

しかしながら、結果として日米両国は、一九五三年七月に朝鮮戦争の休戦という新たな状況を迎える中で、日本による沖縄防衛の責任負担という、日米安全保障条約第四条で謳った将来構想の実現を先送りする判断を下した。以下で見る通り、吉田茂率いる日本政府は、戦後復興を優先させるべく、本格的な再軍備を後世の課題とする講和以前からの方針を、主権回復後も堅持した。そのため、日米安全保障条約第四条に基づき、沖縄防衛の責任が生まれていたにもかかわらず、日本はその責任の負担を先送りしたのだった。

一方の米国政府は、日本による沖縄防衛の責任負担の早期実現を念頭に、サンフランシスコ講和条約及び日米安全保障条約締結後間もない時期から、日本に対して防衛力増強の要求を重ねた。だが、日本国内において在日米軍撤退論が論じられるようになったことに加え、総選挙を通じて強い再軍備反対論の存在が顕在化したため、朝鮮戦争の休戦の実現の過程で米国は、共産主義勢力の脅威の低下と自国の国防予算の削減の必要性を背景として、防衛力増強をめぐる対日方針を修正した。日本に対する防衛力増強要求を緩和するとの方針を新たに確立する中で、日本による沖縄防衛の責任負担の実現は当面困難であると結論付けたのだった。これに伴い米国は、沖縄の施政権返還の先送り、すなわち、自国による沖縄統治の継続という決定を下したのである。

この日米両国の判断は、日本による沖縄防衛の責任負担によって沖縄米軍基地の整理・縮小が可能になるという論理の具現化が困難になったことを意味した。つまり、以下で詳しく見る通り、朝鮮戦争の休戦という新たな状況の到来への対応を図る過程において日米によって下された、日本による沖縄防衛の責任負担の先送りという判断によって、沖縄米軍基地の整理・縮小の実現が遠のくという事態が生まれていたのである。

先行研究は、米国が講和後、日本による沖縄防衛の責任負担が困難であるとの認識を抱くようになっていたことを指摘する一方で、その構想の内実については必ずしも十分に明らかにしていない。また、日本の沖縄構想については、史料上の制約からこれまで詳細に明らかにされてこなかった。従来の研究では、沖縄防衛の責任負担が困難であることを理由に、主権回復後の日本が沖縄の施政権返還の実現に向けて、米国に積極的な働きかけを試みなかったとの分析を行っている(1)。しかしながら、本章で明らかにするように、沖縄の施政権返還の実現に向けた日本の政策行動の動機は一貫したものではなく、それは朝鮮戦争の休戦の実現可能性の高まりという、極東情勢の動向と連動して変化していた。主権回復後の日本の沖縄構想を再検証することは、戦後日本の沖縄政策の原点を探るために不可欠な作業であると思われる。

一方で、米国による沖縄統治継続の決定過程については、これまで多くの実証研究が蓄積されてきた[2]。だが、先行研究では、講和後の米国の沖縄政策を、再軍備をめぐる日本国内の政治的対立との関係から説明する傾向が強く、朝鮮戦争の休戦という極東情勢の変化の影響を軽視している。朝鮮戦争の休戦という状況の到来は、朝鮮戦線の作戦支援基地となっていた沖縄米軍基地の軍事的重要性を少なからず低減させるものであった。そのため、同基地の排他的管理と沖縄統治というそれまでの米国の沖縄政策に変更が加えられてもおかしくはなかった。それにもかかわらず、米国が沖縄米軍基地の使用権限の維持を図るべく、沖縄の施政権返還の先送りと沖縄統治の継続を決定したことは、米国の沖縄政策に対する日本国内の政治的対立の影響力の強さを物語っている。このことに鑑みれば、米国の軍事戦略における沖縄の重要性によって特徴付けられることが多かった沖縄問題の複合性を解明するべく、米国政府内における沖縄政策の形成過程を再検討する必要があるといえよう。

本章では、日米両国が、日本による沖縄防衛の責任負担という将来構想の実現を先送りしたことで、沖縄米軍基地の整理・縮小の実現が遠のくという事態が生まれていたことを明らかにする。そこに、本書が解き明かそうとする「沖縄基地問題の構図」の第二の要素が形成されたのである。

以下では、沖縄米軍基地の整理・縮小の実現が遠のく状況が創出される過程を、三つの段階に区分して検証する。第一節では、国務省を中心に沖縄の施政権返還論が唱えられる一方で、日本国内における在日米軍撤退論の存在を背景として、米国政府内に日本の中立化とこれに伴う在日米軍基地の使用制限に対する懸念が生まれていたことを明らかにする。第二節では、在日米軍基地の使用制限への懸念を抱く中で、日本が沖縄の施政権返還の実現に対して消極的であったこと、そして日本国内における強い再軍備反対論の存在から、日本による沖縄防衛の責任負担の実現可能性の低さを認識した国務省が、沖縄の施政権返還を先送りするべきであるとの提言を行うに至る過程を検証する。またここでは、日本が沖縄の施政権返還の実現に向けた働きかけを米国に対して行うことを控えた理由として、朝鮮戦争の継続を背景に、米国による沖縄の信託統治の実施可能性が依然として残されているとの理解を有していたことを指摘する。第三節では、朝鮮戦争の休戦の成立を見据え、米国が日本に対する防衛力増強要求を緩和する方針を固める中で、日本による沖縄防衛の責任負担を先送りする判断を下していたことを明らかにする。加えてここでは、朝鮮戦争の休戦が現実味を帯びる中で、日本が、米国による沖縄の信託統治の可能性がなくなったと認識しながらも、自国による沖縄防衛の責任負担が困難であるため、米国が沖縄防衛の責任を負うことを所与とした沖縄構想を抱いていたことを考察する。

第一節　沖縄米軍基地の長期保有の確認

一　施政権返還をめぐる米国政府内の論争

NSC48／5――新たなアジア政策の策定

一九五〇年六月に勃発した朝鮮戦争は、開戦から一年が経つ頃になると膠着状態に陥った。その最中、一九五一年六月二三日にソ連の国連代表であったマリクによって朝鮮戦争の休戦に向けた討議の提唱が呼びかけられ、七月一〇日から休戦会談が開かれることになった。

だが、朝鮮戦争の休戦交渉が妥結するまでにはさらに二年の時間を要することになる。中国・北朝鮮側と米国側の間で、捕虜処遇問題を中心に議論が難航したことがその原因であった。一九五三年七月に停戦協定が締結されるまで、米国は朝鮮半島で戦闘を断続的に行うこととなる。[3] それは、一九五一年五月付の新たなアジア政策NSC48／5に基づく行動であった。NSC48／5では、「米国が受容可能な条件で朝鮮戦争の解決を図ること」を短期的課題として掲げる一方で、そのような状況に至るまでは「共産主義勢力の更なる侵略を防ぐために軍事行動を続行する」方針が掲げられた[4]。

朝鮮戦争が長期化する状況下でトルーマン政権は、主権回復後の日本に防衛力増強を要求し続ける方針を掲げた。一九五一年九月八日のサンフランシスコ講和条約の締結を前に行われた会議において、トルーマン大統領は、将来の太平洋地域の安全保障にとって日本の軍事的貢献が不可欠であるため、その防衛力増強が喫緊の課題であると論じた。講和会議を前に米国がフィリピンと相互防衛条約を、またオーストラリア・ニュージーランドとの間にも同様の安全保障条約を締結したことを[5]「太平洋の平和を確立するための第一段階をなすもの」と位置付け、次なる段階として、日本がこの太平洋の安全保障の枠組みに加わることが急務であると説いたのである。「太平洋の平和を守るための適当な安全保障の取決めに一日も早く日本を包含することは絶対に必要である。これは日本自身を守るためにも、他の諸国を守るためにも必要なことである」との主張であった。こうしてトルーマンは、講和条約上で「独立国としての日本が自衛権を有すべきこと、および国連憲章のもとに他の諸国との防衛上の諸取決めに参加する権利を有すべきことを認めている」のは、「太平洋における地域的防衛の機構」に日本を早期に参加させるためであることを講和会議の場で表明したのであった[6]。

前章で触れたように、日本に防衛面での自助努力を求めるという政策は、NSC48/5で定められた対日方針に沿うものであった。そこでは、講和後の対日政策として、日本が自衛力を備えるための支援を行い、さらに地域的集団安全保障協定への参加を可能にする措置をとるべきであることが指摘された[7]。前記のサンフランシスコ講和会議におけるトルーマンの演説は、NSC48/5で謳われた「太平洋における地域的防衛の機構」設立に向けた二段階構想と、その構想に基づく対日政策を、米国のアジア政策の指針として打ち出すものだったのである。それは、前述の日米安全保障条約第四条で示された、沖縄を含む「日本区域」の防衛責任を将来的に日本が負担するだけでなく、太平洋地域の秩序維持のために軍事的に貢献することを日本に期待する米国の構想を端的に反映していた。

このように、日本に自衛だけでなく、地域の安全保障に貢献することを米国が対日基本方針として追求する中で、国務省は、沖縄防衛の責任負担と引き換えに、日本に対してその施政権を返還するという構想の実現可能性を引き続き模索した。その対日講和条約締結後における国務省の試みとの関連で注目すべきは、沖縄米軍基地の戦略的重要性を勘案したとしても、沖縄の施政権返還は可能かつ望ましいとする見解が軍部内から導き出されたことであった。

リッジウェイの施政権返還論

軍部の立場から沖縄の施政権返還の必要性を唱えたのは、日本の占領統治業務を担っていたリッジウェイ(Matthew B. Ridgway)率いる米極東軍司令部だった。一九五一年四月にトルーマン大統領によって最高司令官を解任されたマッカーサーの後任として、連合国軍最高司令官兼極東軍総司令官に就任していたリッジウェイは[8]、当初は米軍部内の主流の考えに沿って、沖縄の施政権を日本に返還することに異議を唱えていた[9]。しかし、リッジウェイのそのような見解は、半年余りの連合国最高司令官としての任務を経て変化するに至ったのである。

沖縄の施政権返還を唱えるようになるリッジウェイが、良好な日米関係の構築には主権回復後の日本を独立国家として最大限尊重することが肝要であるとの考えを有していたことは重要である。サンフランシスコ講和条約及び日米安全保障条約締結直後の一九五一年九月一四日付の統合参謀本部宛ての文書において、リッジウェイは、日本における米軍駐留の継続という観点から講和後の日米関係のあり方を問い直した。そこでは、日本の「独立国としての存続が、実質的に米軍の駐留に依拠している」ことから生じる問題への対応の必要性が論じられた[10]。主権回復後の日本の安全は当面米国が保障する必要があるため、米軍はその役目を果たすべく日本において軍事的な権限を確保しなければならない。だがそのことは、名実ともに独立を獲得したいという日本国民の望みが充たされないことを意味する。そうであるからこそ、リッジウェイは、米軍駐留に際して日本の「国家としての特徴と感情(her national characteristics and sensibilities)」に対する配慮を怠ってはならないことを説いたのだった[11]。

つまりリッジウェイは、講和後の米軍駐留に伴い日本が受容する主権制限が、日本の国民感情に悪影響を与え得ることを念頭に置いた上で、対日政策を立案するようワシントンの軍部に訴えようとしたのである。それは、日本の主権回復を契機に、終戦以来の占領統治者としての意識を米国は改めなければならないとの進言であった。

リッジウェイによる前記の文書は、立案作業を控えていた日米行政協定上、日本に対する不必要な主権制限を課さぬよう注意を喚起することを意図して作成されていた。そのことは、九月一四日付の文書において、極東軍司令部に行政協定の立案過程で議論に参加することを許可するよう求めていたことから読み取ることができる。

文書においてリッジウェイは、ワシントンにいる軍関係者よりも極東軍司令部が対日配慮の重要性を理解していることを根拠に、行政協定の立案作業に携わることを希望していた[12]。極東軍司令部が行政協定の立案過程に関与することで、日本国民の感情が悪化する事態を回避しようと試みたのである。後述するように、このような考えを有するリッジウェイの存在は、日米行政協定上、有事における在日米軍基地の使用についてフリーハンドを確保しようと企図した統合参謀本部の立場に修正を迫ることになる。

以上を背景に一九五一年一〇月一七日付で極東軍司令部スタッフが作成し、リッジウェイの承認を得た「琉球諸島に関する米国の長期的目標」と題する報告書は、良好な日米関係の構築のためには沖縄の施政権返還が必要であることを主張した。すなわち、対日講和条約が締結され、また米比相互防衛条約も結ばれた現況下では、日米間における沖縄米軍基地の長期的管理権に関する取り決めによって、沖縄における統合参謀本部の軍事的要求は十分に満たすことができる。講和後の沖縄における米国統治は、米国が伝統的に重視してきた自己決定の原則に反するだけでなく、日米相互の信頼と友好に支障をきたすものである。したがって、信託統治やその他の手段によって沖縄統治を継続するべきではない、というのが極東軍司令部の見解だった[13]。

ここで留意すべきは、文書上、リッジウェイ等極東軍司令部が「独立独行する日本（self-reliant Japan）」[14]と米国の関係構築を前提に議論を展開していたことである[15]。つまり、極東軍司令部が沖縄を日本の主権下に戻すべきであると主張する際に念頭においていたのは、自衛力を備えた日本の姿であった。前章で論じたように、日米安全保障条約第四条に基づき、日本には、将来的に沖縄を含めた「日本地域」の防衛を負担する責任が生まれていた。このことに鑑みれば、極東軍司令部による沖縄の施政権返還論は、国務省同様、日本による沖縄防衛の責任負担を事実上の条件としていたと理解できよう。

実際、サンフランシスコ講和条約及び日米安全保障条約締結直後から日本政府に対して防衛力増強の要求を繰り返したのは、他ならぬリッジウェイであった。もっとも、リッジウェイが防衛力増強問題に関する対日交渉を先導したのは、交渉が講和条約発効前という特殊な時期に行われたからであった。日本が依然として占領下にある時期においては、米国政府代表が防衛力増強に関する公式折衝を日本との間で行い難かったため、占領統治の最高責任者であったリッジウェイから日本に働きかけることが最善とされたのである[16]。

リッジウェイら極東軍司令部関係者は、一九五一年末から一九五二年初頭にかけて、吉田首相やその軍事顧問であった辰巳栄一元陸軍中将に対し、警察予備隊を数年以内に三〇万人規模に拡大するよう要求した。その結果、さしあたり一一万人、翌年一三万人規模に拡大することの確約を得た[17]。したがって、極東軍司令部による日本への防衛力増強要求は、将来的に日本が沖縄防衛の責任を負担することへの期待を含むものであり、その帰結として施政権返還が実現することを追求する試みだったのである。

つまり、極東軍司令部による沖縄の施政権返還構想の前提となっていた「独立独行の日本」とは、講和後に防衛力を増強し、将来的に沖縄防衛の責任負担を行い得るほどの軍事力を有する日本を意味していたのである。そのような極東軍司令部の構想にも、ダレスや国務省が唱えた、日本による沖縄防衛の責任負担の反対給付としての施政権返還という論理を見出すことが可能であろう。極東軍司令部の構想も、長期的な観点から、日本に自由主義陣営の一員として軍事的に貢献させる必要があるという文脈の中で、対日配慮の手段の一つとして沖縄の施政権返還を位置付けていたのであった[18]。

国務省の試み——施政権返還構想の維持

以上のような極東軍司令部の見解は、軍事的観点から見ても、沖縄の施政権返還が可能であることを裏付けたという意味で、国務省にとっては自らの構想の妥当性を高める役割を果たすものであった。そこで、シーボルト総司令部政治顧問作成の一九五二年一月一七日付の「日本と南西諸島及び南方諸島に関する日本政府の覚書」と題する文書は、沖縄の日本への復帰を最終目標とすべきことを勧告した。極東軍司令部の報告内容に言及しながら、沖縄における米国の戦略的要請は日米安全保障条約に類似した取り決めによって十分保証されることを根拠に、沖縄の施政権を徐々に日本に委譲すべきであるというのが、シーボルトの意見であった[19]。

更に、国務省においては、シーボルトから極東軍司令部の報告書を受領していたコーエン（Myron M. Cowen）国務省顧問が、同様の主張を行った。一九五二年一月二五日付の文書で、サンフランシスコ講和条約第三条により当面は米国統治下に置かれることとなった沖縄等の地域に対して、条文に則り信託統治を実施することは賢明でないとの意見具申をアチソンに対して行ったのである。沖縄の施政権をめぐっては、現地住民の日本復帰への強い希望、日本における失地回復主義的な感情があることを考慮せねばならない[20]。また何より、沖縄の統治に伴う問題を米国政府が担い続けることはあまりに重い負担であることを主張したのだった[21]。

つまり、国務省は引き続き、日本による沖縄防衛の責任負担と引き換えに沖縄を日本の主権下に返還する構想を抱いていたのである。主権回復後の日本に対する政策を立案する過程の一九五二年五月五日に、国務省は「琉球と小笠原について、米国が軍事基地を保持する取り決めを行った上で施政権を返還する」[22]ことの提案を盛り込んだ文書を作成した。このことからは、少なくとも一九五二年半ばまで、国務省が沖縄の施政権返還の実現可能性を模索していたといえよう。

軍部の方針転換――信託統治構想の放棄

国務省と極東軍司令部による沖縄の施政権返還構想に対して、統合参謀本部はその施政権保持の必要性を唱え続けた。統合参謀本部統合戦略調査委員会は一九五二年一月一四日に報告書を提出し、沖縄の戦略的重要性を根拠に、極東軍司令部による沖縄の施政権返還の主張を一蹴した。すなわち、沖縄等の「諸島を日本から奪取するために支払った血と財の費用、また米国の安全保障上の重要性、さらにはこれらの諸島を放棄した後に再び、将来的に軍事上の必要から奪取するために要する人的、物的費用に比べれば、この地域を管理するための経済的な費用はとるに足らないものである」との主張だった。また、この合同戦略調査委員会の文書では、極東軍司令部が今後は勝手な主張をしないように陸軍参謀長を通して通告すべきであるとの勧告もなされた[23]。結果として統合参謀本部は、この統合戦略調査委員会による提言を支持することを表明した[24]。

では、講和条約発効後の沖縄をいかなる形態で統治すべきなのか。ここで統合参謀本部が、沖縄における信託統治の実現を断念したことは注目に値する。一月二九日付の文書において、それまで主張していた信託統治制度の沖縄への適用について、もはや沖縄米軍基地の排他的管理権獲得のための有効な手段足り得ないとの結論を示していたのだった[25]。統合参謀本部は、以下の三つの理由から沖縄信託統治構想を放棄する判断を下していた。第一に、経済的負担の大きさである。確かに、米軍部にとって、沖縄は文字通り「血で購った」島に他ならない。だが、沖縄は、国務省が戦時中に信託統治制度を構想する段階でその適用を想定していた地域に比べて人口規模が大きく、実際に信託統治を行うとなれば、米国による経済的負担が大きくなることが予想された。

第二に、国連におけるソ連の拒否権行使の可能性である。軍部が従来から企図していた戦略的信託統治を沖縄において実施する場合、安全保障理事会の関与が必須となる。[26] しかしながら、米ソが対立する当時の情勢下では、米国が沖縄における戦略的信託統治を提案した場合にソ連が拒否権を行使する蓋然性が高く、その実現可能性は低いと言わざるを得なかった。

第三に、日本の国連加盟の可能性である。サンフランシスコ講和条約の前文では、「日本国としては、国際連合への加盟を申請し、且つあらゆる場合に国際連合憲章の原則に遵守」する旨の文言が記されていた。[27] 国際連合への加盟については、講和会議の際にトルーマン大統領も演説において言及し、「条約に調印する諸国は日本の加入のため努力する」ことへの期待を表明していた。[28] だが国連憲章第七八条は、国連加盟国の領土に対して、他の加盟国が信託統治を行うことは禁じられている。[29] 主権を回復した日本が国連に加盟する可能性が高いことに鑑みれば、米国による信託統治制度の利用の実効性は限りなく低くなるのである。

とりわけ、二点目のソ連の拒否権行使の可能性が沖縄信託統治構想の実現を断念する理由として挙げられたことからは、講和条約の立案段階におけるダレスら国務省関係者の説得が統合参謀本部の判断に影響を与えていたことが窺える。

こうして、終戦以来軍部が準備してきた沖縄信託統治構想は放棄され、米国政府内から沖縄における信託統治の実施を目指す発想は失われるに至った。その意味で、沖縄での信託統治の実施可能性があることを前提に、米国がその施政権を行使することを謳ったサンフランシスコ講和条約第三条は、発効を前に既に事実上形骸化していたと理解することが可能であろう。

軍部の「現状維持」構想

そこで、講和条約発効後の沖縄の統治形態として統合参謀本部が最適だと考えたのは、現状維持、すなわち、日本に「潜在主権」の保持を容認しながら米国が施政権を保持することであった。前述の一月二九日付の文書において統合参謀本部は、「極東に安定が創出されるまで」は、沖縄等の講和条約第三条地域の現状変更を認めない方針を示したのだった。[30]

この軍部による施政権保持の結論が下されるにあたり、主権回復後の日本が米軍基地に使用制限を課す可能性を懸念していたことは重要である。統合参謀本部は、沖縄の統治のあり方として、①基地権を認める協定を日本との間で締結した上で施政権を返還すること、及び②日本と主権を共有することについても検討を加えていた。[31]だが、両者のいずれを選択する場合でも、そこに日本の意思が反映されることが問題であるとされた。主権回復後の日本が敵国化あるいは中立化した場合に、沖縄米軍基地の使用に支障をきたすことになるとの判断であった。[32]

確かに、統合参謀本部が日本を未だ信用に値しない国と捉えていたことが[33]、沖縄米軍基地の使用制限の可能性を想起させる一因になっていたと考えられる。しかしながら、前記の一月二九日付の文書が作成された時期の特徴としてより注目すべきは、サンフランシスコ講和条約及び日米安全保障条約の発効を控える段階であったことである。在日米軍基地に関する米国の裁量権が、日本の主権回復に伴い占領期間中に比べて確実に狭まることは、統合参謀本部の不安を確たるものにしていたと推察できる。

既述の通り、前記文書が作成された一九五二年初頭において、朝鮮半島では未だ戦闘が続いており[34]、沖縄米軍基地は朝鮮戦線への作戦支援基地として引き続き重要な役割を担っていた。それにもかかわらず、沖縄の施政権を返還、もしくは日本とこれを共有することは、軍事的行動の自由がそれまでよりも少なからず制限されることになる。それは、在日米軍基地に加えて沖縄米軍基地の使用権限までもが弱まることを意味するのであった。

したがって、「極東に安定が創出されるまで」、沖縄等のサンフランシスコ講和条約第三条に列挙された地域に対する現状変更を認めないとした統合参謀本部の方針からは、少なくとも朝鮮戦争が停戦を迎えるまで、沖縄米軍基地の使用については従来通りの権限を確保すべきであるとする政策的考慮を読み取ることが可能である。そのため、沖縄米軍基地の使用制限の可能性を考慮せず、主権回復後の日本に政治的配慮を施すことの重要性を唱えた前述のリッジウェイら極東軍司令部関係者の勧告は、統合参謀本部にとって到底受け入れられるものではなかったのである。

二　日本の中立化に対する懸念と沖縄

在日米軍基地の使用制限への備え

統合参謀本部によって指摘された懸念、すなわち日本が中立化した場合の米軍基地の使用制限の可能性に対する懸念は、日本の主権回復を契機に米国政府内で共有されていくことになる。そして、そこで抱かれた危機感は、沖縄米軍基地に対日政策上の新たな役割をもたらした。在日米軍基地の使用制限への備えとしての役割である。

既存の研究が指摘しているように、一九五二年四月二八日のサンフランシスコ講和条約及び日米安全保障条約の発効により、独立国家として再び国際社会に復帰した同盟国日本に対して、米国は期待とともに不安を抱えていた(35)。そうした中で米国政府は、日本への対応を検討すべく、新しい対日政策の立案を図った。その試みが、七月と八月に立て続けに作成された二つの国家安全保障会議の文書、NSC125／1とNSC125／2であった。

一九五二年七月一八日付の「日本に関する米国の目標と行動の指針」と題するNSC125／1は、同盟国日本に対する期待と不安という二つの側面から、安全保障に関する対日方針を問い直していた。第一に、防衛力増強に対する期待である。日米安全保障条約の前文や第四条で謳われたように、自衛力を漸増し、沖縄を含む「日本区域」の防衛責任の負担を米国が独立後の日本に期待していたことは、前章で考察した通りである。また、前述のように米国は、一九五一年五月付のＮＳＣ４８／５で論じられた「太平洋における地域的防衛の機構」に日本が参加し、太平洋地域の安全保障に貢献することを望むようになっていた。

ＮＳＣ１２５／１では、そのような防衛に関する日本への期待が反映された。すなわち、「強力で安定かつ独立した、そしてアジアにおける指導的立場を回復した日本が、アジアにおける米国の最も友好的な同盟国となるであろう」。そして、「将来的には極東で主要な勢力となるに十分な力をつけるであろう」との展望が記されたのであった[36]。つまり米国は、日本が沖縄を含む「日本区域」の防衛責任を負担し、更に地域の安全保障に貢献するようになることを希求していたのである。そこでＮＳＣ１２５／１では、安全保障における対日政策の目標として、「米国と同盟関係にある日本」、そして「太平洋地域の安全保障に対して貢献する意思と能力のある日本」の創出を掲げた[37]。

しかしながら、その「強力で安定かつ独立した、そしてアジアにおける指導的立場を回復した日本」が、米国の望む通りの政策選択を行わない可能性も当然あり得る。ＮＳＣ１２５／１では、第二に、日本が中立化した場合に起こり得る在日米軍基地の使用制限の可能性が検討された。日本が独立国家として再び国際社会に復帰した以上、「その政策と行動を自らの国益の概念に沿って決定するであろう。その結果、米国の利益との間に軋轢を生じるかもしれない[38]」。そこで、安全保障分野で起こり得る事態の具体例として想定されたのが、「将来日本政府によって日本における基地の使用を制限又は禁止される可能性」であった。この指摘は、前述の基地使用制限に対する懸念を既に抱いていた統合参謀本部による要請を受けてＮＳＣ１２５／１に明記されたものだった[39]。では、在日米軍基地の使用制限の可能性に米国はいかに備えるべきなのか。

この検討の結果導き出されたのが、沖縄米軍基地の長期保有の確認であった。すなわち、「将来日本政府によって日本における基地の使用を制限又は禁止される可能性」への備えとして、「琉球と小笠原に基地を長期的に保持することは、米国の安全保障にとって必要である」ため[40]、米国は沖縄米軍基地の長期保有の決定を行ったのであった。

もっとも、第二章で考察した通り、ＮＳＣ１３／３において米国は、既に沖縄米軍基地の長期保持の方針を決定していた。だが、ＮＳＣ１３／３が策定されたのは朝鮮戦争勃発以前の時期である。当時の沖縄米軍基地は、日本の非武装化を監視する保障占領の拠点という対日政策上の役割を期待されていた。また、ＮＳＣ１３／３で示された沖縄米軍基地を長期保有するという方針は、日本に沖縄の領土主権を放棄させ、講和後も米国が沖縄を統治し続けるという意図の下で確立されたものであった。

しかし、朝鮮戦争の勃発を契機に、米国が、日本に沖縄の「潜在主権」保持を容認し、将来的に日本が沖縄防衛の責任を担うことを構想するようになったことは前章で述べた通りである。そこで、日本による沖縄防衛の責任負担によって沖縄米軍基地の整理・縮小が可能になるという論理が成立していたことは、沖縄防衛に関する日本の自助努力の進展に伴い、沖縄における米軍基地存続の必要性が将来的に減じ、沖縄における米国の軍事的地位が弱まることを意味した。そのため米国は、日本によって在日米軍基地に対する使用制限措置がとられた場合に必要となる規模の沖縄米軍基地を確実に存続させるべく、その長期的保持を改めて確認したのだった。

以上の内容についてはそのままに、ＮＳＣ１２５／１はＮＳＣ１２５／２として八月七日にトルーマン大統領の決裁を受け、米国の新たな対日政策として成立した[41]。

在日米軍基地の使用制限への備えとして沖縄米軍基地の長期保持を確認するという以上の方針は、米軍部主導で決められたものであったが[42]、そこに、沖縄の施政権返還論を唱えていた国務省が反対した形跡は見られない[43]。その理由は、前章で見た通り、講和に至る過程でダレスら国務省関係者が、自由主義陣営に対する日本のコミットメントの確実性について不安を覚えていたことから説明できるであろう。つまり、独立後の日本の中立化や、その結果として起こり得る在日米軍基地の使用制限の可能性については、国務省も問題意識を共有していたのである。朝鮮戦線への作戦支援基地であり、在日米軍基地の使用制限への備えを講じる必要がある以上、沖縄米軍基地の長期保持が不可欠であることに議論の余地はなかったのだった。

こうして沖縄が日米安全保障条約の適用範囲外とされる一方で、沖縄米軍基地は、在日米軍基地の使用制限への備えとしての役割を新たに期待されることとなったのである。そしてこのことは、日米の安全保障関係において、在日米軍基地の機能を「担保」するという特殊な役割を、沖縄米軍基地が担い始めたことを意味したのだった。ただし、後述するように、沖縄の施政権をめぐっては、NSC125／2では引き続き、国務省と軍部の間における意見のすり合わせを要するものと判断された。

在日米軍基地の使用制限に対する不安

このように、一九五二年四月二八日のサンフランシスコ講和条約及び日米安全保障条約の発効後、米国とりわけ米軍部が在日米軍基地の使用制限について懸念を強めた理由は、以下の二点に集約することができる。第一に、日米行政協定の内容である[44]。サンフランシスコ講和条約及び日米安全保障条約と同日に発効した日米行政協定の立案過程において、軍部は、有事の際の在日米軍基地に対するフリーハンドの獲得を図った提案を却下されていた。統合参謀本部が立案した一九五二年一月二二日付の行政協定草案第二二条において、「日本区域において敵対行為が発生した場合、またはその急迫した脅威がある場合に、米国は、日米安全保障条約第一条の目的を遂行し、かつ在日米軍の安全を確保するために必要な行動をとることについて、この協定による制限を受けない（the US will not be limited by this agreement）ことが合意される」との案文を用意した[45]。

しかしながら、最終的に日米間で合意された日米行政協定では、統合参謀本部による案文は削除された[46]。そこでは、第二四条に「日本国政府及び合衆国政府は、日本区域の防衛のために必要な共同措置をとり、且つ安全保障条約第一条の目的を遂行するため、直ちに協議しなければならない」という、統合参謀本部の案文よりも有事の際の在日米軍基地の自由使用の度合いを狭める規定が成立した[47]。

その際に統合参謀本部を説得する役割を果たしたのがリッジウェイであった。リッジウェイは、第二四条の文言は軍事的観点から十分な内容となっているため、これを受容するよう統合参謀本部に勧告したのであった[48]。統合参謀本部は最終的にこの勧告を受け入れたものの、日米行政協定の発効は、有事の場合における在日米軍基地の使用について制限を受けざるを得なくなったこと意味した。

つまり、日本の主権回復に伴い、通常時における在日米軍基地の使用について占領期よりも自由度が低下したばかりか、日米行政協定上、有事の際にもこれを自由に使用できなくなったことで、基地使用に関する米軍部の不安は高まっていたと推察できよう。

在日米軍撤退論――日本国内の政治対立の構図

第二に、日本国内で声高に唱え始められていた在日米軍撤退論の存在である。この在日米軍撤退論が浮上した状況について考える際に重要であるのが、日本国内における政治路線の対立である。そもそも、在日米軍撤退論は、講和に際して憲法九条を維持しながら日米安全保障条約を締結した吉田政権の政策選択に対する保守系政治勢力からの反発という側面を持つ議論であった[49]。したがって、在日米軍撤退論の具体的な内容やそれへの米国の反応を検討する前に、在日米軍撤退論が浮上した背景として、日本国内の政治路線の対立構造を確認する必要がある。

既存の研究が明らかにしている通り、戦後の日本国内では、吉田が指向した「経済中心主義路線」を軸に、左の「社会民主主義路線」と右の「伝統的国家主義路線」という三つの政治外交路線が交錯していた[50]。まず「経済中心主義路線」は、戦後復興を最優先するために早期の再軍備を回避し、米国主導の自由民主主義陣営に属することで経済発展の実現を目指す政治路線であった。講和独立にあたって吉田が、いずれ再軍備に乗り出す必要があることを前提に、憲法九条を維持しながら日米安全保障条約の締結を選択したことは前述の通りである。ただし、日本の非武装化を目的に策定された憲法九条と、日本の防衛努力への期待を明文化した日米安全保障条約は、その政策意図からすれば両者は本来相容れないものであった[51]。

だが、戦後復興を優先する一方で、安全を確保しなければならないという当時の政策課題からすれば、吉田にとって憲法九条と日米安全保障条約との間の矛盾は問題とすべきものではなかった。当時大蔵大臣であった池田勇人の秘書官を務めていた宮澤喜一は、吉田の再軍備観を後に以下のように説いている。「再軍備などというものは当面到底出来もせず、また現在国民はやる気もない。かと云って政府が音頭をとって無理強いする筋のことでもない。いずれ国民生活が回復すればそういう時が自然に来るだろう。狡いようだが、それまでは当分アメリカにやらせて置け。憲法で軍備を禁じているのは誠に天与の幸で、アメリカから文句が出れば憲法がちゃんとした理由になる。その憲法を改正しようと考える政治家はバカ野郎だ[52]」と。つまり吉田は、憲法九条と日米安全保障条約の併存を、戦後復興を最優先し、その反面として早期の再軍備を回避するための手段として捉えていたのである[53]。

しかしながら、吉田が憲法九条を抱えながら日米安全保障条約を選択したことで、日本の国内政治情勢は複雑化する事態に陥った[54]。「経済中心主義路線」を指向した吉田政権は、左の「社会民主主義路線」と右の「伝統的国家主義路線」という、それぞれイデオロギーを全く異にする左右の勢力からの政治的圧力に晒されることになったのである。「社会民主主義路線」を追求する社会党を中心とした勢力は、その内部の主義主張は一様ではなかったものの、憲法九条の堅持、及び米国の冷戦戦略とこれに呼応した日本の再軍備政策への対抗、すなわち反米・反体制という理念を掲げた[55]。その立場から見れば、米国主導の自由主義陣営への帰属を指向し、日本の防衛力の漸増を謳った日米安全保障条約を締結するという吉田の選択は、日本の平和を棄損しかねないものだった。後述するように、主権回復の後に初めて行われた総選挙において、反米の立場を標榜する社会党が躍進したことは、日本中立化に対する米国の懸念を増幅させ、沖縄の施政権を維持するという決定を導く要因の一つとなる。

他方で、「伝統的国家主義路線」は、主権回復後は独立国家として早期に自衛力を備えることを当然視し、改憲の上で再軍備を実現することを目指した。この立場が重視していたのが、自立と国力という価値であった[56]。そのような自主の欲求を抱く勢力にとって、吉田の選択は米国に追随する「向米一辺倒」の政策として受け止められた[57]。

そして、この「伝統的国家主義路線」を指向する勢力によって唱えられたのが、在日米軍撤退論であった。再軍備によって米軍撤退を実現させ、その帰結として在日米軍基地を漸次縮小させるという議論である。在日米軍撤退論は、一九五二年四月二八日にサンフランシスコ講和条約が発効し、日本が主権を回復したことを契機に声高に論じられるようになっていた[58]。

その在日米軍撤退論の背景にあったのは、独立を回復したにもかかわらず、占領期と変わらず駐留する米軍に対する違和感であった。もっとも、在日米軍の性格は、日米安全保障条約がサンフランシスコ講和条約と同日に発効したことで、占領軍から安全保障条約に基づく駐留軍へと変化する過程にあった。「連合国のすべての占領軍は、この条約の効力発生の後なるべくすみやかに、且つ、いかなる場合にもその後九〇日以内に、日本国から撤退しなければならない」と定めたサンフランシスコ講和条約第六条の「占領の終了」の規定によって[59]、占領軍の撤退期限は七月二六日に切れることになっていたのである。

ただし、日本本土における駐留米軍の地位については、一九五二年二月二八日に調印(同年四月二八日発効)された日米行政協定で定められてはいたものの[60]、飛行場の拡張や、演習場の確保の問題など、米軍基地の運用に伴う実際的な問題の解決は、七月末以降の具体的事案ごとの日米交渉に委ねられていた[61]。当時、米軍基地施設、区域として指定されていた場所は六〇〇ヶ所余りあり[62]、その存在の多さは、国民が主権回復の実感を得られない状況を創出していた。多数の在日米軍関係施設の存在は、ナショナリズムを刺激することになっていたのである[63]。

在日米軍撤退論の影響

以上を背景として唱えられた在日米軍撤退論を先導していたのが、重光葵率いる改進党であった[64]。改進党の吉田批判は、独立後も米軍が駐留していることによって「真の独立」が達成できないという、対米従属感に由来する主張であった。

一九五二年二月八日に結党した改進党は[65]、六月四日の自衛力特別委員会で自衛軍創設に関する党の基本方針を正式に定めた。その方針の中核は、「現行の安保条約を相互防衛条約に切りかえ、対等なる国際協力の下に、年次計画を立てて自衛軍を創設し逐次、外国軍隊の撤退に応ずることとし、将来は集団安全保障体制に参加するものとする」、「自衛軍は国民の納得のもとに憲法を改正してこれを創設し、運営する」ことだった[66]。憲法九条を改正の上、自衛軍を創設することで米軍の撤退を実現し、在日米軍基地問題の解決を図るとする構想である[67]。

このような在日米軍基地撤退論は、再軍備を推進するという側面においては、米国にとって歓迎すべき主張であった。すなわち、日本による沖縄防衛の責任負担の実現を追求していた米国の観点から見れば、改進党の見解は、米国の試みに弾みをつけるものであった。しかしながら、その議論の延長線上に在日米軍及び基地の撤退を想定していたことは、米国に日本の中立化に対する不安をもたらすとともに、在日米軍基地に対する使用制限の可能性の高さを想起させたのである。

事実、改進党が六月四日に自衛力特別委員会で自衛軍創設に関する党の基本方針を定めた直後の六月六日付の文書において、米国防省は、米国の安全保障上の利益に脅威となる日本国内の動きに対して、米国は何らかの策を講じるべきであるとの主張をしていた[68]。そして、この国防省の意見に沿って、七月一八日付のＮＳＣ１２５／１で「将来日本政府によって日本における基地の使用を制限又は禁止される可能性」への備えが必要であること、その具体策として「琉球と小笠原に基地を長期的に保持すること」が提案された[69]。以上の米国政府内の動きは、日本国内の在日米軍撤退論への反応として理解することが可能であろう。

三　沖縄施政権返還問題の「ねじれ」

新たな対日政策として一九五二年八月七日に成立したNSC125／2において注目すべきは、米国が沖縄米軍基地を保持するための手段として、信託統治の実施ではなく、日本との何らかの取り決めを用いる方針を決定したことである。すなわち、沖縄米軍基地の使用について何らかの長期的な取り決めを結ぶべく、日本政府との協議や世論に影響を及ぼすための努力を含めた「非常に注意深い準備（extremely careful preparation）」が必要になるとの方針が示されたのだった。(70)

「非常に注意深い準備」の上で、日本との間に沖縄米軍基地に関する取り決めを行おうとするこの方針は、沖縄米軍基地の使用権限の確保を目的に、サンフランシスコ講和条約第三条に基づき沖縄において米国が信託統治を実施する意図がないことを意味する。つまり、日米間の取り決めに基づき、沖縄米軍基地の使用権限の確保を追求する方針の採用は、事実上の信託統治不実施の決定に他ならなかった。同年一月時点で既に統合参謀本部が沖縄信託統治構想を放棄していたことが、この決断に作用していたと考えられる。したがって、サンフランシスコ講和条約の発効から四ヶ月も経たないうちに、米国政府は、沖縄において信託統治を実施しないことを統一見解としていたと解釈できよう。

また、NSC125／2では、沖縄米軍基地に関する日米間の取り決めについて「非常に注意深い準備」が必要であるのは、その取り決めが「日米関係を損ねることのないようにするため」であるとの理由が記されていた。(71)沖縄米軍基地をめぐる対日配慮の必要性が指摘されたのである。このことは、非武装化後の日本を監視するための保障占領の拠点という、沖縄米軍基地に当初期待されていた対日政策上の役割が決定的に変化したことを物語るものであった。

日本の主権回復後に策定された米国の新たな対日政策からは、ここで沖縄米軍基地が、対日懲罰的な意味合いを持つ保障占領の拠点としての役割を名実ともに終えたと理解することが可能である。したがって、この後の米国は、事実上の信託統治不実施の決定と、沖縄米軍基地の役割から懲罰的な意味合いが失われたことを前提に、引き続き沖縄の施政権返還問題に取り組むのである。

しかしながら、米国による以上の決断は、沖縄の施政権返還問題の実態をいたく解り難いものにした。そもそも、沖縄の施政権返還問題は、米ソ協調主義に則った戦後秩序構想を前提に、その領土主権の決定を「ポツダム宣言」起草時に棚上げしたことに起因する戦後処理問題としての性質を有するものである。

確かに、第二章で触れたように、欧州における冷戦構造の誕生を機に、沖縄の領土主権問題を冷戦的思考に基づく政策で処理せざるを得なくなった時点で、事実上同問題には内部矛盾が生じていた。だが、NSC125／2が成立した結果、米国の沖縄政策及び沖縄米軍基地の役割から対日懲罰の意味合いが取り除かれたことで、実際上も、沖縄の施政権返還問題は冷戦の論理に基づく対日政策の枠組みの中で解決されるべき問題とされた。

つまり、NSC125／2の決定によって、沖縄の施政権返還問題に関する米国政府の論理が決定的に変化したのである。米国の対日政策上、非軍事化を追求する文脈の中で生まれた沖縄の領土主権問題は、日本の再軍備の実行によって解決される問題へとその性質が変化したのだった。こうして、戦後処理問題の一環であった沖縄の施政権返還問題は、冷戦の論理により解決を図られる、ねじれた構造を持つ問題となったのである。

ただし、前章で考察した通り、冷戦を背景とした政策によって沖縄の領土主権問題が処理されるようになった結果、日本には沖縄の「潜在主権」の保持が認められた。その判断は、日本が将来的に施政権を取り戻し、その領土主権を回復する可能性を残すことになった。だがそのことは同時に、論理的には、日本が沖縄防衛の責任を負担できるようにならなければ、その施政権返還の実現と、米国による沖縄からの兵力引き揚げ、そして沖縄米軍基地の整理・縮小の実現が困難になることを意味した。換言すれば、沖縄の施政権返還と沖縄米軍基地の整理・縮小は、日本による再軍備の進展具合にその実現可能性が委ねられることとなっていたのである。

要するに、サンフランシスコ講和条約及び日米安全保障条約調印後の米国は、在日米軍基地の使用制限に備えて、沖縄米軍基地の長期保持の方針を堅持する一方で、沖縄の施政権返還問題を冷戦の論理に基づく政策で解決することを正式に決定したのである。

第二節　米国務省における沖縄の施政権返還論の後退

一　中立化予防策としての価値の低下

日本の受動的態度

ＮＳＣ１２５／２の成立後間もなく、それまで沖縄の施政権返還の実現可能性を模索してきた国務省は、その試みの中断を検討し始めた。主権回復後の日本が、沖縄の施政権を取り戻すことに消極的であるとの印象を抱くようになったからである。

沖縄の施政権返還に向けた試みの中断を考えるきっかけを作ったのは、マーフィー（Robert D. Murphy）駐日大使だった。一九五二年八月一一日付のアリソン国務次官補宛ての文書を通じて、マーフィーは、日本への沖縄の施政権返還を「一時的に保留にすべきである（we should keep this matter on ice temporarily）」との意見具申を行った。[72]その理由として挙げられたのが、沖縄の施政権返還に対する日本の受動的な態度であった。

文書においてマーフィーは、吉田首相や岡崎勝男外務大臣はおろか、日本政府当局者の誰からも、沖縄を日本の主権下に戻すよう請願を受けていないことを指摘した。また、沖縄を取り戻すための大衆運動が起きていないことに驚いた旨も報告していた[73]。加えてマーフィーは文書において、日本は沖縄の施政権問題に取り組むことを時間の無駄だと考えているか、または領土主権を完全に回復することに利益を見出していないのかもしれないとの推察を披露している[74]。このことからは、少なくともマーフィーの知る限りは、講和に際して沖縄の領土主権確保のために奔走していた日本政府が、主権回復後は一切行動をとっていなかったことを読み取ることができる。「日本が問題を執拗に取り上げていない（they have not raised the question urgently）」ため、沖縄の施政権を日本に返還するための取り組みを「一時的に保留にすべきである」というのが、マーフィーの結論だった[75]。施政権返還の棚上げの提言である。

前述の通り、対日講和条約の立案過程において、国務省が沖縄を日本の施政権下に残す道を模索した背景にあったのは、沖縄の領土主権確保を目指す日本政府の働きかけや、沖縄が剝奪されることに対する日本国内からの反発の存在であった。朝鮮戦争に中国義勇軍が本格介入し、米中対立が決定的になったことで、米国は日本を自由主義陣営に確実にコミットさせることを最重要課題とするようになった。その当時の米国にとって、沖縄をめぐる決定が日本の反米感情を高める事態を招くことは避けねばならなかった。そのため、国務省主導の下、米国は日本に沖縄の「潜在主権」保持を容認するに至ったのである。つまり、国務省にとって沖縄の施政権返還の実現は、日本を確実に自由主義陣営にコミットさせるための手段、すなわち日本の中立化を予防するための手段と考えられていたのである。

だが、講和条約発効後、沖縄の施政権返還に関する日本からの働きかけや、返還運動が行われなかったことは、国務省にとって、施政権返還の実現に向けた取り組みを推進する理由が失われたことを意味した。米国にとって沖縄の施政権返還は、日本の中立化を予防するための手段としての有効性を失い始めていたのである。

前記の八月一一日付の報告書においてマーフィーは、現状では沖縄の施政権返還に関する日本政府からの強い要求もない上に、沖縄において統治を実施するにあたり米国は膨大な投資を行っていることを指摘した。そのため、沖縄の返還を検討するのは、日本政府の圧力が強まり、戦略的な情勢が変化した場合でよい[76]、との提言を行った。もっとも、日本国内に対して政治的配慮を行っていることを印象付けるためにも、沖縄施政権返還の代替案が必要であるというのがマーフィーの考えであった[77]。

そこで浮上したのが奄美諸島の施政権返還である。この判断が下されるにあたっては、当時の奄美大島において、日本復帰運動が活発に行われていたことも影響していたと思われる[78]。八月七日付のNSC125／2において、米国が日本の中立化の可能性を不安視していたことは、先に述べた通りである。日本の中立化を防ぐための対処自体は必要であるため、復帰運動が活発に行われていた奄美の施政権返還に、日本の中立化を予防するための手段としての価値を見出すようになったのである。そのためマーフィーは、「政治的ジェスチャー」として、適当な時期に奄美諸島などのかつて鹿児島県に属していた地域の施政権を日本に返還することを勧告した[79]。実際、この後国務省は、奄美諸島の施政権返還の可否を軍部に打診することになる。

こうして国務省は、沖縄の施政権返還構想の実現可能性を模索する試みを棚上げする方向に動き出したのであった。

日本政府の構想——信託統治の想定

それではなぜ、日本は、沖縄の施政権を取り戻すことに消極的であるとの印象を米国に与えることになったのだろうか。その理由は、当時の日本政府が、沖縄における信託統治の実施可能性は依然として残されているとの理解を有していたことに見出せる。

沖縄の「潜在主権」を認められたとはいえ、サンフランシスコ講和条約第三条は、米国が沖縄において信託統治を実施する可能性があることを謳っていた。そのため日本政府は、施政権を取り戻すための具体策を講ずる以前に、信託統治の実施に備えることを政策課題としたのである。

日本にとって沖縄の「潜在主権」の保持を容認されたことは、一九五一年一月末から行われた日米会談に際して掲げた希望が満たされたことを意味した[80]。すなわち、沖縄における信託統治終了後にその施政権（統治権）を日本に委譲することの確約を米国から得る、との試みである。そのため、米国の信託統治終了後に沖縄の領土主権を回復することの保証を追求していた日本にとって、「潜在主権」保持の容認は、いずれ沖縄を自国の主権下に取り戻すことの確約としての意味を持つものであった[81]。

サンフランシスコ講和条約締結後の一九五一年一二月に来日したダレスが、「日本政府の沖縄に対する具体的な希望を喜んで聞いてみよう、との態度に出た[82]」こともまた、日本政府に、将来的な沖縄の施政権返還を期待させるものとなった。実際一二月一四日にダレスは、沖縄等の「諸島に関する平和条約の諸規定は、日本が米国行政当局の承認のもとにこれら諸島に対し、残存主権を持ち続けることを規定している。この残存主権規定は日本の強い希望を尊重して加えられたものである[83]」と言明していた。それは、米国政府が沖縄統治を継続するにあたり、実際に日本の「潜在主権」の存在を念頭に置いた政策を行う意思の表明といえる発言であった。西村条約局長が、「こちらは、沖縄の将来について、当時、明るい気持ちでいた[84]」と後に回想しているのは、日本政府が将来における沖縄の施政権返還の実現に期待を寄せていたことのあらわれであった。

しかしながら、米国が沖縄において信託統治を実施する可能性自体は存在するというのが、当時の日本政府の判断だった。この信託統治の実施を想定する日本政府の理解は、朝鮮戦争の休戦が依然として実現せず、戦闘が継続されるという朝鮮半島情勢に基づいていたと考えられる。

前章で見たように、米国が沖縄米軍基地の使用権限の維持にこだわり、沖縄において信託統治の実施を試みようとするのは、「日本の安全保障のため」であるというのが、講和を控えた日本政府の認識だった。すなわち、朝鮮戦争への参戦によって沖縄米軍基地の重要性が一層高まったため、日本は米国が沖縄における信託統治の実施を未だに企図していると判断していたのである。それゆえ、米国の沖縄信託統治構想を以上のように理解する日本政府にとって、朝鮮戦争の継続は、米国による沖縄の信託統治の可能性が存在し続けていることを意味した。つまり日本政府は、講和の過程で沖縄の「潜在主権」保持が容認されたことにより、沖縄を将来的に自国の主権下に取り戻す確約を得たと考える一方で、米国による信託統治の実施可能性自体は依然として存在するとの考えを有していたのであった。

事実、サンフランシスコ講和条約締結直後の一九五一年九月一五日に作成された、「北緯二十九度以南の南西諸島及び小笠原諸島に関する対米折衝要領」と題する文書は、将来的に信託統治が実施されることを前提としながら、主権回復後の沖縄への対応策を論じた。そこでは、日本が沖縄の領土主権の放棄を免れ、その「潜在主権」を容認されたとはいえ、「対日平和条約発効後においても米国は条約第三条に基き従前通り前記地域及び住民に対し、行政・立法及び司法の権力を行使すること」自体は確実であり、いずれは信託統治も実施されることが予想された。そのため、「将来取り極められるべき信託統治協定の内容をわが方に有利になる如くする」ことが、日本が取り組むべき課題とされたのである。

加えて、懸案事項として国籍問題を挙げる際に、「信託統治後も日本国籍の保有を認められることを前提とし、信託統治前は勿論、信託統治後も日本との間の戸籍の相互移譲の自由をはかる」ための対策を講じる必要が説かれた。このことからは、外務省が、沖縄における信託統治の実施可能性を高く見積もっていたことが窺える。

また、当時首相の座にあった吉田も、講和条約締結後の一九五一年一〇月一五日に、沖縄における信託統治の実施可能性があることを前提とした国会答弁を行っていた。すなわち、「琉球その他の信託統治の必要がなくなれば、米国も好んでこれを信託統治をいたすわけではないということはしばしば当局者がわたくしに言明いたしておるところであります」、「統治の必要がなくなれば自然に米国政府は日本に還付すると思います[85]」と。つまり、日本政府は、沖縄への対処策を検討するにあたり、米国が沖縄において信託統治を実施する可能性を念頭に置いていたのである。

もっとも日本政府は、米国政府内に沖縄における信託統治について否定的な見解が存在する様子を窺い知ることはできていた。外務省条約局長であった西村熊雄は、一九五一年三月末に米国政府関係者から対日講和条約草案を交付された際に、「沖縄は必ず信託統治制度に付さねばならないとはなっていない」ことについて、「アメリカの友人たちが個人的にわれわれに注意した」ことを回顧している。さらには、「アメリカは信託統治にしないだろう」とまで伝えてきた人もいたという[86]。

だが、終戦後間もない時期から、沖縄における信託統治は免れ得ないと考え続けていた日本にとって、前章で明らかにした、信託統治の実行を回避しようと試みる米国務省関係者の真意を見抜くことは困難であった。当時の日本は、沖縄における信託統治の実施は絶対ではないが、その可能性は少なからず存在するという、サンフランシスコ講和条約第三条の額面通りの解釈をしていたと考えられよう。

実際的問題への対処の優先

したがって、当時の吉田政権にとって眼前の課題は、米国による沖縄統治に伴い生じる実際的な問題への対処であると定められた。外務省アジア局は前記の文書において、「将来結局これらの諸島が返還される可能性があることを前提」とし、「将来返還の場合の円滑な行政移行に備える」ことを当面の方針にすべきであると説いた。具体的には、「可及的速かに該地域住民が特に熱望している懸案事項を個別且つ逐次とり上げこれを解決しもって予め既成事実を作り上げることを目途とすべく、取りあえず現地住民の最大且つ緊急問題となっている左記事項につき即刻接衝を開始するとともに、これら諸問題その他将来解決を要するべき諸問題解決の資料を得るため、現地に外務省官吏の派遣を許可すべきことを要請すること」が必要とされた[87]。

加えて、一九五二年三月一九日付のワシントン在外事務所長宛ての電報において、岡崎外相が、沖縄は日本の施政権の範囲外に置かれるという現状の「分離の状態は条約発効後も、同条約第三条の規定により、当分の間は存続するものと考えられる」との認識を披露していたことも、同様の文脈から理解できる。(88)

沖縄における信託統治の実施を前提とした以上の日本政府の方針は、少なくとも一九五三年の初頭までは維持されていたと思われる。その様子は、一九五三年二月二一日の衆議院外務委員会における、当時の外務省条約局長下田武三の答弁から垣間見ることが可能である。

この頃になると、正月の際の日の丸掲揚や、日本の教科書の使用を認めるという米国の沖縄統治方針から、沖縄において信託統治は実施されないのではないかとの憶測が広がり始めていた。(89) そのような状況の下で改進党議員が、「沖縄などの信託統治は予想されないようだが、進んでその返還要求を行う考えはないか」と質問したことに対して、下田は、「平和条約が発効してからまだ一年もたっていない。連合国の間にはまだ時期が早いというように考えているようである。従って政府としては、現実問題ごとに解決をはかってゆく方針だ」と答えたのだった。(90)「現実問題ごとに解決をはかってゆく方針」であるとする下田の答弁からは、米国による沖縄統治に伴い生じる実際的な問題への対処という、一九五一年九月付の前記文書で示された方針がこの時まで堅持されていたことが分かる。

また、「連合国の間にはまだ時期が早いというように考えているようである」との推察が下田によって披露されたことからは、戦後処理問題である沖縄の施政権返還問題について、敗戦国として米国による判断を受け入れなければならないとする発想を日本が依然として有していたことが見て取れる。そこに、米国政府にとって沖縄の施政権返還問題が、冷戦の論理で解決されるべき問題に変質していたことを理解する余地はなかったと思われる。沖縄における信託統治の実施可能性が存在することを前提とした以上のような日本の方針が決定的に変化するのは、一九五三年四月に朝鮮戦争の休戦が現実味を帯び始めてからのことである。(91)

要するに、サンフランシスコ講和条約締結後の日本政府は、依然として沖縄における信託統治の実施可能性があることを想定し、沖縄における米国の統治に伴う実際的な問題への対処を優先した。そのため、施政権を取り戻すための働きかけを米国に行わなかったのである。そのような判断の結果、日本は、沖縄の施政権を取り戻すことに消極的であるとの印象を期せずして国務省に与えることになってしまったのであった。

二　沖縄米軍基地の使用権限維持の必要性

総選挙の意義――再軍備反対論の顕在化

沖縄の施政権返還の実現可能性の模索を中断するという国務省の判断を決定付けたのは、日本国内における強い再軍備反対論の存在であった[92]。その存在は、一九五二年一〇月一日に実施された総選挙によって明白となった。

総選挙では、「わが党は再軍備はせず、国力増加によって自衛力を漸増するという考え方をあくまで堅持するつもりである[93]」との方針を掲げていた吉田の自由党が、再び過半数を獲得したものの議席を伸ばせなかった。その一方で、左右社会党が大幅に議席数を増やす結果となった[94]。総選挙を通して、漸進的に防衛力を増強するという吉田政権の再軍備方針が国民から明確な支持を受けていないこと、また、根強い再軍備反対論が世論に存在することが明らかとなったのである[95]。

この総選挙の結果は、米国にとって以下の二つの意味合いを持つものであった。第一に、在日米軍基地の使用制限の可能性の高さである。選挙戦の過程において駐日大使館は、米国に非友好的な左右社会党の選挙公約を問題視していた。国務省宛ての九月一一日付の報告書において、マーフィー駐日大使は、社会党右派が日米安全保障条約の劇的な改定を公約に掲げ、社会党左派が日米安全保障条約の廃棄を訴えていることに対して懸念を表明していた[96]。このように、左右社会党に対する警戒心を強めていた米国にとって、両者が躍進するという総選挙の結果は、在日米軍基地の使用制限という事態が現実のものとして起こり得るのではないかとの疑念を深める契機となったのである。

第二に、日本による沖縄防衛の責任負担の実現が現実的に困難となったことである。世論に強い再軍備反対論が存在し、これを受けて社会党が躍進したことは、日本が自衛力を早期に備えることが困難であり、沖縄防衛の責任負担が望めないことを意味した。そのため、総選挙の結果は、日本による沖縄防衛の責任負担と引き換えに、沖縄の施政権を返還するという構想の実現可能性が低いことを国務省に知らしめることとなったのであった。

在日米軍基地の使用制限に対する危機感

実際、一九五三年一月一二日付の文書において、ヤング北東アジア課長は、「日本が本土の設備の使用を制限し、中立主義をとる可能性に備えて、米国の長期にわたる沖縄の支配が米国の安全保障上の要求にとって本質的なものであることを認識すべきである」との意見具申をアリソン国務次官補に対して行った[97]。「米国の長期にわたる沖縄の支配」により、沖縄米軍基地の使用権限維持を追求すべきとの提言がなされたことからは、国務省が日本の中立化と、それに伴う在日米軍基地の使用制限の可能性を高く見積もっていたことが窺える。また、「米国の長期にわたる沖縄の支配」を前提とした提言が行われたことからは、国務省が、現時点での沖縄の施政権返還を追求することは妥当でないとの判断を下していたことを読み取ることが可能であろう。

このヤングの意見具申を反映する形で、アリソンは、アイゼンハワー政権で国務長官に就任したダレスに対して沖縄の施政権返還の先送りを提言した。一九五三年三月一八日付の「琉球と小笠原諸島の将来の処理」と題する文書では、極東の国際的緊張が持続する限り、米国が沖縄の施政権を行使している現状を維持すべきであることが論じられたのであった[98]。

要するに、主権回復後の日本の中立化と、その際に起き得る在日米軍基地の使用制限という事態に対する危機意識を抱く中で、日本国内における再軍備反対論の存在が明らかになったことにより、国務省は、現況の沖縄米軍基地の使用権限を維持することの重要性を認識するようになったのだった。在日米軍基地の使用制限への備えとしての沖縄米軍基地の存在意義が高まった結果、国務省にとって沖縄の施政権返還を追求するインセンティブが決定的に低下したのである。つまり、日本による沖縄防衛の責任負担という課題が国務省において二義的な問題として位置付けられるようになったことに伴い、沖縄の施政権返還構想は後退していったのである。

このように見てくると、国務省の施政権返還構想が後退したことの背景に、安全保障問題をめぐる日本国内の政治対立の影響があったことが見て取れる。戦後復興を優先し、早期の再軍備を回避するべく、憲法九条を抱えながら日米安全保障条約を締結するという吉田の「経済中心主義路線」に対する、在日米軍撤退論を唱えた右からの「伝統的国家主義路線」と、再軍備反対論を唱えた左からの「社会民主主義路線」による政治的圧力の存在である。日本国内における政治状況が、沖縄の施政権返還の実現可能性を模索する試みを棚上げするという国務省の判断に作用していたことは、沖縄をめぐる問題が、憲法九条と日米安全保障条約を併存させた吉田の政治路線の負の側面としての特徴を持ったことを意味する。

つまりここに、吉田の路線を軸に政治路線が左右に分裂した日本国内の政治構造が[99]、米国の沖縄政策の立案過程に重要な影響を及ぼすという沖縄をめぐる問題の特徴を見出すことができるのである。

第三節　朝鮮戦争の休戦と沖縄問題の長期化

一　朝鮮半島の後方支援基地としての沖縄

一九五一年七月以来、中断と再開を繰り返していた朝鮮戦争の休戦会談は、一九五三年三月以降ようやく交渉の妥結が現実味を帯びるようになった。その背景にあったのは、米国側と中国・北朝鮮側の双方の陣営内における情勢の変化であった。

米国における情勢の変化として重要であるのが、政権の交代である。トルーマン大統領に代わり、一九五三年一月にアイゼンハワーが新たに大統領に就任した。そのアイゼンハワーが大統領選挙中に公約として掲げたのが、他ならぬ朝鮮戦争の早期終結であった。NSC68に基づくトルーマン政権の軍備拡張政策とこれに伴う国防費の増加、及び休戦会談における交渉の難航を背景として、一九五二年を迎える頃には米国国内に厭戦気分が広がり始めていた。そのような状況の中で、朝鮮戦争の早期終結を公約として謳ったアイゼンハワーは、圧倒的な支持を受けて大統領に当選した[100]。米国は、アイゼンハワー政権の下、朝鮮戦争の休戦の実現に向けた取り組みを活発化させることになったのである。

米国内における休戦の気運が高まる一方で、一九五三年三月五日にソ連のスターリンが死去したことは、中国・北朝鮮の共産主義陣営側が休戦交渉の妥結を図る契機となった。スターリンの存在は、それまでの休戦交渉の過程において、中国・北朝鮮が米国に歩み寄り辛い雰囲気を生み出していた。そのような中で訪れたスターリンの死は、中国・北朝鮮が休戦交渉の妥結に踏み切るための障害が取り除かれたことを意味したのである[101]。事実、スターリンの死去から間もない三月二八日に中国・北朝鮮は、中断されていた休戦会談の再開を提案する書簡を米国に手交し[102]、休戦の実現に前向きな姿勢を示した。四月一日にはモロトフ（Vyacheslav M. Molotov）ソ連外相が、この中国・北朝鮮による休戦会談再開の提案に対してソ連は全面的に支持することを表明したのであった[103]。

こうして、米国側と中国・北朝鮮側の両陣営は四月二六日に休戦会談を再開し、交渉の妥結と休戦の成立に向けた動きを加速させていった[104]。そして六月八日の捕虜交換に関する協定の調印をもって、休戦協定締結のための最大の課題とされていた捕虜交換問題が解消されたことで、朝鮮戦争の休戦は決定的となった[105]。最終的に七月二七日に休戦協定が調印され、一九五〇年六月二五日に開戦した朝鮮戦争は休戦に至るのである。

この朝鮮戦争の休戦は、米国の朝鮮半島政策における沖縄米軍基地の役割が変化することを意味した。それまで朝鮮戦線の作戦支援基地となっていた沖縄米軍基地は、休戦に伴い後方支援基地としての役割を担うことになったのである。

そのことは、米国にとっての沖縄の軍事的必要性が少なからず減じることを意味するため、論理的にいえば、そこに沖縄米軍基地の排他的管理という現状の変更、すなわち日本との間に基地協定を締結の上で使用を継続するという、一九五二年八月作成のＮＳＣ１２５／２で謳われた方針に基づく動きがあってもおかしくはなかった。つまり、極東情勢の軟化と、朝鮮半島政策における沖縄米軍基地の重要性の低減は、沖縄の施政権返還を念頭に置いた具体的な政策行動を米国にとらせる可能性を生み出したのである。しかしながら、米国は、朝鮮戦争の休戦が決定的となった直後の六月末に、沖縄米軍基地の排他的管理権限を維持すべく、自国による沖縄統治の継続を決定するのである。

二　米国による対日政策の修正と沖縄

防衛力増強要求の緩和

米国が沖縄統治の継続、すなわち沖縄の施政権返還の先送りを決定した政策的背景として重要であるのが、防衛力増強要求の緩和という対日方針を新たに確立したことだった。その試みは、在日米軍基地の使用制限への備えという、米国の対日政策における沖縄米軍基地の役割の重要性を一層高めたのである。

朝鮮戦争の休戦の実現を見込み、米国が日本に対する防衛力増強要求を緩和する方針を固めたことは、これまでの研究が明らかにしている通りである。すなわち、日本に自衛力を備えさせるべく、引き続き防衛力増強を要求しなければならないが、その要求は日本の経済力を勘案したものでなければならないとの方針であった[106]。

米国が、日本の経済力に見合った規模の防衛力増強を要求すべきであるとする対日方針を確立した背景として、国防費の大幅な削減を政権の最重要課題としていたことは重要である。アイゼンハワー大統領は、朝鮮戦争を契機に急増した国防費の支出によって米国の財政赤字が膨れ上がっていたことを問題視していた[107]。そのためアイゼンハワー政権は、多額の国防費の削減を図るべく、国家安全保障政策を見直す過程で軍事計画とそれに要するコストの関係についての検討に着手した。その試みが、一九五三年四月に作成された国家安全保障会議の文書NSC149／2であった。

一九五三年四月二九日付の「基本的な国家安全保障政策・計画とコストの関係」と題するNSC149／2は、多額の国防費の支出を伴うNSC68に基づく従来の国家安全保障政策の妥当性を問い直した。そこでは、「自由世界の長期的な生存をもたらすきわめて重要な要因は、米国の健全で強力な経済の維持である」にもかかわらず、「米国にとって、続けざまに高い税金を課することによる、連邦政府の収入を超えた早いスピードでの支出の継続は、財政を弱め、最終的に崩壊をもたらすかもしれない」として、現状に対する危機感が表明された。したがって、米国が目指すべきは、「連邦政府の予算の均衡を伴いながら」自国の安全保障を確保し、「自由世界の核心的地域の防衛を手助けすること」であることが説かれたのだった[108]。

この新たな国家安全保障上の方針に従えば、「自由世界の核心的地域」である日本の防衛力増強を目的とする米国の軍事的援助も、「連邦政府の予算の均衡」を勘案した形で実施する必要があった。それゆえNSC149／2では、自由主義陣営の強化のためにリーダーシップを発揮すべき米国が、自陣の国々に対して与える援助は「迅速でありながらも急なものにしない」ことを前提とすべきことが指摘された。日本についても、経済援助との相互関連性を踏まえた上で、「十分な防衛の分担」を可能とする規模の兵力増強を行わせることが重要であると論じられた[109]。

以上のNSC149／2で提言された、健全な財政運営を所与とする国家安全保障政策の追求という方針に基づいて策定された米国の新たな対日政策が、一九五三年六月二九日付のNSC125／6である。そこでは、「米国は、日本の経済力に見合った防衛力を増強するよう説得する努力を続けるべきである」ことが説かれた[110]。換言すれば、朝鮮戦争の休戦協定の成立を目前に控え、共産主義勢力の脅威が低下する中で日本に求めるべき防衛力増強の規模は、米国の援助と戦後復興の途上にある日本経済に見合ったものでよいとの方針であった。

もっとも、防衛力増強の緩和という新たな対日方針の確立に、従来から米国が抱き続けていた、日本の中立化の可能性に対する懸念が作用していたことは間違いない。事実、六月二五日の国家安全保障会議において、アイゼンハワー大統領は、日本が軍事力と経済力を同時に備えなければならない状況にあることを踏まえ、「我々が再軍備させようとしている国々に対して、我々はあまりにも高い軍事水準を求めないように気をつけなければならない」との見解を披露していた[111]。

加えて、その後作成されたＮＳＣ１２５／６では、「日本における中立主義者、共産主義者、反米感情への対抗」を目的とした政策の一環として、「反共勢力および再軍備勢力を支持する」方針が打ち出された。このことに鑑みれば[112]、日本に対する防衛力増強要求が強いものになり過ぎないよう「気をつけなければならない」としたアイゼンハワーの前記の発言は、中立化の可能性を念頭になされた再軍備問題における対日配慮のあらわれとして理解することが可能であろう。日本に対する防衛力増強要求の緩和という決定は、日本経済への配慮と、中立化への懸念を背景に下されたものだったのである。

日本による沖縄防衛の先送り

そして一九五二年八月のＮＳＣ１２５／２の決定以来、引き続き沖縄米軍基地の長期保有を追求していた米国が、防衛力増強要求の緩和の必要性を認識したことで生み出したのは、日本による沖縄防衛の責任負担を見送るという発想であった。防衛力増強要求の水準の緩和は、日本が自衛力を備える時期に遅れをもたらすこと、すなわち、日本が沖縄防衛の責任を負担することが当面は困難であることを意味すると判断されたのだった。

日本による沖縄防衛の責任負担が現実的でないとの理解を米国が有していたことは、相互安全保障法（Mutual Security Act: MSA）に基づく援助をめぐる日米間の事前交渉から読み取ることが可能である。従来の研究が明らかにしているように、アイゼンハワー政権は、主権を回復した日本に対する軍事援助を、それまで実施してきた国防予算からの拠出ではなく、MSAに基づき対外援助の一環として行う方針に転換することを一九五三年五月に明らかにしていた。そのMSAの規定に基づけば、アイゼンハワー政権は被援助国となる日本に対して、自衛力の発展に不可欠な軍事的義務を履行するよう求める必要があった[113]。

だが、日本が履行すべき軍事的義務に沖縄防衛の責任負担を含めないというのが、この時のアイゼンハワー政権の判断であった。実際、MSA援助を受けるための条件についての日本からの問い合わせに対して、米国は、日米安全保障条約第四条で示された、沖縄防衛の責任負担をその義務に含めない方針であることを明らかにしていた。マーフィーの後任として駐日大使に就任していたアリソンは、一九五三年六月二六日に、日本がMSA援助を受けるための「軍事的義務の履行は、日米安全保障条約のもとで既に引き受けている義務の履行をもって足りる」とする米国政府の見解を日本側に伝えていたのである[114]。

ただし、このようにMSA援助の条件として日本に沖縄防衛の責任負担を求めないとの方針を示しながらも、いずれ日本が沖縄の防衛責任を負担すべきであるとの将来構想を米国は放棄していなかったと考えられる。国務次官補時代のアリソンは、ダレスに宛てた前記の一九五三年三月一八日付の文書において、「米国が沖縄を保有していれば、日本は沖縄の基地から戦闘機を発進することについての責任を持たなくて済む」ことを説いていた[115]。日本が沖縄における軍事的な「責任を持たなくて済む」との指摘からは、本来であれば日本に軍事的責任を担わせることが望ましいとする考えが米国政府内に存在していたことが窺える。また、後述するように、アイゼンハワーやダレスら当時の米国政府首脳は、日本による沖縄防衛の責任負担の必要性について繰り返し論じていた。依然として日本の防衛力増強を追求していた米国は、将来的に経済復興を成し遂げ、自衛力を備えた日本が、沖縄の防衛責任を負担することへの期待を持ち続けていたのである。

したがって、ＭＳＡ援助をめぐる議論の過程で、アイゼンハワー政権が沖縄防衛の責任負担を日本に求めようしなかったのは、いずれ日本が沖縄の防衛責任を負担すべきであるとするそれまでの方針を転換させたというよりも、その実現の追求を棚上げすべきであるとの判断を下した結果であったと解釈できる。要するに、政権交代を経た米国が定めた防衛力増強要求の緩和という新たな対日方針は、日本による沖縄防衛の責任負担を先送りするという決断を内包するものだったのである。

沖縄の施政権返還問題への影響――施政権保持の決定

日本による沖縄防衛の責任負担を当面期待できないのであれば、米国がその責任を従来通り全面的に負わなければならない。そのことは、米国が沖縄における軍事的地位を維持すること、すなわち沖縄米軍基地の使用権限を維持するべく、沖縄の施政権を行使し続ける必要があることを意味した。それゆえアイゼンハワー政権は、先に述べた一九五三年六月二九日付のＮＳＣ１２５／６において、「極東における現在の国際的な緊張が存在する間」は、引き続き沖縄を米国統治下に置くことを決定した(116)。換言すれば、日本による沖縄防衛の責任負担を先送りする決断の裏返しとしての、沖縄の施政権維持の決定であった。

もっとも、「極東における現在の国際的な緊張が存在する間」は沖縄を統治し続けるとの決断が下されるまでの米国政府内の議論からは、本来であれば、沖縄の施政権を日本に返還したほうが日米関係にとって望ましいとする認識の存在を窺うことが可能である。先に述べた六月二五日の国家安全保障会議において、ダレス国務長官は、「軍事的要請と矛盾しない限りにおいて」、米国は沖縄に対する民政権を日本に最大限認めるべきであると主張していた。

一方、軍部の立場からウィルソン（Charles E. Wilson）国防長官も、「沖縄が米国にとって現実の問題になりつつある」との認識を示した上で、「いずれ条件が許せば、日本に沖縄の施政権を委譲することは可能である」との見解を披露していた[117]。加えてウィルソンが、「日本が長期にわたり我々とともにあることを我々が確信できれば」、沖縄の施政権を喜んで日本に返還しても良いとの発言を行ったことからは[118]、沖縄問題が米国にとって負担になりつつある以上、軍部にとっても、沖縄の施政権返還は「条件が許せば」可能である案件として位置付けられていたことが分かる。

ここで注目すべきは、ウィルソンが、「日本が長期にわたり我々とともになること」を重視していたことである。確かに、日本による沖縄防衛の責任負担を当面望めないことは、米国政府に沖縄の施政権保持を決意させる決定的な要因となっていた。しかしながら、前述の通り、軍部のみならず国務省においても、日本の中立化とそれに伴う在日米軍基地の使用制限の可能性に備え、沖縄米軍基地の使用権限を維持することが重視されていた。そのような状況の中で、ウィルソンによって「日本が長期にわたり我々とともにあること」の確約の必要性が唱えられたことからは、米国政府内において、日本の中立化に対する不安の払拭も沖縄の施政権返還の条件の一つとして位置付けられていたことが読み取れる。つまり、米国は、日本による沖縄防衛の責任負担に加えて、日本の中立化に対する不安の払拭をも沖縄の施政権返還の条件としていたのである。この二つの条件が整って初めて、米国は沖縄の施政権を日本に返還することが可能になるのであった。

したがって、まだ沖縄の施政権を日本に返還すべき時期ではないというのが、ＮＳＣ１２５／６を策定する過程における米国政府の判断であった。アイゼンハワー大統領は先の国家安全保障会議の場で、アジアに平和が訪れた際に沖縄の施政権が日本に戻されることを期待するとした吉田のサンフランシスコ講和会議における発言を引きながら、「現時点でこれを実行することは不可能である」と結論付けたのだった[119]。

こうして、一九五三年六月付のＮＳＣ１２５／６において、米国は、日本による沖縄防衛の責任負担という、日米安全保障条約第四条で謳われた将来構想の実現が当面は困難であると判断した。日本の中立化に対する懸念を背景として、「極東における現在の国際的な緊張が存在する間」は、引き続き沖縄を米国統治下に置くことを決定したのである。[120]

三　日本政府の対応

信託統治不実施への期待

一九五三年四月になると、日本政府は、朝鮮戦争の休戦成立が現実味を帯びてきたと考えるようになっていた。三月のスターリン死去後の「ソ連最近の対外動向全般と考え合わせてみても、今度は本気で乗り出してきていることは疑いあるまい」、「従って米国側が敢えてスチップな態度を採らざる限り、結局休戦は成立するものとみて差し支えあるまい」との推察であった。[121] そして捕虜交換に関する協定の調印を間近に控えた同年五月二八日になると、岡崎外相によって「休戦の成立が新聞などに報道されるのは非常に近い」との情勢認識が披露されるに至った。[122]

朝鮮戦争の休戦成立の実現をめぐる動きは、日本にとって、沖縄における信託統治の不実施に対する期待を高めるものであった。前述の通り、日本の国旗掲揚や教科書の使用を許可する等、沖縄と日本との関係に配慮した米国の沖縄統治方針から、一九五三年の初頭には、日本国内において沖縄における信託統治の不実施の可能性が論じられるようになっていた。その最中、朝鮮戦争の休戦の実現が現実味を帯びたことで、日本と米国に対する共産陣営からの脅威は低下し、沖縄における「米国の軍事上の必要」が少なからず減少することが見込まれる状況が生まれた。このことは、沖縄米軍基地の排他的管理を既に実現している米国が、更なる権限強化を目的に、沖縄において信託統治を実施する必要性がなくなることを意味したのである。

実際、以下で詳しく見る通り、朝鮮戦争の休戦成立を決定的なものにした捕虜交換に関する協定の調印を間近に控えた一九五三年六月初旬に日本政府は、沖縄の施政権を取り戻す方策の具体的検討を開始した。それは、一九五一年九月にサンフランシスコ講和条約を締結して以来、信託統治の実施可能性の存在を念頭に、沖縄の施政権返還の実現に向けた取り組みよりも、米国による沖縄統治に伴い生じる実際的な問題への対処を優先していた日本政府の方針が変化したことを物語るものであった。

また、日本政府内において、沖縄における信託統治が実施されないことを見込んだ構想が生まれたことは、占領期以来の日本の沖縄構想が根本的に見直されたことを意味した。これまでの考察から明らかなように、終戦後間もない時期から日本政府は、沖縄における信託統治の実施可能性の存在を前提とした沖縄構想を一貫して有していた。米ソ協調主義に基づく戦後秩序下において、徹底した非軍事化の達成を義務付けられていると理解した日本は、敗戦の代償として、沖縄が米国による信託統治の下におかれることを予想するようになった。

その予想は、朝鮮戦争の勃発と、米国による再軍備要求の開始という対日方針の大転換が起こる中でも維持された。しかしながら、サンフランシスコ講和条約と日米安全保障条約の締結によって日米の間に同盟関係が成立し、さらに朝鮮戦争が休戦に向かうことで日米両国にとっての共通脅威が低下した。このことは、沖縄における信託統治の受け入れという敗戦の代償をもはや負う必要はないとの発想を日本にもたらしたのであった[123]。こうして日本の沖縄構想は、大きな転機を迎えることになったのである。

基地の長期存続の想定

それでは、沖縄における信託統治の不実施を前提とする中で、その施政権を取り戻すべく、日本はいかなる構想を新たに練り上げたのだろうか。朝鮮戦争の休戦が現実味を帯び、沖縄における米国の軍事的必要性が決定的に低下する状況が生まれていたことに鑑みれば、そこに沖縄の施政権返還の早期実現を追求する構想があってもおかしくはなかった。

だが、結果として日本政府は、沖縄の施政権返還の早期実現を米国政府に要求する方針をとらなかった。そのような政策選択の背景として決定的に重要であったのは、やはり、当時の日本政府が、自衛を可能にする規模の再軍備を後世の課題と見なしていたことであった。同様の文脈から日本政府は、自国による沖縄防衛の責任負担を先送りする発想に基づき、沖縄米軍基地が長期的に存続することを所与とした沖縄構想を抱いたのである。

日本政府内においては、外務省条約局とアジア局を中心に、沖縄の施政権委譲の具体的な方式について議論が重ねられた。その取り組みは、一九五三年六月三日付の「南西諸島の日本復帰の方式について」と題する条約局作成の文書に対してアジア局が意見を述べることから開始された[124]。

まず、上記の文書において条約局は、沖縄の「日本復帰の諸方式」として、①平和条約の改定による方式、②平和条約の改定によらない方式、③事実上の処理の方式という三つの可能性を列挙した。②の平和条約の改定によらない方式には、さらに、（イ）米側の権利の全面的放棄（根本的解決）、（ロ）米側の権利の部分的放棄、（ハ）米側の権利に触れない事実上の処理（事実上の解決）という三つのパターンがあるとされた。もっとも、③の事実上の処理の方式は、当時の日本政府が実際に志向していた方式であった。すなわち、「南西諸島において米側が立法、司法、行政の権利を行使する根本的建前には触れることなく、出入国、郵便、為替、恩給、教育等、現実の必要上解決を迫られている事項から順を追うて取り上げ、これについて便宜の措置を講じてゆこうとする方法[125]」であった。

だが、今後も事実上の処理の方式をとったとしても、沖縄の施政権を取り戻すという最終目標の達成の手段としては有効でないというのが、条約局の見解であった。事実上の処理の方式は、「比較的簡単ではあるが、広範囲に及んでその効果を発揮するまでには長日月を要し、しかも効果を発揮するに至ったところで何ら事態の根本的解決にはならないうらみがある[126]」のである。そこで、実効性に鑑みて、②の平和条約の改定によらない方式の、（イ）米側の権利の全面的放棄（根本的解決）、（ロ）米側の権利の部分的放棄、（ハ）米側の権利に触れない事実上の処理（事実上の解決）という三つのパターンに焦点を絞った上で議論を進めることが妥当とされた。

しかしながら、「法律上及び事実上の見地から検討」した結果、現段階では、沖縄の施政権問題を根本的に解決する手段、すなわち（イ）の米側の権利の全面的放棄（根本的解決）を追求することは現実的でないというのが、条約局が導き出した結論だった。それはひとえに、米国が沖縄米軍基地の自由使用を目的として、沖縄統治の継続を望むことが考えられるからだった。

むろん、沖縄にある「米軍に対し、日米安全保障条約及び行政協定の定める条件で引き続き駐留を認め、米軍による同諸島の基地の継続使用を可能ならしめることも、また考えることである」。だが、「その採否の可能性は、結局米国の戦略的考慮からの判断にかからざるを得ない問題」であるため、「現在の冷戦が継続する限り、同国の決断を早急に求めることは困難であろう」と条約局は推察した[127]。この条約局の推察については、後にアジア局も同意することになる[128]。

もちろん、米国が沖縄米軍基地の自由使用を目的に、沖縄を統治している以上、その施政権の日本への返還に「米国の戦略的考慮からの判断」が影響することは想像に難くない。だが、ここで注目すべきは、条約局の議論の中に、沖縄の施政権返還を実現するための日本の政策行動の可能性、すなわち自らによる沖縄防衛の責任負担を通じてこれを実現するという発想が見られないことである。その理由は、当時の日本政府によって、自国による沖縄防衛の責任負担が後世の課題であったことに見出すことができる。

この時期の日本政府が、沖縄防衛の責任負担を念頭に置いた政策立案を行っていなかったことは、MSA協定締結に向けた準備作業の中で示された、日米安全保障条約第四条の解釈の中に見出すことができる。米国の相互安全保障条約（MSA）に基づく援助を受けるための検討作業の過程で、外務省によって作成された一九五三年四月付の「米国のMSA援助について」と題する文書では、「日米安保条約は、名は安全保障条約であるが、実質はその第四条（『この条約は、日本区域における……、個別的又は集団的安全保障措置が効力を生じたと日米両国政府が認めた時はいつでも効力を失う』）の示す通り、相互安全保障に至る以前の段階のものである。同条約による軍事的義務は米側が一方的に負うものであって、わが方が負う義務としては、ただ米軍の駐留を認める義務（第一条）、第三国への基地不許与の義務（第二条）があるに過ぎない」と述べられていた[129]。日本が未だ「相互安全保障条約に至る以前の段階」にあり、日米安全保障条約第四条が謳う、沖縄を含む「日本区域」の防衛責任の負担を「わが方が負う義務」に含めていないことからは、当時の日本政府が、沖縄防衛の責任負担を後世の課題であると位置付けていたことが読み取れる。

つまり、沖縄における信託統治の受け入れという敗戦の代償をもはや負う必要はないとの認識を抱きながらも、経済復興を優先しなければならないという政策的制約の中で、日本は沖縄防衛の責任負担を通して沖縄の施政権を取り戻すという構想を持ち得なかったのである。日本が沖縄防衛の責任を負担することが当面困難であるがゆえに、「現在の冷戦が継続する限り」、米国が沖縄米軍基地の排他的管理という現状を変更し、日本に沖縄の施政権を返還する可能性は低いと判断されたのであった。

したがって、引き続き米国が沖縄を統治することを所与とする一方で、沖縄の施政権返還が確実に実現するよう働きかけを行うというのが、当時の日本政府の編み出した対処方針であった。日本政府は、一九五三年八月八日に奄美諸島の施政権返還が発表されたことを契機として、沖縄の施政権返還の実現についても考慮するよう米国側に求めた。「朝鮮休戦会談の成立、その後の高級政治会議の発展状況と睨み合わせ、且つ日米間懸案事項の処理をも勘案[130]」した結果、奄美諸島の施政権返還という「今回の措置によって解決を見なかった小笠原諸島及び沖縄の問題の解決に対しても今後是非とも配慮ありたき旨[131]」の要請であった。

米国の不満

以上の方針に基づき、沖縄の施政権返還の実現に向けた働きかけを行おうとする日本に対して、米国が不満を持ったことは言うまでもない。ダレスが、沖縄の施政権返還についての日本の要請を一蹴したことは有名である。すなわち、一九五一年九月の「桑港会議の際、吉田総理は、将来日本があの地域の防衛を引受ける態勢が出来た時は、今米国が押さえている戦略的地点を返還してくれといったが、今度に行ってみて、この地域の防衛体制は、米国の考えた程進んで居らず、ああいう状態では沖縄、小笠原等の戦略的地点の返還は余り問題にならないのではないか[132]」との見解を日本側に示したのだった。

もっとも、一九五一年九月のサンフランシスコ講和会議の場で吉田が、「将来日本があの地域の防衛を引受ける態勢が出来た時は、今米国が押さえている戦略的地点を返還してくれといった」ことを裏付ける史料は、管見の限り存在しない。だが、このダレスの発言は、講和当時の米国が、日本による沖縄防衛の責任負担と引き換えに、その施政権を日本に返還する発想を有していたことを端的に示すものとして注目すべきである。

前章で見たように、米国は、日本が将来的に沖縄防衛を負担することを期待する中で日本に対して沖縄の「潜在主権」の保持を容認し、日本がやがて防衛すべき地理的範囲に沖縄を含める方針を日米安全保障条約第四条に反映させていた。このことに鑑みれば、サンフランシスコ講和会議の場で吉田が、沖縄の「潜在主権」保持の容認に対する謝辞を述べると共に、その施政権が一日も早く日本の下に戻されることを期待する旨の演説を行ったことは[133]、米国に、沖縄防衛の責任負担に対する日本の決意表明として受け止められていたと考えられよう。それゆえ、自国による沖縄防衛の責任負担を試みずに、その施政権の返還を求める日本政府の姿勢は、米国にとって到底許容できるものではなかったのである。ダレスによる先の発言は、そのような講和当時の期待が裏切られたことに対する米国の不満の大きさを物語るものだったのである。

事実、ダレスは、一九五三年一二月に実現した奄美諸島の施政権返還をめぐる米国政府内の議論の中で、沖縄の防衛責任を負担しようとしない日本に対する不満を露わにしていた[134]。例えば、一二月二八日付のアリソン駐日大使宛ての文書においてダレスは、「日本は、アジアの安定のために必要な義務を果たそうともせず、米国から求めてばかりだ」と論じた。

さらに、サンフランシスコ講和会議における吉田の発言を引用した上で、「吉田は、『遠くない将来、世界、特にアジアが安定を回復した際に』、施政権が返還されることを望んでいる。現状が、吉田の望んだ安定の回復に遠く及ばない大きな原因は、日本自身が我々の望む安定の回復に貢献していないことにある」ことを指摘したのだった[135]。このようなダレスの対日不満からは、日本国内の政治対立の存在に加え、沖縄防衛の責任負担を後世の課題として先送りした吉田政権の政治路線が、米国の沖縄政策に決定的な影響を与えていたことが窺える。

要するに日米両国は、日米安全保障条約の締結から二年と経たないうちに、日本による沖縄防衛の責任負担という、同条約第四条で謳われた将来構想の実現を後世の課題とする判断を下していたのだった。そのことは、講和の過程において成立した、日本による沖縄防衛の責任負担によって沖縄米軍基地の整理・縮小が可能になるとの論理の具現化が、少なくとも当面は困難となったことを意味した。つまり、一九五三年半ばの段階で、沖縄米軍基地の整理・縮小の実現が遠のく状況が既に生まれていたのである。

小　括

本章で明らかにしたように、朝鮮戦争の休戦という重要な転機を迎える中で米国は、日本国内の政治情勢から、日本による沖縄防衛の責任負担が困難であると判断し、沖縄米軍基地の使用権限の維持のため、沖縄統治の継続を決定した。一方の日本は、朝鮮戦争の休戦が現実味を帯びる中で、沖縄における信託統治の実施を前提とした占領期以来の構想の修正を図った。しかし、戦後復興の途上においては、日本が沖縄防衛の責任を負担することは困難であるため、その実行を後世の課題として先送りし、米国による沖縄統治の継続を前提とした構想を引き続き抱いた。こうして、日米がともに、日本による沖縄防衛の責任負担という将来構想の具現化を先送りしたことで、沖縄米軍基地の整理・縮小の実現が遠のくという事態が生まれることになったのだった。そこに、「沖縄基地問題の構図」の第二の要素が形成されたのである。この事態の創出過程については、以下の三つの時期区分に基づいてまとめることができる。

第一に、サンフランシスコ講和条約及び日米安全保障条約の発効前後の時期である。サンフランシスコ講和条約及び日米安全保障条約の締結後も米国は、日本に対して防衛力増強要求を行う方針を堅持した。その方針の下で、防衛力増強を日本に要求する役割を担ったリッジウェイ率いる極東軍司令部が沖縄の施政権返還論を支持したことは、国務省にとって、軍事的観点から見ても施政権の返還が可能であることの裏付けとしての意味合いを持った。そこで国務省は、沖縄防衛の責任負担と引き換えに、主権回復後の日本に沖縄の施政権を返還するという構想の実現可能性を模索した。

しかし、主権回復後の日本国内において、改進党を筆頭に在日米軍撤退論が唱えられ始めたことを受けて、米国は、日本の中立化とこれに伴う在日米軍基地の使用制限の可能性を想起するようになった。そのため沖縄米軍基地は、在日米軍基地の使用制限への備えという、対日政策上の新たな役割を担うようになった。沖縄米軍基地は、在日米軍基地の機能を「担保」するという、特殊な役割を担う基地として位置づけられたのである。そこで米国は、沖縄米軍基地の長期保有を改めて決定したが、その一方で、同基地の使用を将来的には日本との間の取り決めによって継続する方針を定めた。この決定は、日本の中立化と在日米軍基地の使用制限の可能性を認識しながらも、当時の米国が、日本による沖縄防衛の責任負担という日米安全保障条約第四条で謳った将来構想の実現を試みていたことを反映するものであった。加えて、軍部が沖縄信託統治構想を放棄したことは、米国政府内において、沖縄の施政権返還の論理が共有される余地が生まれたことを意味した。こうして米国政府にとって、戦後処理問題の一環であった沖縄の施政権返還問題は、日本による沖縄防衛の責任負担という冷戦の論理によって解決されるべき問題に変質したのであった。

第二に、再軍備問題をめぐる日本国内の政治的対立と世論の分裂状況が顕在化した時期である。日本の中立化に対する不安から沖縄米軍基地の対日政策上の重要性が高まる中で、日本が沖縄の施政権返還について働きかけを行わなかったこと、そして日本国内における強い再軍備反対論の存在が顕在化したことを受けて、国務省は構想の見直しを図った。沖縄の施政権返還が日本の中立化の予防につながらない可能性が高いこと、日本による沖縄防衛の責任負担の実現可能性が低いことがその理由であった。結果として国務省は、沖縄の施政権返還を先送りし、沖縄米軍基地の使用権限を維持すべく、沖縄統治を継続すべきであるとの考えを有するようになった。

日本が沖縄の施政権返還について米国に働きかけを行わず、これに消極的であるとの印象を米国に与えた背景として重要であったのは、沖縄における信託統治の実施可能性を依然として想定していたことであった。すなわち、沖縄の「潜在主権」の保持を容認されたとはいえ、朝鮮戦争が継続する最中において米国の軍事戦略上沖縄が重要であることに変わりはないため、信託統治が実施される可能性は引き続き存在するとの理解であった。日本は、当面続くことが予想される米国の沖縄統治に伴い生じる実際的な問題への対処を眼前の課題と位置付けていたため、沖縄の施政権返還に向けた具体的な取り組みに着手しなかったのだった。

第三に、朝鮮戦争の休戦の実現可能性が高まった時期である。トルーマンの後任として大統領の座に就いたアイゼンハワーは、朝鮮戦争の休戦と国防費の削減を政権の重要課題と位置付けた。この方針に基づき国家安全保障政策の見直しを図る中で米国は、日本に対する防衛力増強要求を緩和することを決め、日本による沖縄防衛の責任負担の実現を先送りする判断を下した。そのことは、沖縄防衛の責任を引き続き米国が負わなければならないことを意味したため、米国は沖縄米軍基地の使用権限を維持すべく、自国による沖縄統治の継続を決定したのだった。他方で、朝鮮戦争の休戦の成立を予想するようになった日本は、沖縄における信託統治の実施を前提とする、占領期以来の沖縄構想の見直しを試みた。だが、戦後復興の途上にあったことで、日本は、沖縄防衛の責任を負担することを通して沖縄の施政権を取り戻すという構想を持ち得なかった。そして最終的に、沖縄の施政権返還を米国に要請できないと結論付けた。

こうして、沖縄防衛の責任負担に伴う沖縄基地問題の解決は、後世の課題として先送りされたのだった。そしてここに、米国の施政権下で沖縄米軍基地が拡大するという、沖縄基地問題の特質を作り出す基本的条件が揃ったのである。

終　章　沖縄基地問題の構図

本書は、一九四五年から一九五三年にかけての国際政治情勢の変化と、それに伴う沖縄米軍基地の役割の変遷に着目しながら、沖縄をめぐる日米両政府の構想と交渉過程を考察した。これにより、サンフランシスコ講和条約と日米安全保障条約の締結過程で、沖縄の施政権返還及び米軍基地の整理・縮小を可能にする論理が形成されていたことを論じた。しかしながら講和後はその論理が後退し、沖縄の施政権返還及び沖縄米軍基地の整理・縮小は後世の課題として先送りされる結果となっていたことを明らかにした。そしてこのことから、沖縄米軍基地の固定化が、日米両政府の間で当初から想定されていたわけではなく、基地の行方はむしろ流動的な状況にあったという点に、沖縄米軍基地の起源を見出した。

以下では、まず沖縄の領土主権及び米軍基地をめぐる日米の対応を確認する。その上で、沖縄の施政権返還及び米軍基地の整理・縮小を可能にする論理の形成とその後退の過程をまとめる。そして最後に、本書の分析対象時期以降における同論理の持つ意味を仮説的に述べ、本書を締めくくることとしたい。

一　沖縄米軍基地の起源——米国の論理

沖縄戦を契機に米国が沖縄に米軍基地を設けた当初の目的は、戦後の日本を監視するという保障占領の拠点を築くためであった。米ソ協調主義に基づく連合国の戦後国際秩序構想において米国は、安定勢力としての中国の創出とともに、日本の徹底的な非軍事化によって、戦後アジアの秩序安定を試みた。そこで重要視されたのが沖縄だった。米国は、米国をはじめ周辺諸国にとって日本が二度と脅威にならないよう、沖縄から武装解除後の日本を監督することで日本の非軍事化を確実に実現しようと考えていた。当初沖縄米軍基地は、こうして保障占領の重要拠点という対日政策上の役割を担う基地として意義付けられたのである。

米国政府内では、既に太平洋戦争中から、保障占領の拠点としての沖縄が重要であることについての理解が共有されていた。しかしながら、沖縄米軍基地の管理権を如何なる形式で確保すべきかについては、一九四五年七月にポツダム会談が開催された段階において方針が明確に定まらなかったため、沖縄の領土主権の処遇に関する決定を先送りした。ポツダム宣言の領土条項において戦後の沖縄の帰属先が明記されなかったのは、ポツダム宣言作成の時点で、米国が沖縄の処遇に関して具体案を保持していなかったからであった。そのため、沖縄の領土主権問題は戦後処理問題の一環となったのである。

もっとも米軍部は、沖縄米軍基地を維持すべく、日本との講和後の沖縄を国連憲章上の戦略的信託統治地域として排他的に統治する構想を終戦後間もない時期から抱き始めた。ＧＨＱが、一九四六年一月に沖縄を日本から行政的に分離する措置をとったのは、米軍部による沖縄信託統治構想の存在を背景としていた。

しかし、欧州において冷戦が発生すると、沖縄米軍基地は新たな役割を担うようになった。対ソ戦略の一環としての日本の対外防衛のための役割である。一九四七年六月に発表された「マーシャル・プラン」への参加をめぐり、米ソ協調関係の崩壊は決定的となった。そこで米国は、ケナンを中心に新たな対日政策を策定する過程で、沖縄米軍基地が日本の対外防衛のための役割を果たすべきだと考えるようになった。

ケナンは、米ソ関係の崩壊と欧州における冷戦の発生という新たな情勢への対応として、日本の徹底した弱体化と非軍事化を追求していたそれまでの対日政策の修正を図る中で、沖縄米軍基地の長期保有の必要性を説いた。警戒すべきはソ連が日本国内にもたらす政治的・心理的脅威であり、その軍事的脅威は差し迫ったものではないと理解するケナンにとって、喫緊の課題は日本国内の政治経済的安定化であった。

ケナンは、保障占領の拠点として軍部を中心に講和後の存続が見込まれていた沖縄米軍基地をもってすれば日本の対外防衛は十分であると考えた。また、米軍部が唱えていた国連憲章の信託統治制度の利用による沖縄統治の追求は、米ソ対立の状況下では現実的でないというのがケナンの判断であった。ケナンは、沖縄の現地住民が対外防衛能力を有さない以上、現に沖縄を統治している米国が沖縄防衛の責任を負うべく沖縄米軍基地を保持することには十分な正当性があるため、国際機関に依拠せずとも、同基地の長期的保有と沖縄統治の継続は十分可能であると考えていた。

以上を内容とするケナンの提言に基づき、米国は、一九四九年五月付のＮＳＣ１３／３において沖縄米軍基地の長期保有を決定した。その一方で、沖縄の領土主権の帰属先についての具体的な検討を先送りしたが、その判断は、沖縄の領土主権を日本から剝奪することを所与としたものだった。

そうした中、一九五〇年六月に朝鮮戦争が勃発すると、沖縄米軍基地の役割に関連した三つの変化が起こった。第一に、朝鮮戦争の作戦支援基地としての役割である。戦後米国の朝鮮戦争政策は、ソ連との不用意な衝突を回避しようとする政策的配慮の下に立案されていた。そのため米国は、アジアにおける不後退防衛線を設定した際にそこから朝鮮半島を除外し、韓国の防衛に直接関与しない方針を示していた。だが、アジアにおける共産主義勢力の影響力の拡大に対する危機意識を高める中で朝鮮戦争が起きたことで、米国は朝鮮戦争への参戦を即座に決め、韓国防衛に関与する方針に転じた。これにより、沖縄米軍基地は朝鮮戦線に対する作戦支援基地としての役割を新たに担うようになったのである。

第二に、保障占領の拠点という対日政策上の役目の終了である。それは、米国の対日政策が、非軍事化の徹底から再軍備の追求へと転換したことに伴う変化であった。米国政府内では朝鮮戦争以前から、対ソ危機意識の高まりに伴い日本の再軍備の可能性を模索する動きが存在していたが、軍部と国務省の見解の相異から、これが対日政策に反映されることはなかった。しかし、朝鮮戦争の勃発を受けて、米国は日本に再軍備させる方針を固め、その具体的措置として警察予備隊の創設を日本に対して指示した。確かに、欧州における冷戦の発生に伴い、日本国内の政治的経済的な安定化を優先させる対日政策が採られる中で、米国は日本を非軍事化するという試みを後退させていた。だが、その最中に起きた朝鮮戦争は、米国に、非軍事化の徹底という対日方針を名実ともに放棄させることとなったのである。そしてそのことは、非軍事化を目的に、沖縄米軍基地から日本を監視する必要がなくなったことを意味した。沖縄米軍基地は、保障占領の拠点という対日政策上の役目を終えるとともに、当初の設置目的を失うこととなったのである。

沖縄米軍基地に以上のような役割の変化が起きていた中で、朝鮮戦争に中国が参戦したことは、沖縄の領土主権をめぐる米国の判断に決定的な影響を与えることになった。米国は、一時は沖縄の領土主権を日本から剝奪することを企図したが、朝鮮戦争への中国の参戦を契機に、これを日本に残すことを具体的に検討するようになったのである。

沖縄米軍基地の役割に関連した変化として第三に、沖縄防衛の責任負担を日本に求める発想の萌芽である。朝鮮戦争が勃発し、これに中国が参戦したことは、沖縄の領土主権を日本から剝奪する方針に傾き始めていた米国の考えを一変させる契機となった。朝鮮戦争勃発後、日本を自由主義陣営の一員として確保することが肝要であるとの認識を抱くようになったダレスら国務省関係者にとって、沖縄の領土主権を剝奪することで日本国内における反米感情が高まることは回避すべき事態であった。

そのような理解を有していた国務省が、朝鮮戦争への中国の参戦とこれに伴う戦況の悪化という状況への対処法として編み出したのが、沖縄の防衛責任の負担を日本に求めるという発想であった。朝鮮戦争に中国が参戦したことで、日本の防衛力強化の早期実現が不可欠であるという問題意識を軍部同様に持つようになった国務省は、講和後の日本がいずれ沖縄防衛の責任を負担することを前提とし、沖縄を日本の主権下に残そうと試み始めたのだった。つまり、対日政策を非軍事化の徹底から再軍備の追求へと転換させたことで、沖縄米軍基地を保障占領の拠点という設置当初の目的通りに利用する必要がなくなったことは、米国に日本を沖縄防衛に関与させる発想をもたらすことになっていたのである。

二　沖縄米軍基地の起源──日本の対応

当初日本にとって沖縄米軍基地は、沖縄の領土主権の行方を左右する問題と受け止められた。ポツダム宣言の領土条項において沖縄の帰属先が明記されなかったため、日本はその領土主権を講和後も維持するべく、終戦後間もない時期から講和問題の一環として対策に乗り出した。その沖縄の領土主権の確保を目的に始められた対策の検討過程で日本が注目したのが、沖縄米軍基地の役割であった。終戦直後から米国が、講和後も沖縄米軍基地を保有する方針を示していたため、沖縄の領土主権の帰属先決定には同基地が担う政策上の役割が影響すると見込んだのである。

終戦直後の日本は、保障占領の役割を果たす沖縄米軍基地の受け入れを自国に課された義務と捉えながらも、沖縄の領土主権は講和後も保持できるものと考えていた。ポツダム宣言や、米国を中心とする連合国の占領初期の対日政策から、非軍事化の達成が講和の絶対条件であると推察した日本は、武装解除とともに保障占領の受け入れを履行すべき義務と位置付けた。

そうした中で、終戦直後から米国が沖縄米軍基地の維持を主張し始めていたことは、同基地が保障占領の拠点としての役割を担っているとの理解を日本にもたらした。そこで日本は、沖縄米軍基地の受け入れを講和のための所与の条件と捉えた。もっとも、戦時中以来連合国が領土不拡大の原則を謳っていたこと、及び保障占領に伴う限りにおいて主権の制限を受ければ良いとの判断に基づき、講和後の沖縄は当然日本に帰属するはずであるというのが、終戦直後の日本の想定だった。

しかしながら、一九四六年一月に沖縄が日本の行政権の及ばない地域とされ、さらに三月になり憲法九条が発表されたことで、連合国が徹底した非武装化を追求する方針であることを察知した日本は、自国が沖縄の領土主権を喪失する可能性を懸念するようになった。そして、保障占領の重要拠点である沖縄米軍基地の存在を理由に、講和後の沖縄が国連憲章に基づき米国による信託統治の下に置かれる可能性が高いことを予想するようになった。ここで生まれた、講和後の沖縄において信託統治が実施されることを想定する日本の発想は、結果として朝鮮戦争の休戦成立の実現可能性が高まる時期まで維持されることになった。そして、沖縄における信託統治の実施可能性を予想し始める中で編み出されたのが、連合国との駐留協定を締結することだった。それは、沖縄における駐留軍の権限が保障占領の範囲を越えないことを明確化し、沖縄の領土主権までもが剝奪されることを防ぐという構想だった。

しかし、冷戦が始まり沖縄米軍基地に日本の対外防衛上の役割が加わったことは、日本に沖縄の領土主権を喪失する可能性が一層高まったことを想起させた。「マーシャル・プラン」をめぐり米ソ協調関係の衰退が決定的になったことを契機に、米国が日本の非軍事化よりも対ソ戦略の一環として日本の安全にその政策的関心を移しつつあること、そして沖縄米軍基地には保障占領の拠点としてのみならず、対ソ戦略上の役割が期待されていることは、米国関係者との会談を通じて日本の知るところとなった。

そこで日本は、一九四七年九月付の「芦田書簡」に象徴されるように、沖縄米軍基地を中心拠点とする米軍の駐留に依拠した安全保障を構想するようになった。しかし、沖縄米軍基地が保障占領の拠点とともに、対ソ戦略上の一環としての役割を担うようになったことは、日本が沖縄の領土主権を喪失する蓋然性の高まりを意味した。それゆえ、引き続き非軍事化の達成を講和のための所与の条件と捉えていた日本は、沖縄が米国の信託統治領になることは確実であるとの認識を抱くようになった。そうした中で一九四九年九月にソ連の原爆保有が発覚し、一〇月に共産党政府による中華人民共和国が樹立してから間もなく、一九五〇年一月に米国が「アチソン宣言」上でアジアにおける不後退防衛線の一角に沖縄を指定し、さらに沖縄米軍基地の拡大化を図ったことは、日本にとって自らの推論が正しいことを感じさせる出来事となった。

もっとも、一九四八年一〇月から再び首相となっていた吉田茂は、非武装化の維持が講和の絶対条件となっている以上、憲法九条を抱えた日本が自衛することは困難であるため、講和後の米軍基地は沖縄のみならず日本本土にも残ることを想定した。この吉田の方針は、講和後の日本本土における米軍基地の存続を追求し始めていた米国の政策決定過程に重要な影響を与えた。こうして日米は、講和に際して安全保障条約を締結し、同盟関係を築く方向へと進み始めたのであった。

日本本土における米軍基地の存続は、講和後の安全保障のあり方を構想するにあたり、日本に沖縄と本土における米軍基地の役割を同一視する発想を抱かせた。その中で再び浮上したのが、米軍基地の存続を念頭においた駐留協定構想であった。ただし、沖縄と日本本土の米軍基地が、ともに対ソ戦略上の一環として日本の安全保障のための役割を担うようになったことで、日本の駐留協定構想では、米軍基地の存続に伴う主権制限を限定するだけでなく、国内世論への配慮が重視されていた。それは、保障占領の拠点としての役割を担う沖縄米軍基地の存続のみを前提として作られた占領初期の駐留協定構想からの大きな変化であった。日本の安全保障構想には、沖縄と本土の米軍基地に依拠することで、講和後の安全を確保するという、戦後日本の安全保障政策の基本的論理が包含されるようになったのである。

以上のような日本の構想を一変させたのが、一九五〇年六月に勃発した朝鮮戦争だった。朝鮮戦争を契機に米国が一転して日本に対して再軍備を求めるようになったことは、日本に駐留する米軍基地が武装解除後の日本を監視するという役目を負う必要がなくなったことを意味した。そのため日本は、沖縄米軍基地の使用権限の維持のために米国が信託統治を沖縄において実施する場合でも、その目的は専ら日本の安全保障との関係にあるため、信託統治終了後に沖縄の領土主権を確保し得る可能性を見込むようになった。

ただし、朝鮮戦争に中国が参戦したことで戦況が悪化すると、日本は沖縄における信託統治の実施自体は免れ得ないとの判断するようになった。そこで、信託統治終了後に沖縄の施政権が日本に委譲されることの保証を米国から獲得することを企図するようになった。米国が沖縄において信託統治の実施を試みる目的は、日本の安全保障という対中ソ戦略上の必要に基づき、沖縄米軍基地を排他的に管理する必要があるため、その必要がなくなり次第、米国による沖縄の信託統治は終了を迎えるはずであるとの推察に依拠した試みであった。そこには、問題を米国との二国間で処理する方法をとることで、より確実に沖縄の領土主権を確保するとの狙いが存在した。

以上のように、講和の準備過程において、沖縄の領土主権と米軍基地をめぐる日米両政府の論理は当然ながら異なったものであった。しかしながら、講和と安全保障に関する日米の会談と交渉の過程で、日本が再軍備に着手する姿勢を見せたことにより、日米の将来構想の中に沖縄の施政権返還及び米軍基地の整理・縮小を可能にする論理が内在化することとなった。

三　サンフランシスコ講和と沖縄基地問題

講和条約締結に向けて一九五一年一月末から開かれた吉田とダレスによる日米会談は、日本にとっては、沖縄が米国による信託統治の下に置かれる可能性を残したまま、領土主権を放棄せざるを得ないという現実に直面する場となった。長期にわたる基地の租借を定めた米英間の取り決めに倣った「バミューダ方式による租借」という吉田の提案も峻拒された。

しかしながら、日本の防衛力強化の早期実現を企図していた米国にとって、日米会談における最重要課題は、日本から防衛努力の言質を得ることであった。再軍備を拒否する「建前」を堅持することで講和が頓挫することを懸念した日本が「再軍備計画のための当初措置」を提出したことを受けて、米国は日本から防衛力増強の確約を得たと判断した。日本による「再軍備計画のための当初措置」の提出は、米国への迎合的な対応ではあったものの、それは日本が憲法九条を維持した状態での再軍備を選択したことを意味した。

日本が防衛力増強の第一段階の実行を確約したことは、日本の沖縄防衛の責任負担と沖縄の施政権返還を関連付ける発想を抱いていたダレスら国務省関係者が、日本に対して沖縄の「潜在主権」の保持を認めることが可能な講和条約草案を作成する契機となった。ダレスは、構想を実現すべく軍部の説得を試み、最終的に軍部から了承を得ることに成功した。米国にとって日本への「潜在主権」の容認は、防衛力増強の確約により日本が沖縄の防衛責任を負担する第一歩を踏み出したことに対する見返りとしての意味を持つ決定であった。米国は、日本に対して沖縄の「潜在主権」を認めつつも、沖縄における信託統治の実施可能性を残す形で、サンフランシスコ講和条約の領土条項を成立させたのだった。こうして、講和後の日米間には沖縄の施政権返還問題が残されることとなったのである。

一方、安全保障条約の立案過程において沖縄問題との関連で重要だったのは、条約の効力終了の条件を記した第四条が定められたことであった。そこには、安全保障をめぐる日米の将来構想が反映されていた。つまり、講和の際に締結する安全保障条約を暫定的な条約と位置付けていた日米は、日本が再軍備をした後に相互防衛条約を締結することを想定していたのである。そこで相互防衛条約締結の条件として安全保障条約案第四条に記されたのが、日本が再軍備をし、「日本区域」の防衛責任を負担することであった。その際に、講和条約の立案過程で日本に沖縄の「潜在主権」の保持が認められていたことで、日本がいずれ防衛責任を負うべき「日本区域」に沖縄が含められることになった。

以上の結果、沖縄をめぐる日米の将来構想の中に、沖縄米軍基地の整理・縮小を可能にする論理が生まれた。日本が米国と相互防衛条約を締結し得るほどの軍事力を保持し、沖縄防衛の責任を負担できるようになれば、その分、沖縄における米軍基地の存続の必要性は失われ、基地を整理・縮小することが可能になるとの論理であった。日米安全保障条約がサンフランシスコ講和条約と同日の一九五一年九月八日に締結されたことで、日本には将来的に沖縄防衛を負担する責任が生まれたのである。実際に国務省は、少なくとも一九五二年半ばまで、沖縄防衛の責任負担と引き換えに日本に施政権を返還するという構想の実現可能性を引き続き模索した。

これに対して統合参謀本部は、米国が引き続き沖縄の施政権を保持する必要性を唱えた。統合参謀本部の主張の根拠となっていたのが、主権回復後の日本の敵国化あるいは中立化の可能性であった。もっとも統合参謀本部は、サンフランシスコ講和条約及び日米安全保障条約の発効を目前に控える中で、一九五一年一月には終戦以来抱き続けていた沖縄信託統治構想を放棄するに至った。沖縄米軍基地の排他的管理権の維持を実現するための手段として、国連憲章上の信託統治制度はもはや有効でないとの理由に基づく決断であった。

だが、それでも沖縄の施政権は日本に返還すべきでないというのが統合参謀本部の見解であった。間近に迫っていた日本の主権回復は、統合参謀本部にとって在日米軍基地に関する米国の裁量権が狭まる事態だったため、そこに基地の使用権限をめぐる不安が生まれていたのである。沖縄米軍基地が朝鮮戦線に対する作戦支援基地としての役割を担っている最中に沖縄の施政権を返還、もしくは日本と共有することは、在日米軍基地のみならず沖縄米軍基地に対する米国の使用権限までもが制限されるという危機的状況が到来することを意味した。それゆえ統合参謀本部は、沖縄米軍基地の使用権限の維持のために、日本に沖縄の「潜在主権」の保持を容認しつつも、極東に安定が創出されるまでは米国が沖縄の施政権を行使し続けるという現状の形式が沖縄の処遇法として最善であると考えたのである。加えて、サンフランシスコ講和条約及び日米安全保障条約と同日に発効した日米行政協定において、有事の際の在日米軍基地の自由使用が認められなかったことで、統合参謀本部の以上の立場は確固たるものになった。

当初は軍部を中心に抱かれていた同盟国日本の中立化に対する不安は、次第に米国政府内で共有されていった。そしてその不安の高まりは、沖縄米軍基地に対日政策上の新たな役割をもたらした。本土における在日米軍基地の使用制限への備えとしての役割である。安全保障問題をめぐる日本国内の政治対立の存在を背景に、米国は、在日米軍基地が使用制限を受けるという事態に備えるべく、日本に沖縄の「潜在主権」を認めながらも沖縄米軍基地を長期的に保有する方針を、一九五二年八月付のＮＳＣ１２５／２で改めて決定したのである。

こうして沖縄が日米安全保障条約の適用範囲外とされる一方で、沖縄米軍基地は在日米軍基地の機能を「担保」するという特殊な役割を担い始めた。ここに、在日米軍基地問題とは異なる、沖縄基地問題の特殊性の要因が生じることとなったのである。

主権回復後の日本国内には、吉田政権の「経済中心主義路線」を軸に政治路線が左右に分裂するという政治構造が生まれていた。その根源は、将来的な再軍備を想定しながらも、戦後復興のために早期の再軍備を回避すべく、憲法九条と日米安全保障条約を併存させた吉田政権の選択にあった。左の「社会民主主義路線」を追求する社会党を中心とした勢力は、反米・反体制という理念を掲げた。憲法九条の堅持を主張し、米国の要求に応じて再軍備に着手するという吉田政権の迎合的な対応を批判した。他方で、改憲の上で早期に自衛力を保有することを重視していた右の「伝統的国家主義路線」を指向する政治勢力は、吉田政権の選択を向米一辺倒であると批判した。そこで吉田政権に対する批判の一環として改進党を中心に唱えられ始めたのが、在日米軍撤退論であった。憲法九条を改正し、自衛軍を創設することで米軍の撤退を実現し、在日米軍基地問題の解決を図るという構想だった。

沖縄米軍基地を長期保有するという米国政府の方針が再確認されたことには、この「伝統的国家主義路線」を指向する政治勢力が唱えた在日米軍基地撤退論の存在が影響していた。主権回復後の日本国内で在日米軍基地撤退論が唱え始められたことで、在日米軍基地の使用制限の可能性に対する不安が米国政府内で共有されるようになったのである。

もっとも、在日米軍撤退論が萌芽した時期の米国は、不安を抱えながらも、日米安全保障条約第四条で謳った将来構想の実現を試みていた。沖縄米軍基地の長期保有を再決定すると同時に、同基地の使用を将来的には日本との間の取り決めによって継続する方針を定めたのである。既に軍部が沖縄信託統治構想を放棄していた中で、沖縄米軍基地を長期保持するための手段として、信託統治の実施ではなく、日本との間に何らかの取り決めを用いる方針を固めたことは、事実上の信託統治不実施の決定に他ならなかった。

しかしながらこの米国の決断により、沖縄施政権返還問題の構造はねじれを起こした。米国の戦後アジア構想の中で、日本を非軍事化させることが指向される中で生まれた沖縄の領土主権問題は、日本の再軍備の実行によって解決される問題へとその性質を変化させたのである。つまり米国にとって、戦後処理の一環であった沖縄の施政権返還問題は、冷戦の論理により解決を図られる、ねじれた構造を持つ問題となったのだった。沖縄の施政権返還と沖縄米軍基地の整理・縮小は、こうして日本の再軍備の進展具合にその実現可能性が委ねられることとなった。

だが、以上のような問題の構造は、米国の政策論理から成るものであった。日本がその条件を充たし、沖縄の施政権返還及び米軍基地の整理・縮小を可能とする論理を顕在化させることは、一九五〇年代初期の時点で現実的にはそもそも困難であった。

四　先送りされた沖縄米軍基地の整理・縮小

主権回復後の日本において初めて行われた一九五二年一〇月の総選挙で、「社会民主主義路線」を指向していた社会党が躍進したこと、これにより世論における強い再軍備反対論の存在が顕在化したことで、沖縄の施政権返還の実現可能性を模索するという米国の構想の棚上げは決定的となった。「伝統的国家主義」を動機とする在日米軍基地撤退論とは異なった意味で、総選挙の結果は、日本による沖縄防衛の責任負担と引き換えに、沖縄の施政権返還を返還するという構想の実現可能性が低いことを米国に知らしめることになった。日本の中立化と、その際に起き得る在日米軍基地の使用制限という事態に対する危機意識を抱く中で明らかとなった強い再軍備反対論の存在は、米国にとって、日本による沖縄防衛の責任負担が困難であること、そしてそれゆえに現況の沖縄米軍基地の使用権限を維持することが重要であることを確信する判断材料となったのであった。

ここに、沖縄問題が、憲法九条と日米安全保障条約を併存させた吉田の政治路線の負の側面を持つ問題となっていたことが明らかとなる。吉田政権の「経済中心主義路線」を軸にして、政治路線が右の「伝統的国家主義路線」と左の「社会民主主義路線」に分裂した日本国内の政治構造は、米国の沖縄政策の立案過程に決定的な影響を与えていたのである。

一九五三年初頭に、朝鮮戦争の終結と国防費の削減を大統領選の公約としていたアイゼンハワーが大統領に就任したことにより、米国国内では休戦の気運が高まった。その一方で、スターリンが死去したことにより、一年半余り断続的に行われていた休戦交渉の妥結がようやく現実味を帯びるようになった。朝鮮戦争の休戦は、それまで朝鮮戦線の作戦支援基地としての役割を果たしていた沖縄米軍基地が後方支援基地となり、米国にとっての沖縄の軍事的必要性が少なからず低下する状況が到来することを意味した。

しかし同時に、日本による防衛力増強への期待値を下げつつ国防予算の削減に取り組むアイゼンハワー政権にとって、在日米軍基地の使用制限への備えという沖縄米軍基地の対日政策上の役割の重要性は一層高まっていた。米国は、日本が自衛力を備える時期に遅れが出ることを見込み、沖縄防衛の責任を負担することは当面困難であると判断した。したがって米国は、ＭＳＡ援助をめぐる日米の事前交渉の過程において、日本に対して援助の条件に沖縄防衛の責任負担を含めることはなかった。それは、日米安全保障条約第四条に反映された、日本による沖縄防衛の責任負担という将来構想の具現化をその時点で既に見送っていたことのあらわれであった。そして米国は、沖縄米軍基地の使用権限を維持すべく、一九五三年六月付のNSC125/6において自国による沖縄統治の継続を決定したのだった。

朝鮮戦争の休戦の実現を控えた一九五三年六月に、沖縄における信託統治の不実施を見込むようになった日本が練り上げた沖縄構想は、沖縄米軍基地の長期存続を前提とするものであった。そもそも当時の日本にとって、沖縄防衛の責任負担は当面不可能な課題であった。それゆえ、米国による沖縄統治の継続を所与とする一方で、沖縄の施政権返還の実現が確実になるよう働き掛けを行うというのが、日本の編み出した対処方針だった。本格的な防衛力増強を先送りする方針と同様の文脈の下で、結果として沖縄防衛の責任負担は先送りされることとなっていたのだった。当時の首相吉田茂にとって、沖縄防衛の責任負担という課題の実現はあくまでも将来の問題であり、青写真もなかったというのがその実態であったと思われる。

以上のように、一九五三年半ばの時点で日米がともに、日本による沖縄防衛の責任負担という将来構想の具現化を先送りしたことで、沖縄米軍基地の整理・縮小の実現が遠のくという沖縄基地問題の構図が確定した。こうして、沖縄が米国の施政権下に残され、そこにおける基地問題の解決は後世の課題となったのである。それは、日米両政府の政策論理の齟齬が生み出した結果であった。

沖縄の施政権返還は、その後一九七二年に実現する。[1] その際に重要だったのは、日本が、米国とともに東アジアの安全保障についての責任を共有できるようになったことだった。ただし、日本が負うことになったのは、あくまでも憲法九条の範囲で可能な責任だった。憲法九条を維持する日本が米国に基地を提供し、米国が日本に安全を提供するという、当初は暫定的とされていた日米の安全保障関係が、一九六〇年の安保改定により確立したからであった。[2]
一九五一年時点で日米両政府の間で想定されていた、日本の憲法改正を伴う相互防衛条約の締結の実現には至らなかったのである。一九五六年の『経済白書』において、「もはや戦後ではない」と謳われるほどにまで日本経済が復興を遂げたにもかかわらず、その後の歴代の日本の指導者たちは、本格的な再軍備を先送りするという吉田の選択を踏襲する判断を下した。その結果、一九五〇年代半ば以降、日本本土の米軍基地の整理・縮小が進んだ一方で、その整理・縮小によって失われた機能を「担保」するという特殊な役割を担うことになった沖縄米軍基地は、米国の施政権下で拡大していった。その状態で沖縄は、日本の施政権下に返還され、そして日米安全保障条約の適用範囲に含められた。こうして沖縄は、日本が米国に提供すべき基地の多くを今日まで負担し、日米安保体制を下支えし続けているのである。

普天間基地移設をはじめとする沖縄基地問題が、長年にわたり政治的、社会的、そして外交的懸案事項となり、論議が盛んに行われている。このような時期だからこそ、沖縄米軍基地の起源と日米両政府の構想と交渉の原点を今一度確認し、問題が解決されづらいことの背景を再検証する作業が重要であるように思われる。本書は、そうした検証作業の一環である。

注

【序　章　問題の所在と分析視角】

（1）日米の外交文書においては、「琉球列島」「沖縄」「南西諸島」「北緯三〇度以南の南西諸島」「北部琉球を含む琉球諸島」など様々な名称が使われ、それが指す地域は現在の「沖縄県」とは必ずしも一致しないが、便宜上、本書では引用部分を除き名称を「沖縄」に統一する。ただし、結果として施政権返還時期が異なった、鹿児島県「奄美諸島」関連の議論を主に扱う際には、「沖縄」と「奄美諸島」を区別することとする。名称の用い方については、我部政明『戦後日米関係と安全保障』（吉川弘文館、二〇〇七年）一八—一九頁参照。

また、本書において「日本本土」という場合、一九四五年八月に日本が受諾した「ポツダム宣言」第八項の領土条項において、講和後の日本の主権下に残されることが保証された「本州、北海道、九州及四国」を指すこととする。「ポツダム宣言」については、岩澤雄司他編『国際条約集』（有斐閣、二〇一七年）八五八—八五九頁参照。

（2）沖縄にある米軍基地に関連する諸問題が、日米両政府間の外交問題、日本政府と沖縄県の行政問題、沖縄県内の政策決定過程の三つのレベルから成っていることを指摘し、レベルごとの争点、およびアクター間の対立と妥協の過程を検証したものとして、上杉勇司・昇亜美子「『沖縄問題』の構造——三つのレベルと紛争解決の視角からの分析」『国際政治』第一二〇号（有斐閣、二〇一二年）一七〇—一九四頁参照。沖縄に米軍基地が存在することに起因する問題を包括的に扱った文献として、前田哲男・林博史・我部政明編『〈沖縄〉基地問題を知る事典』（吉川弘文館、二〇一三年）参照。一九九五年九月に起きた少女暴行事件を契機に沖縄で反基地感情が高まったことを受けて、同年一一月に基地の整理縮小を目指し、日米間に「沖縄における施設及び区域に関する特別行動委員会（Special Action Committee on Okinawa: SACO）」が設置されたように、基地に起因する犯罪や事故が発生した場合、基地への対応の必要が日米間の政治問題となる。米軍基地に起因する犯罪や事故などの発生が当該国の社会における反基地感情を高め、政府が基地の存在を対米間で政治問題化させる必要に迫られることを指摘したものとして、ケント・E・カルダー（武井楊一訳）『米軍再編の政治学——駐留米軍と海外基地のゆくえ』（日本経済新聞出版社、二〇〇八年）一三四—一四二頁参照。

（3）一九五二年四月二八日のサンフランシスコ講和条約及び日米安全保障条約の発効時点では、米軍基地の九〇％近くが日本本土に存在したが、二〇一五年時点では、在日米軍専用施設の約七四％が、全国面積に占める割合が〇・六％の沖縄県に集中している。日本本土と沖縄における基地の概況については、防衛省・自衛隊「在日米軍基地施設・区域の状況」（http://www.mod.go.jp/j/approach/zaibeigun/us_sisetsu/index.html）、及び沖縄県「沖縄の米軍及び自衛隊基地（統計資料集）平成二七年三月」（http://www.pref.okinawa.lg.jp/site/chijiko/kichitai/documents/02kitinogaikyou01soukatu.pdf）参照、双方ともに二〇一八年一月一三日最終アクセス。

（4）本書で「在日米軍基地問題」という場合、一九五二年四月二八日のサンフランシスコ講和条約発効時点で日本の施政権下にあった、沖縄県以外の地域に米軍基地があることに由来する政府レベルの外交問題を指すこととする。

（5）講和後初期の在日米軍基地問題と、当時の保守系政治勢力によって唱えられた自主防衛論との関連性を指摘したものとして、佐道明広『戦後日本の防衛と政治』（吉川弘文館、二〇〇三年）一五―二〇頁参照。また、一九五〇年代において、日本国内における反米・反基地感情の存在が、米国政府内に日本の中立化に対する不安を生み出し、その不安が対日政策に反映されていたことを指摘したものとして、池田慎太郎『日米同盟の政治史――アリソン駐日大使と「一九五五年体制」の成立』（国際書院、二〇〇四年）、中島信吾『戦後日本の防衛政策――「吉田路線」をめぐる政治・外交・軍事』（慶應義塾大学出版会、二〇〇六年）第五章、吉田真吾『日米同盟の制度化――発展と深化の歴史過程』（名古屋大学出版会、二〇一二年）第一章参照。沖縄に大規模な米軍基地が存続する一方で、沖縄の施政権が日本に返還されるまでの間に大部分の在日米軍基地が整理・縮小されていった様子を描いたものとして、NHK取材班『基地はなぜ沖縄に集中しているのか』（NHK出版、二〇一一年）参照。

（6）『朝日新聞』一九五二年七月二七日朝刊。

（7）日米行政協定の締結過程については、明田川融『日米行政協定の政治史――日米地位協定研究序説』（法政大学出版会、一九九九年）第一章―第三章参照。

（8）『朝日新聞』一九五二年七月二六日朝刊。

（9）『朝日新聞』一九五二年一一月二六日朝刊、同一一月二八日朝刊。この当時の在日米軍基地問題については、猪俣浩三他編『基地日本――うしなわれていく祖国のすがた』（和光社、一九五三年）参照。

（10）佐道『戦後日本の防衛と政治』一六頁。

（11）ジラード事件を契機として、米国が、日本本土に駐留していた米第三海兵師団の沖縄移駐の実行を決定していたことを指摘したものとして、山本章子「極東米軍再編と海兵隊の沖縄移転」『国際安全保障』第四三巻二号（二〇一五年九月）七六―九〇頁参照。その後米国は、米地上戦闘部隊を日本本土から撤退させ、地上軍を沖縄と韓国に移駐させた。極東米軍再編と在日米軍兵力の沖縄と韓国への移転については、李鍾元『東アジア冷戦と韓米日関係』（東京大学出版会、一九九六年）第一章参照。結果として、一九七二年に沖縄の施政権返還が実現する頃になると、日本国内に存在する米軍基地全体に占める在日米軍基地と沖縄米軍基地の割合は逆転することになっていた（NHK取材班『基地はなぜ沖縄に集中しているのか』五六頁）。

(12) 沖縄米軍基地の拡大化とこれに伴う軍用地問題については、明田川融『沖縄基地問題の歴史――非武の島、戦の島』（みすず書房、二〇〇八年）第四章、平良好利『戦後沖縄と米軍基地――「受容」と「拒絶」のはざまで　一九四五～一九七二年』（法政大学出版局、二〇一二年）第三章参照。米軍基地が沖縄社会にもたらした影響については、鳥山淳『沖縄――基地社会の起源と相克　一九四五―一九五六』（勁草書房、二〇一三年）参照。一九四九年末時点において約一万七〇〇〇ヘクタールあった沖縄米軍基地は、施政権返還時には、二万八〇〇〇ヘクタールまで拡大した。朝日新聞安全保障問題調査会編『アメリカ戦略下の沖縄』（朝日新聞社、一九六七年）四九頁、平良『戦後沖縄と米軍基地』四九頁、沖縄県総務部知事公室『沖縄の米軍及び自衛隊基地（二〇一七年三月）』（www.pref.okinawa.jp/site/chijiko/kichitai/h293toukeisiryou.html）、（二〇一八年一月一三日最終アクセス）参照。

(13) 平良『戦後沖縄と米軍基地』三〇九―三一〇頁。

(14) 「物と人との協力」としての日米安全保障条約については、西村熊雄『サンフランシスコ平和条約・日米安保条約』（中央公論社、一九九九年）。日米安全保障条約の暫定性に着目した議論として、坂元一哉『日米同盟の絆――安保条約と相互性の模索』（有斐閣、二〇〇〇年）四九頁、西村『サンフランシスコ平和条約・日米安保条約』四五―五一頁参照。

(15) 宮里政玄『アメリカの対外政策決定過程』（三一書房、一九八一年）、同『アメリカの沖縄政策』（ニライ社、一九八六年）。

(16) 河野康子『沖縄返還をめぐる政治と外交――日米関係史の文脈』（東京大学出版会、一九九四年）、第一章―第三章。もっとも、河野以前にも渡辺昭夫が、米国による「潜在主権」容認の決定には同盟国となる日本への政治的配慮が影響していたことを指摘していたものの、それは日米の外交文書の公開が進む前に示された、史料上の制約がある中での見解であった。渡辺昭夫『戦後日本の政治と外交――沖縄問題をめぐる政治過程』（福村出版、一九七〇年）第一章。

(17) ロバート・D・エルドリッヂ『沖縄問題の起源――戦後日米関係における沖縄　一九四五―一九五二』（名古屋大学出版会、二〇〇三年）。冷戦期の沖縄米軍基地が、対日封じ込めと対ソ封じ込めという二重の役割を担っていたことに着目し、沖縄の施政権を日本に返還するまでの米国の沖縄政策を検証したものとして、Nicholas E. Sarantakes, *Keystone: The American Oation of Okinawa and U.S.-Japanese Relations* (Texas A&M University Press, 2000), Chapter 1- Chapter 4. ただし、Sarantakes も、戦後初期の米国の沖縄については、河野やエルドリッヂと同様の見解を有している。

（18）宮里政玄『日米関係と沖縄　一九四五―一九七二年』（岩波書店、二〇〇〇年）第一章―第三章。
（19）米国が日本に沖縄の「潜在主権」保持を容認した要因とその背景について、先行研究では必ずしも見解が一致していないことを指摘したものとして、明田川『沖縄基地問題の歴史』一五三頁、河野康子「沖縄問題の起源をめぐって――課題と展望」『国際政治』第一四〇号（二〇〇五年三月）一四五頁。
（20）明田川『沖縄基地問題の歴史』第一章―第三章、平良『戦後沖縄と米軍基地』第一章―第二章。
（21）Sarantakes は、沖縄米軍基地が、対ソ・対中封じ込めのみならず、日本の軍国主義再生に対する封じ込めという「二重の封じ込め」の役割を担っていたことを指摘する。しかし、その役割の存在を所与としており、沖縄米軍基地にそれらの役割が付与されるに至った要因と背景については十分な検討を加えていない。Sarantakes, *Keystone*, Chapter 1- Chapter 4.
（22）本書において「日米安全保障条約」という場合、一九五一年九月八日に締結された条約を指すこととする。
（23）「吉田路線」ないし「吉田ドクトリン」と呼ばれることになる吉田の指向した政治路線を、冷戦前に生まれた憲法九条と冷戦の産物である日米安全保障条約を同時に選択したこととして捉え直し、またそうであるがゆえに、戦後日本外交が、国内の世論と政治路線が左右に分裂した構造問題を抱えるに至ったことを指摘したものとして、添谷芳秀『日本の「ミドルパワー」外交――戦後日本の選択と構想』（筑摩書房、二〇〇五年）、同「吉田路線と吉田ドクトリン」一―一七頁参照。戦後の日本国内においては、「経済中心主義路線」、「社会民主主義路線」、「伝統的国家主義路線」という三つの政治外交路線が交錯していたことを指摘したものとして、五百旗頭真「終章――戦後日本外交とは何か」五百旗頭真編『戦後日本外交史［第三版補訂版］』（有斐閣、二〇一四年）二八二―二八五頁参照。

【第一章　沖縄米軍基地をめぐる日米関係の起源】

（1）戦時中から講和までの米国の対日方針については、Frederick S. Dunn, *Peace-Making and the Settlement with Japan* (Princeton, New Jersey: Princeton University Press, 1963) 参照。マイケル・シャラー『アジアにおける冷戦の起源――アメリカの対日占領』（木鐸社、一九九六年）、同『「日米関係」とは何だったのか――占領期から冷戦終結後まで』（草思社、二〇〇四年）第一章、第二章。
（2）占領とは、紛争当事者の領域の一部または全部が事実上敵軍の権力内に陥った状態のことを指すが、領土主権の移転をもたらす法的効果はないとされる（小笠原高雪他編『国際関係・安全保障用語辞典』（ミネルヴァ書房、二〇一三年）一七九頁）。
　国際法上、占領は「戦時占領（軍事占領）」と「保障占領（平時占領）」に区別される。宮崎繁樹によれば、「戦時占領」とは「戦時国際法上戦争状態にある一国の軍隊が敵国の領土内に侵入してその抵抗力を殺ぎ、敵国権力の行使を排除して一定の地域を自己の権力内に置いて一時的に支配すること」を指す。これに対して「保障占領」とは、「一定条項（多くは講和条約の条項）の履行を確保する為に一国の軍隊が他国の一部（又は全部）を占領すること」を指す。連合国による日本の占領は、降伏条項であるポツダム宣言の履行の確保を目的とした占領という点で、限りなく保障占領に類似した特殊な占領であったと考えられるという（宮崎繁樹「占領に関する一考察」『法律論叢』第二四巻一・二号（一九五〇年）一一八、一二四、一二八頁）。

そこで、本書において「保障占領」という場合、ポツダム宣言及び講和条約の履行を確保するために行われる占領を指すこととする。講和条約の履行確保を目的とする平時の保障占領（例えば、ヴェルサイユ講和条約締結後のライン地方の占領）は、なんらかの合意に基づいて行われるのが一般的である。保障占領については、筒井若水編『国際法辞典』（有斐閣、一九九八年）三一三頁参照。

（3）米国が、日本占領を機に確立した基地に対して、米国や周辺諸国の安全保障にとって脅威となり得る日本を無力化するとともに、第三の敵対勢力に対抗する米国の役割を強化する「二重の封じ込め」の役割を期待したことを指摘したものとして、カルダー『米軍再編の政治学』四二頁。沖縄米軍基地が「二重の封じ込め」の役割を担っていたことを指摘したものとして、Sarantakes, *Keystone* 参照。Sarantakes は、日本に対する沖縄米軍基地の役割として、サンフランシスコ講和条約締結前までは日本が再び拡張主義的行動を採ることを予防すること、それ以後は、日本の中立化の可能性に対する備えとなることを米国は期待していたと指摘する。日本本土で確立した基地には主に日本の武装解除を目的とした懲罰的な機能を付与したことについては、Christopher T. Sandars, *America's Overseas Garrisons: The Leasehold Empire* (New York: Oxford University Press, 2000), p. 200 参照。なお、「二重の封じ込め」は対日政策特有のものではなく、対（西）ドイツ政策にも適用されていた。米国と（西）欧州における独ソ「二重の封じ込め」については、Wolfman F. Hanrieder, *Germany, America, Europe: Forty Years of German Foreign Policy* (New Haven: Yale University Press, 1989), Chapter 1 参照。

（4）実際、占領開始当初、外務省当局者の間では、「もし講和後に連合国軍が日本に残るとすれば、それはヴェルサイユ条約後にドイツが占領された例の如く、平和条約履行確保のための保障占領のような形のものであろうとする観測が多かった」。吉田茂『回想十年』（中央公論社、一九九八年）第三巻、一三九頁。

（5）例えば、沖縄返還問題の通史的研究は、冷戦下の沖縄米軍基地をめぐる日米の構想の分析が主である。我部政明『日米関係のなかの沖縄』（三一書房、一九九六年）、同『戦後日米関係と安全保障』、河野康子『沖縄返還をめぐる政治と外交』、宮里政玄『アメリカの対外政策決定過程』（三一書房、一九八一年）、同『アメリカの沖縄政策』（ニライ社、一九八六年）、同『日米関係と沖縄　一九四五―一九七二年』（岩波書店、二〇〇〇年）、渡辺『戦後日本の政治と外交』。

(6) 明田川融『沖縄基地問題の歴史』第一章、第二章、第三章。楠綾子『吉田茂と安全保障政策の形成――日米の構想とその相互作用 一九四三～一九五二年』（ミネルヴァ書房、二〇〇九年）、ロバート・D・エルドリッヂ『沖縄問題の起源』。

(7) エルドリッヂ『沖縄問題の起源』八、一五頁、楠『吉田茂と安全保障政策の形成』一五頁。

(8) 岩沢雄司他編『国際条約集』（有斐閣、二〇一七年）八五八―八五九頁。

(9) 一九三九年九月から独ソによって分割占領されていたポーランドをめぐる問題（共産党中心の臨時政権の再編、自由選挙の実施問題）に関する対立が存在していたにもかかわらず、ルーズヴェルト米大統領は米国主導の戦後国際秩序の形成のために、戦後もソ連と協調し続けることが不可欠だと考えていた。第二次世界大戦中の米ソ関係については、Robert Dallek, *Franklin D. Roosevelt and American Foreign Policy, 1932-1945* (Oxford University Press, 1979), Chapter 3; John R. Deane, *The Strange Alliance: The Story of Our Efforts at Wartime Co-operation with Russia* (Viking Press, 1947), Chapter 4; John Lewis Gaddis, *The United States and the Origins of the Cold War, 1941-1947* (Columbia University Press, 1972), Chapter 4; 佐々木卓也『冷戦――アメリカの民主主義的生活様式を守る戦い』（有斐閣、二〇一一年）三二―四八頁参照。

(10) 一九四四年五月にソ連がドイツ軍を自国領から駆逐した後に、東欧に次々に侵攻して各国の共産党を支援する動きに出たことで、米国政府内においては、勢力伸長を追求するソ連に対する不安感と不信感が増幅していた（倉科一希「戦後ヨーロッパとアメリカ」滝田賢治編『アメリカがつくる国際秩序』（ミネルヴァ書房、二〇一四年）二二四―二二七頁）。

(11) 欧州の戦後処理問題については、石井修「大国の外交と戦後ヨーロッパ政治体制の形成――ヨーロッパ分極化の過程 一九四一～四九年」石井修編『一九四〇年代ヨーロッパの政治と冷戦』（ミネルヴァ書房、一九九二年）三―四八頁、細谷雄一『戦後国際秩序とイギリス外交――戦後ヨーロッパの形成 一九四五年～一九五一年』（創文社、二〇〇一年）第一章、吉川宏「ヤルタ会談の戦後処理方式」『国際政治』第三八号（一九六九年）一三四―一四七頁参照。

(12) 一九四五年二月四日に米英ソ首脳によって開かれたヤルタ会談は、戦後処理問題を幅広く話し合う場となった。国際連合の創設の他に、欧州の問題として、ドイツ占領管理、その他欧州諸国の臨時政権と自由選挙の実施問題などが扱われた。アジアに関しては、ソ連の対日参戦の確認、南樺太と千島列島の譲渡、中国東北部の諸権益のソ連への付与などが秘密合意として成立した。ヤルタ会談については、アルチュール・コント（山口俊章訳）『ヤルタ会談＝世界の分割――戦後体制を決めた八日間の記録』（サイマル出版会、一九八六年）、入江昭『日米戦争』（中央公論社、一九七八年）二五〇―二六三頁、倉田保雄『ヤルタ会談――戦後米ソ関係の舞台裏』（筑摩書房、一九八八年）参照。米国政府内における勢力圏分割論については、John L. Gaddis, *The Long Peace; Inquiries into the*

History of the Cold War（Oxford University Press, 1987), Chapter 3 参照。

（13） 五百旗頭真『米国の日本占領政策』下巻（中央公論社、一九八五年）八〇―九四頁、入江『日米戦争』第七章参照。

（14） 連合国の戦後国際秩序構想と米国のアジア政策については、Akira Iriye, *The Cold War in Asia: A Historical Introduction*（Englewood Cliffs: Prentice- Hall, 1974), 添谷芳秀「東アジアの『ヤルタ体制』」『法学研究』第六四巻二号（一九九一年）三二―七六頁、松村史紀『「大国中国」の崩壊――マーシャル・ミッションからアジア冷戦へ』（勁草書房、二〇一一年）三一―三二頁参照。

（15） 英米共同宣言［大西洋憲章］（一九四一年八月）奥脇他編『国際条約集』八五七頁。

（16） ルーズヴェルトの「国際警察軍」構想については、Dunn, *Peace-Making and the Settlement with Japan*, pp. 25-31, 入江『日米戦争』一六七頁、川名晋史『基地の政治学――戦後米国の海外基地拡大政策の起源』（白桃書房、二〇一二年）七〇頁、菅英輝『米ソ冷戦とアメリカのアジア政策』（ミネルヴァ書房、一九九二年）五〇―五五頁参照。

一九四三年一一月の第一次カイロ会談の中でルーズヴェルトは、戦後の日本における軍事占領は中国が主導すべきであると主張し、蒋介石に対して戦後の沖縄を獲得することを望むかを尋ねていた。これに対して蒋介石は、中国と米国が共同で沖縄を占領し、最終的に沖縄の統治を国際機関による信託統治制度の下で両国が行う案を提示した（"Roosevelt-Chiang Dinner Meeting"（November 23, 1943), *Foreign relations of the United States Diplomatic Papers*（*hereafter, FRUS*), *The Conferences at Cairo and Tehran, 1943*（Washington, D.C.), pp. 323-324）。

（17） 川名『基地の政治学』六八頁。

（18） 五十嵐武士『日米関係と東アジア――歴史的文脈と未来の構想』（東京大学出版会、一九九九年）八一―八四頁。

（19） JCS 570, "U.S. Requirements for Post War Air Bases"（November 6, 1943), Box 270, Section 2, Central Decimal Files, 1942-1945, RG 218, 沖縄県公文書館所蔵。Melvyn P. Leffler, *A Preponderance of Power: National Security, the Truman Administration, and the Cold War*（Stanford University Press, 1992), pp. 56-60.

（20） JCS 570/2, "U.S. Requirements for Post War Air Bases"（January 10, 1944), Box 270, Section 2, Central Decimal Files, 1942-1945, RG 218, 沖縄県公文書館所蔵。

（21） 戦時中における米国の戦後基地計画については、Elliot V. Converse, *Circling the Earth: United States Plans for a Postwar Overseas Military Base System, 1942-1948*（Maxwell Air Force Base, Ala.: Air University Press, 2005), Chapter 1, Chapter 2, エルドリッヂ『沖縄問題の起源』第二章、我部「米統合参謀本部における沖縄保有の検討・決定過程」七三―一〇九頁、川名『基地の政治

学』第二章、第三章参照。

(22) 川名『基地の政治学』六八頁。

(23) 国際法上の戦時占領と保障占領の相違については、宮崎「占領に関する一考察」一一六―一三二頁参照。

(24) Dunn, *Peace-Making and the Settlement with Japan*, p. 53.

(25) ポツダム宣言は米国の原案が概ね採用された（五百旗頭『米国の日本占領政策』下巻一九三頁、入江『日米戦争』三〇四頁）。その意味で当該宣言は、米国の対日方針を反映したものと位置付けられる。

(26) ポツダム宣言第六項は、「吾等は、無責任なる軍国主義が世界より駆逐せらるるに至る迄は、平和、安全及正義の新秩序が生じ得ざることを主張するものなるを以て、日本国国民を欺瞞し、之をして世界征服の挙に出づるの過誤を犯さしめたる者の権力及勢力は、永久に除去せられざるべからず」と規定する。

また、第七項は、「右の如き新秩序が建設せられ、且日本国の戦争遂行能力が破砕せられたることの確証あるに至る迄は、連合国の指定すべき日本国領域内の諸地点は、吾等の茲に指示する基本的目的の達成を確保する為占領せらるべし」と規定されている（岩沢他編『国際条約集』八五五―八五六頁）。

(27) 「降伏後における米国の初期の対日方針」（一九四五年九月二二日）、外務省編『日本占領及び管理重要文書集』第一巻（東洋経済新報社、一九四九年）九一―一〇八頁。

(28) 池井優『三訂　日本外交史概説』（慶應義塾大学出版会、一九九二年）二三四頁。

(29) 「降伏後における米国の初期の対日方針」第一部「究極の目的」では、「日本国は完全に武装解除せられ且非軍事化せらるべし」との文言が明記された（外務省編『日本占領及び管理重要文書集』九四頁）。

(30) JCS 570/2 以前に作成された文書においても、沖縄を中立化すべきか、または米国の管理下に置くべきか決めかねる様子が描かれていた（JSSC 9/1, "Post-War Military Problems with Particular Relation to Air Bases" (March 15, 1943), Box 269, Section 1, Central Decimal Files, 1942-1945, RG 218, 沖縄県公文書館所蔵）。

(31) JCS 570/2, "U.S. Requirements for Post War Air Bases" (January 10, 1944), Box 270, Section 2, Central Decimal Files, 1942-1945, RG 218, 沖縄県公文書館所蔵。Converse, *Circling the Earth*, p. 103.

(32) アイスバーグ作戦については、沖縄県文化振興会公文書管理部資料編集室編『沖縄県史　資料編12　アイスバーグ作戦　沖縄戦五（和訳編）』（沖縄県教育委員会、二〇一〇年）四六頁参照。

(33) 原貴美恵『サンフランシスコ平和条約の盲点――アジア太平洋地域の冷戦と「戦後未解決の諸問題」』（溪水社、二〇〇五年）二五二頁。戦時中の沖縄における日本軍の基地建設、及び米国の基地開発計画については、明田川『沖縄基地問題の歴史』第一章、平良『戦後沖縄と米軍基地』第一章参照。

(34) 「アイスバーグ作戦」は、将来の日本侵攻に備えて沖縄に軍事基地を確立することを目的として作成された。一九四五年二月一〇日に具体的な基地開発計画が策定された。この計画中、沖縄本島に建設を予定していた八つの飛行場の場所のほとんどは、日本軍の飛行場と一致していた。その意味で、沖縄の米軍基地の土台となったのは旧日本軍基地であると指摘される。ただし、「アイスバーグ作戦」をはじめとする計画は、あくまでも日本本土侵攻のための計画であり、戦闘終了後の基地の行方については未定であった（平良『戦後沖縄と米軍基地』一一、一七頁）。一九四五年六月一八日の会議において、日本本土侵攻作戦の基本方針が明確に打ち出された（五百旗頭『米国の日本占領政策』下巻、一八四頁）。つまり、終戦の二ヶ月前の段階において、沖縄米軍基地の同時代的な役割は、日本本土侵攻のための出撃拠点と位置付けられていた。それゆえ、戦後の沖縄米軍基地の位置付けについての検討を再開するのが一九四五年八月頃となった。

(35) SWNCC 59, "Politico-Military Problems in the Far East: Territorial Adjustments" (March 13, 1945), Makoto Iokibe, ed., *The Occupation of Japan, Part2: U.S. and Allied Policy, 1945-1952* (Bethesda: Congressional Information Service and Maruzen Publishing Co., Ltd, 1989), 2-A-157. この時点で、米国の安全保障上の目標をめぐる政策決定者間の見解の相違はほとんどなく、論争があったとしても、それは目標達成のための具体的な方策や優先順位に関するものだった。Leffler, *A Preponderance of Power*, p. 96-97.

(36) ポツダム会談におけるソ連の対日参戦確約については、Ibid., p. 37-38 参照。

(37) "The Secretary of State to the Acting Secretary of State" (June 22, 1945), *Foreign Relations of the United States: Diplomatic Papers: the Conference of Berlin (the Potsdam Conference), 1945*, Part 1, p. 185.

(38) Converse, *Circling the Earth*, p. 116, 川名『基地の政治学』八八頁。

(39) "The Berlin Conference, Territorial Studies," Prepared by the Department of States for the Meetings of the Heads of Government (July 6, 1945), 沖縄県公文書館所蔵。

(40) 外務省は、①講和条約によって交戦国間の平和関係を設定することが国際的慣例であること、②連合国が枢軸国と締結する講和条約案の起草着手について既に明言していたこと、③連合国が対日戦争の「果実」を分配するためには、日本と「国際約束」をかわす必要があることを根拠として、日本と連合国との間で将来、講和条約が締結されることは確実であると考えていた（「平和条約締結の方式および時期に関する考察」（一九四五年一〇月二二日）『サンフランシスコ平和条約準備対策』（以下、『準備対策』と略記）（外務省、二〇〇六年）三―一一頁）。一九四五年一一月になると、外務省は省内に「平和条約問題研究幹事会」を設置し、講和条約締結に向けた準備に本格的に取り掛かった（「平和条約問題研究幹事会の設置について」（一九四五年一一月二一日）同右、一二頁）。当時外務大臣の地位にあった吉田茂は、領土問題を講和条約の内容に最も関係のある問題であると捉え、「日本が侵略によって取得した領土」の範囲が「不当に拡大解釈されないよう努めること」こそが、日本にとって「何より肝要」であったと述懐している（吉田『回想十年』第三巻、六九頁）。

(41)「想定される連合国側平和条約案と我が方希望との比較検討」（一九四六年一月二六日）『準備対策』一九頁。

(42) 沖縄が「我方の領土となりたる経緯につき種々議論」があったことから、その領土主権については中国との関係で問題が生じうる可能性を指摘していた（同右）。

(43)「ポツダム宣言」第一二項では、保障占領の実施について言及した第七項をはじめとする「前記諸目的が達成せられ、且日本国国民の自由に表明せる意思に従い平和的傾向を有し且責任ある政府が樹立」されれば、連合国の占領軍は直に日本から撤退する方針であることが謳われた（岩沢他編『国際条約集』八五六頁）。

(44)「想定される連合国側平和条約案と我が方希望との比較検討」（一九四六年一月二六日）『準備対策』一六―二二頁。

(45)「平和条約締結の方式および時期に関する考察」（一九四五年一〇月二二日）『準備対策』一一頁。

(46) 五百旗頭真『日米戦争と戦後日本』（講談社、二〇〇五年）一八七頁。

(47)「平和条約締結の方式および時期に関する考察」（一九四五年一〇月二二日）五頁。

(48)「想定される連合国側平和条約案と我が方希望との比較検討」（一九四六年一月二六日）。

(49)「平和条約締結の方式および時期に関する考察」（一九四五年一〇月二二日）五頁。

(50)「平和条約の方式および時期に関する考察」（一九四五年一〇月二二日）『準備対策』一一頁。

(51) 占領条項は、ヴェルサイユ条約第四二八条以下で規定されている。Unites States, Department of State, *The Treaty of Versailles and After: Annotations of the Text of the Treaty* (New York: Green wood, 1968), pp. 720-725. ラインラント地域の保障占領については、藤山一樹「連合国ラインラント占領をめぐるイギリス外交　一九二四―一九二七」『法学政治学論究』第一〇九号（二〇一六年）二三五―二六四頁。

（52） 吉田『回想十年』第三巻、一三九頁。また、保障占領の受け入れについては、「ポツダム宣言」を受諾する過程においても議論の対象になっていた。一九四五年八月九日の最高戦争指導会議において、阿南惟幾陸相らは、「国体護持」に加えて、連合国が保障占領を行わないことを含めた四条件付きの受諾を主張していた（外務省編纂『終戦史録』（終戦史録刊行会、一九八六年）五六五―五六六頁）。ポツダム宣言受諾過程での保障占領をめぐる議論については、鈴木多聞『「終戦」の政治史 一九四三―一九四五』（東京大学出版会、二〇一一年）一六五―一八六頁、藤原彰他編『天皇の昭和史［新装版］』（新日本出版社、二〇〇七年）一〇五―一〇九頁参照。

（53） 米軍統治下の沖縄については、鳥山『沖縄』、Arnold G. Fisch, *Military Government in the Ryukyu Islands, 1945-1950* (University Press of the Pacific, 2005) 参照。

（54） 『朝日新聞』一九四五年九月七日朝刊。

（55） 「想定される連合国側平和条約案と我が方希望との比較検討」（一九四六年一月二六日）一九頁。
米統合参謀本部は、沖縄戦後の軍政の責任を当初は海軍に委ねていた。しかし、一九四五年七月一八日に沖縄統治の権限は陸軍に移され、さらに九月二一日には再び海軍にその権限が委譲された。米陸海両軍ともに、沖縄における責任の負担を回避しようとしたことがその背景にあった。最終的に、一九四六年七月一日以降は陸軍が軍政の責任を負うことになった。

また、一九四六年一二月には、極東における全ての米軍が、マッカーサーを司令官とする極東軍司令部のもとに置かれることが統合参謀本部によって決定された。これに基づき、一九四七年一月一日付で、その時まで西太平洋陸軍司令官が負っていた沖縄における軍政の責任を、極東軍司令官が引き継ぐことになった。以上の沖縄をめぐる米軍組織の変遷については、Fisch, *Military Government in the Ryukyu Islands, 1945-1950*, pp. 72-75 参照。

このような沖縄をめぐる米軍組織の度重なる改変と軍政の司令官の交代により、沖縄戦終結後数年の間、沖縄における占領体制とその政策は不安定なものとなった（天川晃「日本本土の占領と沖縄の占領」『横浜国際経済法学』第一巻一号（一九九三年）四四―四五頁）。

（56） 「カイロ宣言」（一九四三年一一月二七日）岩澤他編『国際条約集』八三六頁。

（57） 「想定される連合国側平和条約案と我が方希望との比較検討」（一九四六年一月二六日）。

（58） 同右。

（59） 下田武三『戦後日本外交の証言――日本はこうして再生した』上巻（行政問題研究所、一九八四年）五三頁。

（60） 「想定される連合国側平和条約案と我が方希望との比較検討」（一九四六年一月二六日）一七頁。

(61)「想定される連合国側平和条約案と我が方希望との比較検討」（一九四六年一月二六日）。当時の外務省当局者は、「ポツダム宣言を逸脱する事項は、いかに敗戦国といえども服従の義務はないとの考え」を持っていた（下田『戦後日本外交の証言』上巻、三〇頁）。

(62) SCAPIN 677 "Governmental and Administrative Separation of Certain Outlying Areas from Japan" (January 29, 1946), 国立国会図書館憲政資料室「日本占領関係資料」SCA-1R2。「若干の外郭地域を政治上行政上日本から分離することに関する覚書」（一九四六年一月二九日）、外務省外交史料館、A'0121/1。

(63) SCAPIN677で示された「北緯三〇度」という境界線は、戦時中における統合参謀本部の指令に由来するものである。沖縄本島上陸直後の一九四五年四月三日に米陸軍は、南西太平洋軍司令官であるマッカーサーに対して、日本本土上陸作戦のための計画と準備に関する指令（JCS 1259/4）を出した。JCS1259／4において、作戦の対象である「日本」は、「北緯三〇度」以北の領域とされていたため、これ以後、日本の占領管理を主導する米陸軍は「北緯三〇度」を日本本土との境界線と位置付けるようになった。JCS 1259/4 (April 3, 1945), *Records of the Joint Chiefs of Staff*, Part 1, 1942-1945 Pacific Theater (University Publications of America, 1979-1981), Real 9 of 14, pp. 666-671. GHQ参謀第二部編『マッカーサーレポート』第一巻（現代史料出版、一九九八年）三六六―三六七頁。

SCAPIN677の発令理由として、一九四六年三月に実施予定であった総選挙（の実施地域を明確化し、沖縄をそこから除外するという目的）との関係を指摘する議論もある。天川晃『占領下の日本――国際環境と国内体制』（現代史料出版、二〇一四年）六九―一〇三頁。

(64)「米国軍占領下ノ南西諸島及其近海居住民ニ告グ」（ニミッツ布告）は、前文で「治安維持及米国軍並ニ居住民ノ安寧福祉確保上占領下ノ南西諸島中本島及他島並ニ其近海ニ軍政府ノ設立ヲ必要トス」として軍政府樹立を宣言し、第二項において、「日本帝国政府総テノ行政権ノ行使ヲ停止ス」と謳っていた。「米国軍占領下ノ南西諸島及其近海居住民ニ告グ」（ニミッツ布告）については、月刊沖縄社編『アメリカの沖縄統治関係法規総覧Ⅳ』（月間沖縄社、一九八三年）一七頁。

(65) 日本本土では、連合国最高司令官の命令を受けて、日本政府がその指令内容を実行すべく国民に対して政策を施行することになった。

(66) 日本本土と沖縄における占領形態の違いについては、竹前栄治『GHQ』（岩波書店、一九八三年）四八―六二頁参照。

(67) 例えば、Sarantakes, *Keystone*, Chapter 2, エルドリッヂ『沖縄問題の起源』二〇―二八頁、我部「米統合参謀本部における沖縄保有の検討・決定過程」九一―一〇四頁、宮里『アメリカの対外政策決定過程』一九六―一九九頁。終戦間際から、米国が基地システムの拡大を計画していたことについては、Converse, *Circling the Earth*, Chapter 3参照。日本本土とは異なり、米軍による沖縄占領は交戦中の占領として始まった。そのため、占領は「ハーグ陸戦条約」条約附属第三款「敵国の領土における軍の権力」の規定に基づいて開始された。第三款第四条「占領地域」は、「一地方にして事実上敵軍の権力内に帰したるときは、占領せられたるものとす。占領は右権力を樹立したる且之を行使し得る地域を以て限とす」と定めている。（岩沢他編『国際条約集』七〇五頁）。

（68） JWPC 361/4, "Over-All Examination of U.S. Requirements for Military Bases" (August 25, 1945), Box 271, Section 7, Central Decimal Files, 1942-1945, RG 218, 沖縄公文書館所蔵。

（69） JCS 570/40, "Over-All Examination of U.S. Requirements for Military Bases and Base Rights" (October 25, 1945), Box 272, Section 9, Central Decimal Files, 1942-1945, RG 218, 沖縄公文書館所蔵。ＪＣＳ５７０／４０の作成直前まで、沖縄は「最重要基地群」ではなく、その下のカテゴリーに含まれていた。しかし、アーノルド（Henry H. Arnold）陸軍航空隊総司令官の要請により、格上げされることになった（エルドリッヂ『沖縄問題の起源』二五—二七頁、宮里『アメリカの対外政策決定過程』一九七頁）。また、ＪＣＳ５７０／４０において、日本本土に米軍基地を存続させることは全く想定されていなかった。

（70） 国際連合憲章第一二章国際信託統治制度については、奥脇他編『国際条約集』二九—三二頁。信託統治の方式には通常の信託統治と、該当地域の軍事的利用を認める戦略的信託統治がある。制度上、信託統治地域の統治は信託統治理事会と総会（戦略的信託統治の実施地域については総会に代わって安保理事会）の監督を受けることになるが、実質的には施政権者となる国の意向が大きく影響することになる。それゆえ、沖縄の米軍基地を保持し続けることを企図した米軍部は、講和後に沖縄を戦略的信託統治のもとに置くことを追求したのであった。国際連合の信託統治制度については、小野寺彰他編『講義国際法』（有斐閣、二〇〇四年）一九二—一九三頁、波多野里望・小川芳彦編『国際法講義〔新版増補〕』（有斐閣、一九九八年）一五二—一五三頁、松井芳郎他編『国際法〔第五版〕』（有斐閣、二〇一〇年）七八—七九頁参照。

（71） JCS 570/50 "Strategic Control by the United States of Certain Pacific Areas" (January 21, 1946), Box 84, Section 13, Central Decimal Files, 1946-47, RG 218, 沖縄県公文書館所蔵。

（72） 国際連合の創設については、加藤俊作『国際連合成立史——国連はどのようにしてつくられたか』（有信堂、二〇〇〇年）参照。国際連盟の下での委任統治制度と国際信託統治制度の相違については、William E. Rappard, "Mandates and Trusteeship System," *Political Science Quarterly*, Vol. 61, No. 3. (September 1946), pp. 408-419 参照。

（73） 「大西洋憲章」奥脇他編『国際条約集』七六三頁。

（74）「国際信託統治制度」の成立過程については、池上大祐『アメリカの太平洋戦略と国際信託統治――米国務省の戦後構想 一九四二～一九四七』（法律文化社、二〇一四年）第三章、入江『日米戦争』一五二―一七四頁、加藤『国際連合成立史』第五章、第六章参照。

（75）JCS 570/2, "U.S. Requirements for Post War Air Bases" (January 10, 1944), Box 270, Section 2, Central Decimal Files, 1942-1945, RG 218, 沖縄県公文書館所蔵。

（76）英米共同宣言として発表された「大西洋憲章」では、「第一に、両者の国は、領土的たるとその他たるとを問わず、いかなる拡大も求めない」、「第二に、両者は、関係国民の自由に表明する希望と一致しない領土的変更の行われることを欲しない」ことが掲げられた（奥脇他編『国際条約集』八五四頁）。

（77）換言すれば、「国際信託統治構想は、『脱植民地化』を装うことで、『基地の獲得』を可能とするための手段」であった（池上『アメリカの太平洋戦略と国際信託統治』六九頁）。

（78）矢崎幸生『ミクロネシア信託統治の研究』（御茶の水書房、一九九九年）一二六頁。

（79）入江『日米戦争』一六七頁。ただし、領土の問題は基本的に講和条約の一部として処理されるべき問題だと考えられたため、終戦前の段階でどの領土を信託統治制度の下に置くのかについて、具体的な決定が下されることはなかった（H・S・トルーマン（堀江芳孝訳）『トルーマン回顧録』第一巻（恒文社、一九九二年）二〇〇―二〇一頁）。

（80）信託統治制度に戦略地区の規定が盛り込まれる過程については、池上『アメリカの太平洋戦略と国際信託統治』八六―九七頁参照。

（81）JCS 570/2, "U.S. Requirements for Post War Air Bases" (January 10, 1944), Box 270, Section 2, Central Decimal Files, 1942-1945, RG 218, 沖縄県公文書館所蔵。

（82）JCS 1619, "Strategic Areas and Trusteeships in the Pacific" (February 2, 1946), Box 84, Section 14, Central Decimal Files, 1946-47, RG 218, 沖縄県公文書館所蔵。JCS 570/50, "Strategic Control by the United States of Certain Pacific Areas" (January 21, 1946), Box 84, Section 13, Central Decimal Files, 1946-47, RG 218, 沖縄県公文書館所蔵。

（83）戦後間もない時期において、米国は、日本敗退後の朝鮮半島においても信託統治を行う（ただし、米中ソ三ヶ国で行う）構想を抱いていた。米国の朝鮮信託統治構想については、小此木政夫「朝鮮信託統治構想――第二次大戦下の連合国協議」『法学研究』第七五巻一号（二〇〇二年）一三―三七頁、同「朝鮮独立問題と信託統治構想――四大国『共同行動』の模索」『法学研究』第八二巻八号（二〇〇九年）一―四七頁、添谷「東アジアの『ヤルタ体制』」三九―四五頁参照。沖縄や旧日本委任統治領に信託統治制度を適用する際に問題となり得る点を指摘したものとして、Thomas K. Hitch, "Administration of O.S. Pacific Islands," *Political Science Quarterly*, Vol. 61, No. 3 (September 1946), pp. 384-407 参照。

(84) 終戦から間もない時期の米軍部内においては、中長期的な観点から対ソ戦の可能性を想定していた。そのような想定を前提にして練られた極東戦略構想においては、占領業務終了後の日本本土に米軍基地を設ける発想はなく、フィリピンや沖縄に大規模な軍事基地を確保することで対応は可能だとされていた。前述した、一九四五年一〇月二五日付けの統合参謀本部作成の文書 JCS 570/40 において、沖縄が確保すべき米軍海外基地の中で最も優先順位の高い「最重要基地群（Primary Base Areas）」の一角に指定され、米国が排他的基地管理権を持つべき拠点と位置付けられたことの背景には、以上のような米軍部内の考慮が存在していたのである。終戦直後の米軍の極東戦略構想における沖縄米軍基地の位置付けについては、柴山太『日本再軍備への道――一九四五～一九五四年』（ミネルヴァ書房、二〇一〇年）一三―二〇頁参照。

(85) 冷戦期の沖縄米軍基地が、対日封じ込めと対ソ封じ込めという二重の基地機能を担っていたことを指摘したものとして、Sarantakes, *Keystone* 参照。

(86) 当時民政局は、日本の領土範囲を規定する作業に加え、公職追放や早期選挙の実施準備などを喫緊の課題として抱えていた。増田弘「公職追放（SCAPIN―550・548）の形成過程」『国際政治』第八五号（一九八七年）八〇頁。

(87) 「日本占領及び管理のための連合国最高司令官に対する降伏後における初期の基本的指令」（一九四五年一一月一日）外務省編『日本占領及び管理重要文書集』第一巻、一一一―一一六頁。

(88) "Cessation of Administrative Authority Over Areas Outside Japan" From Whitney to C/S (January 5, 1946), 国立国会図書館憲政資料室所蔵。

(89) ＳＣＡＰＩＮ６７７発令の直接的な契機は、日本国内における総選挙の実施地域を確定する必要性に迫られたことであった。ＳＣＡＰＩＮ６７７の起草段階では、沖縄を含む北緯三〇度以南の地域は米海軍の管轄地域とされていた。そのため、ＧＨＱは、連合国最高司令官が実際に統治していた地域における総選挙の実施をすべくＳＣＡＰＩＮ６７７を発令し、沖縄を行政的に日本本土から分離する措置をとった。ＳＣＡＰＩＮ６７７と総選挙の関連については、天川「日本本土の占領と沖縄の占領」四〇―四三頁参照。

(90) 柴山『日本再軍備への道』第一章、第五章参照。

(91) 「若干の外郭地域を政治上行政上日本から分離することに関する覚書」。実際ＳＣＡＰＩＮ６７７は、法的に日本の領土問題に影響を及ぼす文書ではなかった。一九四五年一二月のモスクワ会談において、領土問題は極東委員会及び連合国最高司令官を中心とする連合国の日本管理機構の権限外の問題であるとされていたからである（高野雄一『日本の領土』（東京大学出版会、一九六二年）二一一頁）。
(92)「行政の分離に関する第一回会談録」（一九四六年二月一三日）、外交史料館マイクロフィルム、リール番号A'0121/1。
(93) 戦時中以来の国務省の議論については、宮里『アメリカの対外政策決定過程』一九五頁、エルドリッヂ『沖縄問題の起源』第三章参照。
(94) 山極「アメリカの戦後構想とアジア」六三頁。
(95) 五十嵐武士『戦後日米関係の形成――講和・安保と冷戦後の視点に立って』（講談社、一九九五年）二四頁。米国政府の沖縄政策が確定していなかったことで、戦後初期の沖縄統治は、沖縄で多くの犠牲を払った米軍部の恣意に任せられていた。宮里『アメリカの沖縄統治』七頁。
(96) 国務省は、日本に関する情報の大半を、総司令部を通して得る状態にあった。宮里『アメリカの対外政策決定過程』二一四頁。
(97) 同右、二〇七頁。
(98) 高野『日本の領土』一九―二〇頁。
(99)「若干の外郭地域を政治上行政上日本から分離することに関する覚書」。
(100) 鈴木九萬監修『日本外交史26――終戦から講和まで』（鹿島研究所出版会、一九七三年）一一五頁。この当時、条約理論に精通している外務省条約局の川上健三が、領土をめぐる問題の検討及び報告書の作成を担当していた（下田『戦後日本外交の証言』上巻、五三頁）。その川上は、SCAPIN677が「将来の日本領域について検討するにあたって最も重要な拠り所となるものであった」と回顧している（鈴木『日本外交史26』一七二頁）。
(101) マイケル・ヨシツ（宮里政玄・草野厚訳）『日本が独立した日』（講談社、一九八四年）一八頁。
(102) 川上健三は、条約理論に精通していたことから、沖縄、小笠原、北方領土など各領土の史実を克明に調べて詳細な報告書を作成する役目を果たしていた。下田『戦後日本外交の証言』上巻、五三頁。
(103) ヨシツ『日本が独立した日』一七―一八頁。
(104)「想定される連合国側平和条約案と我が方希望との比較検討」。
(105)「国籍問題と平和条約」（一九四六年一月三一日）『準備対策』五二―五九頁。当該文書では、講和に伴う領土変更の結果生じる国籍の移動の問題が扱われていた。外務省は当時、沖縄が日本の領土でなくなった場合でも、沖縄の住民に日本の選挙権を付与することを検討していた。

(106) 一九四六年一月末時点において、米国が沖縄等の太平洋地域の諸島の信託統治問題について未だ公式声明を発表していなかったこともあり、米国の同問題に対する政策を日本がどの程度知り得ていたかは史料上明らかでない。
(107) 例えば、五百旗頭真『占領期――首相たちの新日本』（講談社、二〇〇七年）二二一―二五一頁、楠『吉田茂と安全保障政策の形成』一三六―一四二頁、田中明彦『安全保障』（読売新聞社、一九九七年）二二―三三頁、中村明『戦後政治にゆれた憲法九条――内閣法制局の自信と強さ』（中央経済社、一九九八年）第二章参照。
(108) ここで外務省は、「陸海空軍の完全なる解体と之が再建の禁止及武器弾薬の製造の禁止、防備施設の撤廃と制限、軍事生産及戦争手段の生産施設並其の研究の禁止、徴兵制度の撤廃、軍事的教育及軍事的団体の禁止等」が軍事条項として平和条約に定められることを予想していた。「平和条約問題研究会幹事会による第一次研究報告、対日平和条約における政治条項の想定及対処方針（案）」（一九四六年五月）『準備対策』九一―九九頁。今日まで続く、必要最小限の自衛力を保持することは憲法九条の禁止するところではないとの日本政府の憲法解釈は、一九五四年の鳩山内閣期からとられ始めたものである。憲法解釈の変遷については、中村『戦後政治にゆれた憲法九条』第一章参照。
(109) 「平和条約問題研究会幹事会による第一次研究報告、対日平和条約における政治条項の想定及対処方針（案）」。
(110) 同右。
(111) 国連憲章第七章「平和に対する脅威、平和の破壊及び侵略行為に関する行動」岩沢他編『国際条約集』二四―二六頁。
(112) 一九四七年半ばまでの日本の自衛方法の模索の様子については、楠『吉田茂と安全保障政策の形成』一三九―一四二頁、渡辺昭夫「講和問題と日本の選択」渡辺昭夫・宮里政玄『サンフランシスコ講和』（東京大学出版会、一九八六年）一七―五六頁参照。外務省内では、国連による安全保障の他に、永世中立国化や地域安全保障機構による安全の確保も検討された。
(113) 「朝海・アチソン会談（第一回）」（一九四六年五月一日）『準備対策』八三頁。
(114) 「平和条約問題研究会幹事会による第一次研究報告、対日平和条約における政治条項の想定及対処方針（案）」（一九四六年五月）『準備対策』九一―九九頁。
(115) 同右。
(116) 『朝日新聞』一九四六年二月五日朝刊。
(117) 連合国がポツダム宣言に至るまで「領土不拡大の原則」を謳ってきた以上、単純に領土を取得するとは考えられなかった。したがって、外務省としても、連合国が領土帰属を決めるにあたっては、「返還」か「信託統治」、もしくは「独立」のいずれかの措置を選ぶことになると推測していたと思われる（高野『日本の領土』一五頁参照）。

国連憲章は、第七五条以下で信託統治制度について規定する。信託統治制度の主要な目的は、第七六条で以下のように定められている。「信託統治地域の住民の政治的、経済的、社会的及び教育的進歩を促進すること、各地域及びその人民の特殊事情並びに関係人民が自由に表明する願望に適合するように、且つ、各信託統治協定の条項が規定するところに従って、自治又は独立に向っての住民の漸進的発達を促進すること」。また、第七七条においては信託統治制度が適用される地域について次のように規定している。「（1）現に委任統治の下にある地域、（2）第二次世界戦争の結果として敵国から分離される地域、（3）施政について責任を負う国によって自発的にこの制度の下におかれる地域」。奥脇『国際条約集』八一三―八一四頁。

(118) 国連憲章第七六条、同右。

(119) 「平和条約問題研究会幹事会による第一次研究報告、対日平和条約における政治条項の想定及対処方針（案）」。

(120) 「第一次研究報告、平和条約の内容に関する原則的方針（案）」同上、八九―九一頁。

(121) またその際には、「国際法及大西洋憲章等の諸原則に反したる領土帰属の決定を行わざるべきことの保障」も同時に得ることが必須とされた（同右）。

(122) 「平和条約の連合国案（想定）と我方希望案との比較検討」（一九四六年五月）、外務省外交史料館マイクロフィルム、リール番号B'0008/1。

(123) ケナンの「長文電報」と「X論文」については、John L. Gaddis, *George F. Kennan: An American Life* (New York: the Penguin Press, 2011), Chapter 10, Chapter 12, ジョン・ルカーチ（菅英輝訳）『評伝　ジョージ・ケナン――対ソ「封じ込め」の提唱者』（法政大学出版局、二〇一一年）第三章参照。

(124) Ibid., pp. 215–222. 佐々木卓也『封じ込めの形成と変容――ケナン、アチソン、ニッツェとトルーマン政権の冷戦戦略』（三嶺書房、一九九三年）五七頁。

(125) 「長文電報」の全文は、George F. Kennan, *Memoirs 1925-50* (Boston: Little, Brown and Company, 1967), pp. 547–559 参照。

(126) Leffler, *A Preponderance of Power*, pp. 179–181.

(127) John L. Gaddis, *Strategies of Containment: A Critical Appraisal of American National Security Policy During the Cold War* (Oxford University Press, 2005), pp. 24–25.

(128) この時期の米国政府の政策形成過程において、ソ連と対峙するための「冷戦的文脈」からの発想が徹底されていなかったことを指摘したものとして、五百旗頭『日米戦争と戦後日本』二四二頁。Leffler, *A Preponderance of Power*, pp. 179–181.

(129) SWNCC 59/1, "Policy Concerning Trusteeship and Other Method of Disposition of the Mandated and Other Outlying and Minor Islands Formerly Controlled by Japan" (June 24, 1946), Makoto Iokibe, ed., *The Occupation of Japan*, Part 2, 2-A-161.

(130) Ibid.

(131) 一九四六年六月に国務省によって作成された朝鮮問題に関する政策文書においても、大国中国の創出と米ソ協調という「ヤルタ体制」の枠組みを重視する立場が示されていた（添谷「東アジアの『ヤルタ体制』」四四—四五頁）。

(132) JCS 1619/15, "Strategic Areas and Trusteeships in the Pacific" (October 10,1946), Box 88, Section 28, Central Decimal Files, 1946–47, RG 218, 沖縄県公文書館所蔵。

(133) SWNCC 59/6, "Draft Trusteeship Agreement" (September 20, 1946), Box88, Section28, Central Decimal Files, 1946–47, RG 218. 沖縄県公文書館所蔵。

(134) Sarantakes, *Keystone*, pp. 27–28.

(135) JCS 1619, "Strategic Areas and Trusteeships in the Pacific" (February 2,1946).

(136) Gaddis, *Strategies of Containment*, p. 24. ただし、フォレスタルはケナンとは異なり、ソ連外交がマルクス・レーニン主義に依拠しているが故に、対ソ協調が不可能であるとの理解を有していた（佐々木『封じ込めの形成と変容』五九頁）。

(137) Sarantakes, *Keystone*, p. 28. 終戦後のＳＷＮＣＣにおける議論については、エルドリッヂ『沖縄問題の起源』第四章、宮里『アメリカの対外政策決定過程』一九九—二一〇頁参照。

(138) 『読売新聞』一九四七年六月二九日朝刊。

(139) 藤本一美・濱賀裕子・末次俊之訳著『資料：戦後米国大統領の「一般教書」第一巻　一九四五年〜一九六一年——「ルーズベルト、トルーマン、アイゼンハワー」』（大空社、二〇〇六年）一二八頁。

(140) 西村『日本外交史27』二四頁。

(141) 『朝日新聞』一九四七年三月一八日朝刊。

(142) 例えば、英国外務省はマッカーサー発言をきっかけにして、本格的に対日講和問題に取り組み始めた。細谷千博『サンフランシスコ講和への道』（中央公論社、一九八四年）一一頁。

(143) 「対日平和条約想定と右にたいする我方の希望条項大綱」（一九四七年二月）、外務省外交史料館マイクロフィルム、リール番号B'

0010/3。

(144)「平和条約締結後における日本の法的地位について」（一九四七年七月二六日）『準備対策』二五四―二六一頁。

(145) 同上。

(146) 同上。

(147)「対日平和条約想定と右にたいする我方の希望条項大綱」。

(148)「日本の領土に関する一般的考察」（一九四七年七月八日）、外務省外交史料館マイクロフィルム、リール番号B'0008/2。

(149) 佐々木『封じ込めの形成と変容』一一五―一二二頁。

(150)「トルーマン・ドクトリン」から「マーシャル・プラン」にかけての経緯と、欧州分断については、Gaddis, *Strategies of Containment*, Chapter 2, Michael J. Hogan, *The Marshall Plan: America, Britain and the Reconstruction of Western Europe, 1945-1952*（Cambridge: Cambridge University Press, 1987）, Leffler, *A Preponderance of Power*, Chapter 4, Chapter 5, 細谷『戦後国際秩序とイギリス外交』第二章参照。

(151) 五百旗頭真「国際環境と日本の選択」有賀貞他編『講座国際政治④』（東京大学出版会、一九八九年）五頁。

(152) 外務省は、一九四八年一月六日にロイヤル陸軍長官が「極東における全体主義の防壁としての日本の強化」を主張し、米国が「日本自立のための対日経済援助政策」を具体化したことをもって、「重大な政策の変化」が表れていると判断していた。「対日平和問題の現段階と『事実上の平和』の可能性について」（一九四八年六月三〇日）『準備対策』三五八頁。

(153) 西村『日本外交史27』一〇―一二頁、二四頁。

(154)「平和条約問題研究会幹事会による第一次研究報告、対日平和条約における政治条項の想定及対処方針（案）」。

(155)『読売新聞』一九四七年六月二九日朝刊。

(156) 米ソ協調を前提としたマッカーサーの日本管理構想については、五十嵐武士『戦後日米関係の形成』一六―一九頁。

(157) "Memorandum by Borton to Bohlen"（August 6, 1947）, *U.S. Department of State, Foreign Relations of the Unites States: Diplomatic Papers*（hereafter, *FRUS*）, *1947*, Vol. 6, pp. 478-479.

(158) "Draft Treaty of Peace with Japan"（August 5, 1947）, Makoto Iokibe, ed., *The Occupation of Japan*, Part 3: *Reform, Recovery and Peace, 1945-1952*,（Bethesda: Congressional Information Service and Maruzen Publishing Co., Ltd, 1991）, 1-A-20.

(159) "Memorandum by Borton to Bohlen"（August 6, 1947）, *FRUS, 1947*, Vol. 6, p. 478.

(160) "Draft Treaty of Peace with Japan" (August 5, 1947), Iokibe, ed., *The Occupation of Japan*, Part 3, 1-A-20.

(161) Leffler, *A Preponderance of Power*, p. 91.

(162) 実際、アチソン国務次官補は、早期講和の実現を唱えた一九四七年三月のマッカーサー声明に対して、目下の課題は欧州の戦後処理にあるため、日本問題に取り組む余裕がないという趣旨の発言をしていた（五十嵐『戦後日米関係の形成』二一頁）。

(163) 五百旗頭『日米戦争と戦後日本』二四二頁。

(164) 「対日平和予備会議の招集と同会議をめぐる国際情勢について」（一九四七年七月一八日）『準備対策』二三三—二四一頁。

(165) 「平和条約に対する日本政府の一般的考察」（一九四七年六月五日）同上、二〇一—二〇四頁。

(166) 「平和条約締結後における日本の法的地位について」。

(167) 「平和条約実施後の管理ないし駐兵の問題に関する一般的意見」（一九四七年七月二〇日）、外務省外交史料館マイクロフィルム、リール番号B'0008/2。

(168) 「朝海・マクマホン＝ボール会談（第一回）」（一九四七年一月二〇日）『準備対策』一六四頁。

(169) 「日本の領土に関する一般的考察」。

(170) 『朝日新聞』一九四七年六月七日朝刊。

(171) 同上。

(172) 芦田は一九四七年六月八日の日記において、「領土問題について喋り過ぎたかとも思ふ」と記していた。芦田均（進藤栄一編）『芦田均日記』第二巻（岩波書店、一九八六年）四—五頁。

(173) 『朝日新聞』一九四七年六月二九日朝刊。マッカーサーは、米国の太平洋における基地体系の中でも、沖縄は死活的に重要な拠点であると考えていた（Sarantakes, *Keystone*, p. 43. 宮里『日米関係と沖縄』二七頁）。

(174) エルドリッヂ『沖縄問題の起源』九一頁。

(175) この時までにも、朝海浩一郎によって連合国側との接触が図られていた。朝海は一九四六年五月以降、アチソン対日理事会米国代表及びボール対日理事会英連邦代表と会談を重ねた。とりわけ、アチソンとの会談は七回にわたった。朝海はアチソンとの最後の会談（一九四七年七月三日）において、同年三月作成の沖縄に関する資料を手交した。それは、沖縄に関する日本政府の要望案ではなく、あらゆる見地から沖縄が「如何に日本と不可分の領土であるか」という「主張の根拠となりうる客観的資料」として外務省によって作成されたものであった。資料は、沖縄を含む南西諸島と日本本土の住民が人種及び使用言語に類似性が見られること、そして歴史的にも南西諸島と日本本土が密接な関係にあることを詳述する内容となっていた（「朝海・アチソン会談（第七回）」（一九四七年七月三日）『準備対策』二二八頁、西村『日本外交史27』二四、三三頁、吉田『回想十年』第三巻、二七頁）。

(176)「アチソンに対する会談案（付記一・昭和二二年七月二二日アチソンに提出すべき日本側要望案、付記二・昭和（二二）年（七）月付記一に対する萩原条約局長の意見）」（一九四七年七月二四日）『準備対策』二四五—二四九頁。

(177) 同右。ただし、当該要望案は米国側に手交された後にすぐさま返却された。要望案は、芦田によって七月二六日にアチソンに、同月二八日にはホイットニー（Courtney Whitney）総司令部民政局長に対して手交されたが、国際情勢が極めて「デリケート」な状態であること、日本は講和条約を「イムポーズ」される立場にあることを理由に、二八日に双方から返却されたのだった（「芦田・アチソン会談」（一九四七年七月二六日）『準備対策』二四九—二五三頁、「芦田・ホイットニー会談」（一九四七年七月二八日）同上、二六一—二六二頁、「アチソンおよびホイットニーに手交した「芦田覚書」の返却について」（一九四七年七月二八日）同上、二六三頁）。

(178)「対日平和条約想定大綱」（一九四七年一一月）外務省外交史料館マイクロフィルム、リール番号B'0008。

【第二章　冷戦下の米軍基地の役割変化と信託統治構想の動揺】

(1)「ヤルタ体制」については、添谷「東アジアの『ヤルタ体制』」三三—七六頁参照。

(2) Sarantakes, *Keystone*, Chapter 3, エルドリッヂ『沖縄問題の起源』第四章—第七章、河野『沖縄返還をめぐる政治と外交』第一章、第二章、宮里『日米関係と沖縄』第一章。

(3) 例えば、楠『吉田茂と安全保障政策の形成』第三章、坂元一哉『日米同盟の絆——安保条約と相互性の模索』（有斐閣、二〇〇〇年）第一章、柴山『日本再軍備への道』第五章。

(4) 実際、ソ連内部にも「マーシャル・プラン」への参加を前向きに検討するグループが存在し、同計画をめぐる論争が存在していたことを指摘するものとして、岩田賢司「ソ連のヨーロッパ政策——対独コンテキストから冷戦コンテキストへ」石井編『一九四〇年代ヨーロッパの政治と冷戦』八一—八三頁参照。

(5) Gaddis, *George F. Kennan*, pp. 276-285, ルイス・J・ハレー（太田博訳）『歴史としての冷戦』（サイマル出版会、一九七〇年）九四—九五頁。

(6) 岩田「ソ連のヨーロッパ政策」九〇頁。

（7）「対日平和予備会議の招集と同会議をめぐる国際情勢について」（一九四七年七月一八日）『準備対策』二三三―二四一頁。
（8）同右、二三五頁。
（9）Gaddis, *George F. Kennan*, p. 299.
（10）『ケナン回顧録』三五二頁。一方でケナンは、中国が強大な工業国ではなく、また将来的にもそうなる見通しがないこと、さらに軍事大国にもなれそうにないとの評価を有していた（『ケナン回顧録』三五二頁）。
（11）当時実施されていた対日占領政策について、後にケナンは「多くの点で非現実的で、見当外れな指令にがんじがらめにされていた」と評している（同右、三五一頁）。
（12）"Draft Treaty of Peace with Japan"（August 5, 1947）, Makoto Iokibe, ed., *The Occupation of Japan*, Part 3: Reform, Recovery and Peace, 1945–1952（Congressional Information Service; Tokyo: Maruzen 1991）1-A-20.
（13）五十嵐『戦後日米関係の形成』二七頁。
（14）"Memorandum by Davies to the Director of the Policy Planning Staff Kennan"（August 11, 1947）, U.S. Department of State, *Foreign Relations of the Unites States Diplomatic Papers*（hereafter, *FRUS*）, *1947*, Vol. 6,（Washington D.C.: U.S. Government Printing Office, 1972）pp. 485–486.
（15）PPS 10, "Results of Planning Staff Study of Questions Involved in the Japanese Peace Settlement"（October 14, 1947）, *FRUS, 1947*, Vol. 6, pp. 537-543. このＰＰＳ１０による報告を契機に、マーシャルは、日本占領の早期終了がもたらす危険性を認識するようになった（Kennan, *Memoirs 1925-1950*, p. 377）。
（16）一九四七年半ばまでの日本の自衛方法の模索の様子については、楠『吉田茂と安全保障政策の形成』一三九―一四二頁、吉田「安保条約の起源」『秩序変動と日本外交』六三―六六頁、渡辺昭夫「講和問題と日本の選択」渡辺昭夫・宮里政玄『サンフランシスコ講和』（東京大学出版会、一九八六年）一七―五六頁参照。
（17）「平和条約に対する日本政府の一般的見解（第一稿）」『準備対策』一八四頁。
（18）同右。吉田「安保条約の起源」『秩序変動と日本外交』六六―六七頁。
（19）「鈴木・アイケルバーガー会談（付記一．昭和二二年九月一三日アイケルバーガーに手交した平和条約締結後における米軍の駐屯に関する文書、付記二．上記和文）」（一九四七年九月一三日）『準備対策』二八四―二九六頁。
（20）西村熊雄「講和条約」江藤淳『もう一つの戦後史』（講談社、一九七八年）三八〇頁。

(21)「鈴木・アイケルバーガー会談」『準備対策』二八六頁。
(22) 実際、後に外務省条約局長になる西村熊雄も、この時期に「日本の安全のためアメリカ軍の日本駐留というような考え」が米軍部側と「話をしているうちに、それらしい話がチラチラ出て」きていたことを述懐している（西村「講和条約」三八〇頁）。
(23) これに加えて、「イザと云ふ場合浦塩その他の要点に原子爆弾を落とすことも考えられる」ことにも言明したが、この場合は、「日本人住民との関係で爆弾を落とせぬ様なこととなるかもしれぬ」ため、さほど現実的な手段でないことを示唆していた。同右。
(24)「鈴木・アイケルバーガー会談」（一九四七年九月一三日）。
(25) 同右。
(26) 同右。
(27) 同右。
(28) 同右。
(29) 前章で明らかにしたように、ワシントンにおいて、対日・対沖縄政策についての統一的な見解は依然として形成されていなかったため、講和後の日本本土に米軍基地を維持するか否かについても未だ検討は開始されていなかった。ただし、少なくとも一九四九年まで、アイケルバーガーを例外として、米太平洋軍（後に極東軍）は、占領業務を終え次第、日本本土から駐留軍を早期撤退することを当然視し、極東戦略構想上は沖縄米軍基地が確保できていれば十分だとの見解を維持した（柴山『日本再軍備への道』一三一―一八頁）。このことに鑑みれば、アイケルバーガーの鈴木への「米軍が何時迄居るべきかの問題」についての問いとその発言は、従来の米軍部の方針を再検討する必要があるとの問題意識を反映したものと言えるが、そのような意識は極めて例外的なものだったと解される。実際、マッカーサーは、沖縄に米軍基地と十分な兵力を配置できれば、講和後の日本本土で米軍基地を維持する必要はないとの見解を持っていた（後述）。しかし、米ソ関係の悪化と欧州における冷戦構造の誕生を背景としてなされた、会談におけるアイケルバーガーの一連の発言は、国際情勢の変容に伴って、沖縄米軍基地の役割に変化が生じていることを日本政府に知らしめるには十分なインパクトを持つものだったと考えられる。
(30)「芦田書簡」については、外務省外交史料館「特別展示『サンフランシスコ講和への道』」(http://www.mofa.go.jp/mofaj/annai/honsho/shiryo/pdfs/01kouwa_mondai.pdf) 参照（二〇一八年一月一三日最終アクセス）。外務省内における講和問題研究と「芦田書簡」については、楠『吉田茂と安全保障政策の形成』一四九―一五四頁、坂元一哉『日米同盟の絆』（有斐閣、二〇〇〇年）一三頁、田中『安全保障』三八―四〇頁参照。芦田にとっての憲法九条と「芦田書簡」の意味を考察した論稿として、植田麻記子「占領初期における芦田均の国際情勢認識——「芦田修正」から「芦田書簡」へ」『国際政治』第一五一号（二〇〇八年三月）五四—七二頁参照。

(31) 「鈴木・アイケルバーガー会談」（一九四七年九月一三日）。

(32) 同右。「芦田書簡」では、日米間に特別協定が結ばれる際には、その「特別協定の内容は日本の独立が脅威せらるるような場合（これは安全保障における平和が脅威されることを意味する）米国側は日本政府と合議の上何時にても日本の国内に軍隊を進駐すると共にその軍事基地を使用出来る」として、日本本土には有事の際の米軍駐留を想定する「有事駐留」案が提案されていた（同右）。これこそが「平素において日本の独立を保全する方法」であると併記されたことから、「芦田書簡」で示された「有事駐留」案は、米軍の本土への常時駐留が国家の独立を傷つけることになることを回避するものだったとの指摘がある（楠『吉田茂と安全保障政策の形成』一五三頁、坂元『日米同盟の絆』一四—一五頁）。

(33) 西村は、「芦田書簡」では「沖縄や小笠原は日本の領土外に置かれることを前提としてい」たことを後に指摘している（西村熊雄「占領前期の対日講和問題——六つの伝達」大蔵財政協会『ファイナンス』第一〇巻一一号（一九七五年二月）八〇頁、同「『サンフランシスコ条約』始末」三国一郎『昭和史探訪6』（番町書房、一九七五年）八八頁）。沖縄を日本の領土外とすることを前提にした文書であったのには、以下の政策的背景があったと考えられる。第一に、沖縄米軍基地が日本の安全にも資する可能性を理解しつつも、米国の対日政策が未だ非軍事化を基調とするものであったため、沖縄の領土主権を失う可能性が高いと判断していたことである。第二に、芦田が、一九四七年六月に行った沖縄に関する自身の発言について批判を浴びた直後であったため、沖縄領有の希望を反映させることを回避したことである。

(34) 坂元『日米同盟の絆』一三頁。同様の文脈で、「芦田書簡」が過渡的な性格を持つ文書であったことを指摘したものとして、楠『吉田茂と安全保障政策の形成』一五二—一五四頁、田中『安全保障』三八—四〇頁。

(35) 前章で既述した通り、一九四七年半ばまでの日本政府が、沖縄米軍基地が保障占領の拠点としての役割を担い、そのため日本は沖縄の領土主権を放棄せざるを得ないと考えていたこと、その上、同基地が対ソ戦略上も重要になっていることを九月時点で認識していたことを踏まえれば、政府が主権放棄を強いられる可能性を一層高く見積もるようになっていたことは想像に難くない。この後、沖縄の二五年ないし五〇年、またはそれ以上の期間における租借を提案した、いわゆる「天皇メッセージ」が米国関係者にもたらされる（"Emperor of Japan's Opinion Concerning the Future of the Ryukyu Islands" (September 22, 1947), 沖縄県公文書館所蔵、0000017550）。同文書の内容は、以上の同時代的な背景に基づいて理解すべき文書である。すなわち、当時の日本政府関係者が、保障占領の拠点と位置付けられていた沖縄の領土主権を喪失する可能性の高さを認識していたことに鑑みれば、租借の提案は、領土主権喪失を回避することにその狙いがあったと考えられる。国際法理論上、租借地の場合でも租借国が施政権を行使することになる。しかし、租借地に対する領土主権は租貸国が保持することになるため、「天皇メッセージ」が提案されるにあたっては、沖縄の主権放棄を強いられる信託統治よりは、租借の方が望ましいと考えられたと解釈できる。なお、租借地の場合、租借国が施政権の行使という形で事実上の支配をすることになるが、租借が終了すれば、もとの完全な領土主権へと自動的に復活することになる（小寺他編『講義国際法』二二七―二二八頁）。

（36）「芦田書簡」に記された「日本に近い外側の地域の軍事的要地」が、具体的には沖縄、小笠原、硫黄島など、当時日本の施政権下から切り離されていた地域を指していたことを指摘するものとして、坂元『日米同盟の絆』一四頁、西村「占領前期の対日講和問題」八〇頁、同「『サンフランシスコ条約』始末」八八頁参照。

（37）一九四七年時点の日本政府が、国連による安全保障方式と、米軍の駐留に依拠した安全保障方式との間で揺れ動いていたこと、しかもどちらかといえば前者を優先的に検討していたことを指摘したものとして、吉田真吾「安保条約の起源――日本政府の構想と選択　一九四五―一九五一年」添谷芳秀編『秩序変動と日本外交――拡大と収縮の七〇年』（慶應義塾大学出版会、二〇一六年）六六―七一頁参照。

（38）Sarantakes, *Keystone*, p. 28. 終戦後のSWNCCにおける議論については、エルドリッヂ『沖縄問題の起源』第四章、宮里『アメリカの対外政策決定過程』一九九―二一〇頁参照。

（39）細谷『サンフランシスコ講和への道』二五―三四頁。

（40）奥脇他編『国際条約集』二九―三二頁。

（41）第二次世界大戦後五年間の米国外交と国連の関係を、安全保障理事会の拒否権問題を軸として論じたものとして、西崎文子『アメリカ冷戦政策と国連　一九四五―一九五〇』（東京大学出版会、一九九二年）参照。ソ連が安全保障理事会において最初の拒否権を行使したのは、一九四六年初頭のシリア・レバノンからの英仏軍撤退に関する問題についてであった。米国の決議案が英仏に対して寛容すぎることを拒否権行使の理由とした。以後、ソ連は西側の決議案に対して次々に拒否権を行使し、一九四七年春までの行使回数は計一〇回にのぼった。それゆえ、少なくとも一九四七年には既に、米国政府内には、拒否権問題が安全保障理事会の運営に障害になっているとの認識が存在していた（西崎、同右、九三―一〇二、一六九頁）。

（42）PPS 28, "Recommendations with Respect to U.S. Policy toward Japan" (March 25, 1948), *FRUS, 1948*, Vol. 6, *The Far East and Australasia* (Washington D.C.: U.S. Government Printing Office, 1974), pp. 691–696.

(43) サンフランシスコ講和条約（日本国との平和条約）第三条【信託統治】は、「日本国は、北緯二九度以南の南西諸島（琉球及び大東諸島を含む。）孀婦岩の南の南方諸島（小笠原群島、西之島及び火山列島を含む。）並びに沖の鳥島及び南鳥島を合衆国唯一の施政権者とする信託統治制度の下におくこととする国際連合に対する合衆国のいかなる提案にも同意する。このような提案が行われ且つ可決されるまで、合衆国は、領水を含むこれらの諸島の領域及び住民に対して行政、立法、及び司法上の権力の全部及び一部を行使する権利を有するものとする。」と規定している（奥脇他編『国際条約集』七四六頁）。

(44) 例えば、エルドリッヂ『沖縄問題の起源』第七章、河野『沖縄返還をめぐる政治と外交』第二章。

(45) "Minutes of the 56th Meeting" (September 8, 1947), Iokibe, ed., *The Occupation of Japan,* Part 2, 3-G-12.

(46) Ibid.

(47) "Minutes of the 65th Meeting" (September 22, 1947), enclosure to "United States Policy Toward a Peace Settlement with Japan" (September 17, 1947), ibid., 3-G-21.

(48) PPS 10, "Results of Planning Staff Study of Questions Involved in the Japanese Peace Settlement" (October 14, 1947), *FRUS, 1947,* Vol. 6, pp. 537-543.

(49) 一九四七年半ば以降の米国政府の政策方針からは「戦後処理」的観点が徐々に後退し、「冷戦」的思考が深く浸透し始めていたことを指摘したものとして、細谷『サンフランシスコ講和への道』五頁。

(50) Kennan, *Memoirs 1925-1950,* p. 377.

(51) Ibid., p. 386.

(52) PPS 28, "Recommendations with Respect to U.S. Policy toward Japan" (March 25, 1948).

(53) Kennan, *Memoirs 1925-1950,* pp. 393-394.

(54) PPS 28, "Recommendations with Respect to U.S. Policy toward Japan" (March 25, 1948).

(55) Kennan, *Memoirs 1925-1950,* p. 394.

(56) PPS 28, "Recommendations with Respect to U.S. Policy toward Japan" (March 25, 1948). ＰＰＳ２８においてケナンは、日本本土の占領軍の規模を（日本の財政負担削減のためにも）徐々に減らすべきだとの考えを示していた。

(57) Gaddis, *Strategies of Containment,* pp. 27-28. 菅『米ソ冷戦とアメリカのアジア政策』一六〇頁。

(58) PPS 13, "Resume of World Situation" (November 6, 1947), *FRUS, 1947,* Vol. 1, *General: The United Nations* (Washington D.C.:

U.S. Government Printing Office, 1973), pp. 770-777.

（59）極東の問題に全て対処することは米国の能力を超えていると考えたケナンは、中国問題については情勢の急激な変化を避けることが、米国が唯一為し得ることであり、ここでもソ連の脅威を過大評価することを諫めた。また、朝鮮半島については、この地域が米国の戦略上重要でないため、米国の威信を過度に低下させることに注意を払いつつ、兵力を南朝鮮から撤退させることを提言した（PPS 13, "Resume of World Situation" (November 6, 1947)）。

（60）Ibid.

（61）PPS 28, "Recommendations with Respect to U.S. Policy toward Japan" (March 25, 1948).

（62）Kennan, *Memoirs 1925-1950*, p. 393.

（63）PPS 28, "Recommendations with Respect to U.S. Policy toward Japan" (March 25, 1948).

（64）佐々木『封じ込めの形成と変容』一二一頁。

（65）実際ケナンは、対日講和が現実のものとなる際に、駐留米軍の日本からの撤退を、朝鮮半島の共産化防止を目的とする取り決めとの取引材料にすることを重要視していた（Kennan, *Memoirs 1925-1950*, p. 394）。ここにも、ケナンが朝鮮半島においてはもちろんのこと、アジアにおいてソ連との対決を予定していなかったことが見て取れる。

（66）このようなケナンの推察は、彼がソ連の対外行動が国際情勢分析や他国の外交政策に基づくものではなく、「ロシア人の伝統的で本能的な不安感」に依拠し、基本的には「国内的な必要性」から為されるものであるとする理解からも説明できる。逆説的ではあるが、ソ連の対外行動が基本的に「国内的な必要性」に基づいているからこそ、その必要性がなくなれば、ソ連の対外行動が穏健化する余地は十分にあると考えたと思われる。実際、後にケナンは、朝鮮戦争が勃発するまでは、日本の中立化と非軍事化を基礎として、日本周辺の安全保障に関する米ソの合意が形成される可能性があると考えていたことを述懐している（Kennan, *Memoirs 1925-1950*, p. 396）。

（67）エルドリッヂ『沖縄問題の起源』一四八―一五五頁。

（68）PPS 28, "Recommendations with Respect to U.S. Policy toward Japan" (March 25, 1948). ケナンは、日本周辺の安全保障に関するソ連との「ある種の全般的な合意」を形成できれば日本本土に米軍を駐留させる必要はないと考えたし、それを希望したのは、マッカーサーも同じだったと回想している（Kennan, *Memories 1925-1950*, p. 393）。

（69）PPS 28, "Recommendations with Respect to U.S. Policy toward Japan" (March 25, 1948).

（70）Ibid.

(71) Ibid.

(72) PPS28で示されたようなケナンの対日構想の論理が、沖縄の戦略的重要性を高める役割を果たしたことを指摘するものとして、Iriye, *The Cold War in Asia*, p. 174 参照。

(73) これに加え、一九四七年九月一九日に芦田と会話を交わしたドレーパー（William H. Draper Jr.）米陸軍次官が、占領軍撤退後の日本の安全保障の問題に言及した芦田に対して、「極めて当然の事の如く之に応酬した」ことは、「既に問題を考えていた証拠」であるとして、米国が対日政策の立案を対ソ戦略の一環としているものと受け止められていた（「平和条約締結後の日本の安全保障について」（一九四七年一〇月六日）『準備対策』三一四—三一五頁）。

(74) 「対日平和予備会議招請問題の現段階」（一九四七年一一月）同上、三二八頁。

(75) 同上、三四〇—三四一頁。

(76) 同上、三四〇—三四一頁。

(77) 「対日平和問題の現段階と『事実上の平和』の可能性について」（一九四八年六月三〇日）『準備対策』三五四—三七五頁。

(78) 同上。

(79) 「日本管理の現段階とド・ファクト・ピース」（一九四八年一二月二〇日）外交史料館マイクロフィルム、リール番号B'0001。

(80) 「対日平和問題の現段階と『事実上の平和』の可能性について」（一九四八年六月三〇日）。

(81) 「対日平和条約想定大綱」（一九四八年一二月）外務省マイクロフィルム、リール番号B'0008。

(82) 「ヤルタ協定」（一九四五年二月一一日）奥脇他編『国際条約集』七六四頁。

(83) 添谷「東アジアの『ヤルタ体制』」三六—三九頁。

(84) いわゆる「マーシャル・ミッション」については、Leffler, *A Preponderance of Power*, pp. 127–131, 246–253, 菅英輝『米ソ冷戦とアメリカのアジア政策』（ミネルヴァ書房、一九九二年）第二章、松村『「大国中国」の崩壊』第五章—第八章参照。

(85) Iriye, *The Cold War in Asia*, pp. 116–119, 松村『「大国中国」の崩壊』二五三—二五八頁。

(86) NSC 34, "United States policy toward China" (October 13, 1948), Thomas H. Etzold and John Lewis Gaddis, eds., *Containment: Documents on American Policy and Strategy, 1945-1950* (New York: Columbia University Press, 1978), pp. 242–246.

(87) Iriye, *The cold War in Asia*, p. 172.

(88) JCS 1619, "Strategic Areas and Trusteeships in the Pacific" (February 2,1946), Box 84, Section 14, Central Decimal Files, 1946–

47, RG 218, 沖縄県公文書館所蔵。

(89) SWNSS 59/1, "Policy Concerning Trusteeship and Other Method of Disposition of the Mandated and Other Outlying and Minor Islands Formerly Controlled by Japan" (June 24, 1946), Makoto Iokibe, ed., *The Occupation of Japan*, Part 2, 2-A-161.

(90) Iriye, *The Cold War in Asia*, pp. 181-182, 添谷「東アジアの『ヤルタ体制』」五八—五九頁。

(91) ＮＳＣ１３／２では、沖縄に関する勧告は、「別個に述べる」ということだけが記された。NSC 13/2 "Report by the National Security Council on Recommendations with Respect to United States Policy Toward Japan" (October 7, 1948), *FRUS, 1948*, Vol.VI, p. 859. それは、米国が沖縄の長期保有をするとしても、この時点においては沖縄が法的には依然日本の領土であったため、米国の国家予算から沖縄管理の費用を支出することが困難だったからである。そこで軍部は、米国政府の予算から沖縄の管理費用を支出することを可能にする措置をとるよう求めた（宮里『アメリカの対外政策決定過程』二二八—二三〇頁、エルドリッヂ『沖縄問題の起源』一六六—一七〇頁）。したがって、沖縄については更なる検討が必要とされたため、一九四八年一〇月に対日政策の転換が決定した際には、沖縄に関する条項の記載は一旦留保された。

(92) NSC 13/3 "Report by the National Security Council on Recommendations with Respect to United States Policy Toward Japan" (May 6, 1949), *FRUS, 1949, The Far East and Australasia*, Vol.VII, Part 2 (Washington D.C.: U.S. Government Printing Office, 1976) p. 731. ＮＳＣ１３／３の原案であったケナン作成のＰＰＳ２８では、沖縄米軍基地施設の「恒久的保持」に言及したのに対して、ＮＳＣ１３／３では、「長期的な保持」が要求された。この点について、「恒久的保持」では「恒久的な領土保有」を目論んでいるというニュアンスになるのを避けるために、語句の変更がなされたことを指摘するものとして、エルドリッヂ『沖縄問題の起源』一六二頁。ＮＳＣ１３／２が大統領の決済を受ける前の一九四八年八月に、沖縄を統治する琉球軍司令部が、マッカーサーの率いる極東軍司令部の直轄下に置かれることが決まった。この時まで、在沖縄米軍は、マニラのフィリピン琉球司令部（Philippine-Ryukyu Command: PHILRYCOM）の管轄下にあった。これは、「日本本土決戦に備えフィリピンに蓄積された巨大な軍需品を処理するため」であった。この軍需品の沖縄への輸送が完了したこと、そして占領地としての沖縄の特殊性に鑑み、琉球司令部（Ryukyu Command: RYCOM）が独立することになった（『朝日新聞』一九四八年七月一五日朝刊）。マッカーサーが日本本土の問題に専念していたこと、沖縄における全ての決定がマニラ経由で行われていたことを背景として、沖縄政策が米国政府内で正式に立案されたこの時まで、沖縄の軍政は軽視されがちであった（宮里『アメリカの対外政策決定過程』二二八—二二九頁）。終戦後長きにわたり、米国政府の沖縄政策が未決定であったことから、米国内においても、沖縄は「忘れられた島」、「忘却された沖縄」と呼ばれていた（中野好夫編『戦後資料沖縄』

（日本評論社、一九六九年）五九―六一頁）。

(93) ケナンの対日構想や、米国政府内の対日政策の転換に関する一連の作業過程については、Dunn, *Peace-Making and the Settlement with Japan*, Chapter 4, Kennan, *Memoirs 1952-50*, Chapter 14, Leffler, *A Preponderance of Power*, pp. 253-257, 菅『米ソ冷戦とアメリカのアジア政策』二二四―二三四頁、楠『吉田茂と安全保障政策の形成』五九―七三頁、細谷『サンフランシスコ講和への道』第二章参照。

(94) PPS 28/2, "Recommendations with respect to U.S. Policy toward Japan" (May 25, 1948), *The Occupation of Japan*, Part 3, 3-F-10.

(95) Schuyler to Butterworth, "Recommendations with respect to U.S. Policy toward Japan" (April 28, 1948), Hiroshi Masuda, eds., *Rearmament of Japan*, Part 1, (Congressional Information Service, Inc. and Maruzen Co., 1998) 1-C-1.

(96) Royall to Forrestal, "Limited Military Armament for Japan" (May 18, 1948), ibid., 1-A-46.

(97) 楠『吉田茂と安全保障政策の形成』七〇―七一頁。

(98) ＮＳＣ１３／２では、沖縄に関する勧告は、「別個に述べる」ということだけが記された。NSC 13/2 "Report by the National Security Council on Recommendations with Respect to United States Policy Toward Japan" (October 7, 1948).

(99) このときの「限定的再軍備」は、憲法を改正し、「小規模、軽武装で二〇～三〇万人の日本軍隊」を想定していた（菅『米ソ冷戦とアメリカのアジア政策』二三〇頁）。

(100) Michael J. Hogan, *A Cross of Iron: Harry S. Truman and the Origins of the National Security State, 1945-1954* (Cambridge University Press, 1998), pp. 214-215.

(101) NSC 44, "Limited Military Armament for Japan" (March 11, 1949), *Rearmament of Japan*, Part 1, 1-A-85.

(102) 先のＮＳＣ１３／２で指摘された沖縄の管理費用に関する問題については、「今後はいかなる地域（any other occupied area）に対しても財政的に依存しないこと」を条件として、米国の国家予算からその費用を支出することが可能となった。ここでいう他の「いかなる地域」が、日本政府（本土）のことを指していることは明らかであった（河野『沖縄返還をめぐる政治と外交』二七頁）。

(103) この当時の米国の限定的な封じ込め政策については、Gaddis, *Strategies of Containment*, Chapter 2, Gaddis, *George F. Kennan*, Chapter 13, Chapter 14, 佐々木『封じ込め政策の形成と変容』第三章参照。

(104) NSC 34, "United States policy toward China" (October 13, 1948).

(105)『中国白書』が「当面のアメリカの失敗についての〝自己批判〟の書であり、また〝弁解〟の書でもあった」ことを指摘したものとして、中嶋嶺雄『中ソ対立と現代』（中央公論社、一九七八年）六三―六六頁。

(106) *The China White Paper: August 1949*, Vol. 1 (Stanford: Stanford University Press, 1967), p. XVI.

(107) トルーマンは、ソ連の原爆保有の事実を公表することで、西欧や米国民が混乱に陥ることを恐れた（Leffler, *A Preponderance of Power*, pp. 323, 326）。

(108) Gordon H. Chang, *Friends and Enemies: The United States, China, and the Soviet Union, 1948-1972* (Stanford: Stanford University Press, 1990), p. 42 参照。

(109) NSC 48/1, "The Position of the United States with respect to Asia" (December 23, 1949), Etzold and Gaddis, eds., *Containment*, p. 264.

(110) Ibid.

(111) Ibid.

(112) NSC 48/2, "The Position of the United States with respect to Asia" (December 30, 1949), Etzold and Gaddis, eds., *Containment*, pp. 270-271.

(113) Ibid.

(114) "Review of the Position as of 1950: Address by the Secretary of State, January 12, 1950," U.S. Department of State, *American Foreign Policy, 1950-1955, Basic Documents* Vol. 2 (U.S. Government Printing Office, 1957), pp. 2317-2318. アチソンの対ソ認識については、中西寛「吉田・ダレス会談再考――未完の安全保障対話」『法学論叢』第一四〇巻一・二号（一九九六年一一月）二一四―二一六頁参照。

(115)『朝日新聞』一九五〇年二月一一日朝刊。確かに、この大統領による署名は、四九年七月の大型台風の結果、それまで簡易な造りであった沖縄米軍基地が甚大な被害を受けたことに対する被害状況の報告書ができたタイミングでなされたものでもあった（宮里『アメリカの沖縄統治』二五頁）。しかし、より重要であったのは、前述のように、ソ連の原爆実験成功の事実を知った直後に共産党中国の樹立宣言を受けたことで急激に対ソ脅威認識が高まったことでなされた、米国政府の反射的な対応としての側面であろう。四九年一一月一〇日には、琉球軍政長官シーツ（Josef R. Sheetz）少将によって、約五千万ドルの軍民施設復興予算が議会で可決されたことが日本政府に伝えられた（「沖縄に於ける米軍工事に関する件」（一九五〇年三月二四日）外交史料館マイクロフィルム、リール番号

H'0001'）。この工事では、沖縄米軍基地の長期保有方針に基づき、それまでの簡易な造りの基地ではなく、コンクリートによる頑丈な基地の建設が予定されていた。

(116) 細谷千博・有賀貞・石井修・佐々木卓也編『日米関係資料集　一九四五―九七』（東京大学出版会、一九九九年）六九頁。

(117) 『朝日新聞』一九五〇年二月一一日朝刊。基地建設工事では、沖縄の建設業者及び沖縄の人々を雇用することで、沖縄経済の活性化を図ることが期待された。

(118) 『朝日新聞』一九五〇年三月一八日朝刊。

(119) ソ連の原爆保有が明らかになった後でも、共産中国がソ連の手に落ちずに居続けることへの希望を抱いていたことを指摘したものとして、Chang, *Friends and Enemies*, p. 42 参照。

(120) NSC 48/1, "The Position of the United States with respect to Asia"（December 23, 1949）, Etzold and Gaddis, eds., *Containment*, p. 264.

(121) Ibid.

(122) "United States Policy respecting the Status of Formosa（Taiwan）: Statement by the President"（January 5, 1950）, *American Foreign Policy, 1950-1955, Basic Documents*, Vol. II, p. 2449.

(123) NSC 34, "United States policy toward China"（October 13, 1948）, Etzold and Gaddis, eds., *Containment*, pp. 242-246.

(124) 中嶋『中ソ対立と現代』七二頁。

(125) Gaddis, *Strategies of Containment*, p. 88.

(126) ＮＳＣ６８の概要と、これがその後の米国の政策形成過程において決定的に重要な役割を果たしたことを指摘したものとして、Hogan, *A Cross of Iron*, Chapter 7, ibid, Chapter 4, Leffler, *A Preponderance of Power*, pp. 355-360, 佐々木『封じ込めの形成と変容』第五章参照。

(127) NSC 68, "United States Objectives and Programs for National Security," Dennis Merrill, ed., *Documentary History of the Truman Presidency Vol. 7: the Ideological Foundation of the Cold War — the "Long Telegram," the Clifford Report, and NSC 68*（University Publication of America, 1998）, pp. 324-391.

(128) "Memorandum by the Deputy under Secretary of State（Rusk）"（January 24, 1950）, *FRUS, 1950*, Vol. 6, *East Asia and The Pacific*（Washington D.C.: U.S. Government Printing Office, 1976）, p. 1131.

(129)　PPS 28, "Recommendations with Respect to U.S. Policy toward Japan" (March 25, 1948).

(130)　NSC 49, "Note by the Executive Secretary (Souers) to the National Security Council" (June 15, 1949), *1949*, Vol. 7, *The Far East and Australasia*, Part 2 (Washington D.C.: U.S. Government Printing Office, 1976), *FRUS*, pp. 773-777.

(131)　一九四九年一月に国務長官がマーシャルからアチソンに代わったことにより、対日講和延期、経済復興優先の対日政策を主導したケナンの発言力は相対的に低下していた。アチソンが極東局などの地域局の意見を尊重する立場をとったからであった。最終的に、西ドイツの再軍備問題をめぐってアチソンと対立したケナンは、マーシャルに任された政策企画室長の職を辞することになった（細谷『サンフランシスコ講和への道』五〇―五一頁、宮里『日米関係と沖縄』四二頁）。

(132)　この当時のアチソンの対ソ認識については、中西寛「吉田・ダレス会談再考――未完の安全保障対話」『法学論叢』第一四〇巻一・二号（一九九六年一一月）二二四―二二六頁参照。

(133)　NSC 49/1, "Note by the Executive Secretary (Souers) to the National Security Council" (October 4, 1949), *ibid.*, pp. 870-873.

(134)　室山義正『日米安保体制』上巻（有斐閣、一九九二年）六四―七五頁。

(135)　"American Bases in Japan" (April 6, 1950), *FRUS*, 1950, Vol. 6, pp. 1170-1171.

(136)　Dunn, *Peace-Making and the Settlement with Japan*, pp. 95-97

(137)　坂元『日米同盟の絆』二二頁。

(138)　たとえば、楠『吉田茂と安全保障政策の形成』一一六―一一七頁、田中『安全保障』三三―三四頁、室山『日米安保体制』上巻、七九―八〇頁。

(139)　『朝日新聞』一九四九年五月一一日朝刊。

(140)　「対日平和条約の諸問題」（一九四九年一一月一五日）四三四頁。

(141)　"Memorandum of Conversation by the Counselor of the Mission in Japan," *FRUS*, 1950, Vol. 6, East Asia and The Pacific (Washington D.C.: U.S. Government Printing Office, 1976), pp. 1166-1167.

(142)　"The Special Assistant to the Undersecretary of the Army (Reid) to Butterworth" (May 10, 1950), ibid., pp. 1194-1198. この件について、当時の池田勇人大蔵大臣の秘書官として訪米に同行した宮澤喜一による回想が記されたものとして、宮澤喜一『東京―ワシントンの密談』（中央公論社、一九九九年）五三―五七頁参照。

(143)　"Memorandum by the Supreme Commander for the Allied Powers (MacArthur)" (June 23, 1950), ibid., pp. 1127-1128.

(144) 柴山『日本再軍備への道』一六―一七頁。
(145) 米国が沖縄において信託統治を実施することについての法的側面から矛盾を指摘したものとして、高野『日本の領土』第一章参照。
(146) 例えば、一〇月二九日付の文書では、「米国の対日講和に対する態度は極めて慎重である」と指摘しながらも、「米国としても、問題の緊急性については異論はないようである」と推察されていた（「対日講和問題をめぐる報道ぶりと各国の動向について」（一九四九年一〇月二九日）『準備対策』四二三頁）。
(147) 『朝日新聞』一九四九年一一月五日朝刊。
(148) とりわけ、日本政府は、九月の米英外相会談後にもたらされた「米英両国は出来るだけ早い機会に対日講和問題の討議を再開することに決定し」、「ソヴエト及び中国の参加しない場合でも対日講和条約のための協議を早急に開始の希望を有している」との情報に注目していた（「対日講和問題をめぐる各国の動向について」（一九四九年一一月四日）『準備対策』四二九―四三〇頁）。
(149) 「平和条約問題の今日の段階における措置について」（一九四九年一〇月三日）同上、四一五頁。
(150) 吉田「安保条約の起源」『秩序変動と日本外交』七一―七二頁。
(151) 「多数講和における安全保障の基本方針について」（一九四九年一二月三日）同上、四四一頁。
(152) 室山『日米安保体制』上巻、四三頁。
(153) 「多数講和における安全保障の基本方針について」（一九四九年一二月三日）。
(154) 「安全保障（特に軍事基地）に関する基本的立場」（一九五〇年五月三一日）『準備対策』四八三―四八六頁。
(155) 同右。
(156) 吉田「安保条約の起源」『秩序変動と日本外交』七一―七三頁。

【第三章　日本の再軍備と沖縄問題】

(1) Sarantakes, *Keystone*, Chapter 3, エルドリッヂ『沖縄問題の起源』第七章、明田川『沖縄基地問題の歴史』第三章、河野『沖縄返還をめぐる政治と外交』第二章、平良『戦後沖縄と米軍基地』第二章、渡辺『戦後日本の政治と外交』第一章。
(2) このことを指摘したものとして、明田川『沖縄基地問題の歴史』一五三頁、河野康子「沖縄問題の起源をめぐって――課題と展望」『国際政治』第一四〇号（二〇〇五年三月）一四五頁。
(3) 例えば、エルドリッヂ『沖縄問題の起源』第七章、河野『沖縄返還をめぐる政治と外交』第二章。

（4）朝鮮戦争の背景については、赤木完爾編『朝鮮戦争――休戦五〇周年の検証・半島の内と外から』（慶應義塾大学出版会、二〇〇三年）、小此木政夫『朝鮮戦争――米国の介入過程』（中央公論社、一九八六年）、神谷不二『朝鮮戦争――米中対決の原形』（中央公論新社、一九九〇年）、和田春樹『朝鮮戦争全史』（岩波書店、二〇〇二年）、Rosemary Foot, *The Wrong War: American Policy and Dimensions of the Korean Conflict, 1950-1953* (Ithaca, N.Y.: Cornell University Press, 1985), William Stueck, *Rethinking the Korean War: A New Diplomatic and Strategic History* (Princeton: Princeton University Press, 2002) 参照。

（5）“Statement by the President on the Situation in Korea” (June 27, 1950), *Public Paper of the President of the United States, Harry S. Truman* (Washington, D.C.: U.S. Government Printing Office, 1966), p. 492. 国連における中国代表権問題をめぐってソ連が一月以来国連をボイコットしていたことで、六月二七日の安全保障理事会において、トルーマンの提案を契機とした朝鮮半島における軍事的措置を認める決議が成立した。これにより、米国を含めた一六ヶ国で構成された「朝鮮国連軍」が国連旗を掲げて朝鮮半島に派兵されることになったが、当該部隊は国連憲章第七章の規定に基づく国連軍ではなかったとみなされている（小笠原他編『国際関係・安全保障用語辞典』二一二頁）。

（6）宮里『日米関係と沖縄』四九頁。

（7）戦後米国の朝鮮政策については、Leffler, *A Preponderance of Power*, pp. 88-90, 246-253, 298-304, 小此木『朝鮮戦争』第二章、添谷「東アジアの『ヤルタ体制』」三九―四五、五九―六二頁、Stueck, *Rethinking the Korean War* 参照。中国が朝鮮戦争の介入に至る過程については、朱建栄『毛沢東の朝鮮戦争――中国が鴨緑江を渡るまで』（岩波書店、二〇〇四年）参照。

（8）神谷『朝鮮戦争』一六―一九頁。米軍は、南朝鮮における日本敗戦後の武装解除に当たることになったが、朝鮮半島の戦後処理方針として信託統治を実施するという方針が漠然と決まっていたのみであったため、米国の朝鮮占領政策は失敗が続いた。

（9）小此木『朝鮮戦争』二一頁。

（10）朝鮮半島における対立の回避を試みたのは、ソ連も同様であった。それは、朝鮮半島からの米ソ両軍の撤退をソ連側から提案したことからも明らかであった（小此木、同右、二一頁、神谷『朝鮮戦争』三三―三四頁）。

（11）NSC 48/2, “The Position of the United States with respect to Asia” (December 30, 1949), Etzold and Gaddis, eds., *Containment*, pp. 272-273.

（12）朝鮮戦争勃発直後の米国の政策転換については、Chang, *Friends and Enemies*, pp. 76-80, Hogan, *A Cross of Iron*, Chapter 8, 小此木『朝鮮戦争』七七―九〇頁、菅『米ソ冷戦とアメリカのアジア政策』二五〇―二五八、三一八―三二四頁参照。

(13) "Statement by the President on the Situation in Korea" (June 27, 1950), *Public Paper of the President of the United States, Harry S. Truman* (Washington, D.C.: U.S. Government Printing Office, 1966), p. 492.

(14) 入江『米中関係』一四二頁。

(15) Nancy Bernkopf Tucker, *Taiwan, Hong Kong, and the United States, 1945-1992: Uncertain Friendships* (New York: Twayne, 1994), pp. 31-32. したがって、台湾海峡の「中立化」を目的とする第七艦隊派遣の段階では、米国の台湾政策と沖縄米軍基地の間に政策上の関連性は未だ存在していなかったと解釈できる。

(16) 入江『米中関係』一四二頁。

(17) 沖縄米軍基地が、一九五三年七月の朝鮮戦争停戦後は朝鮮半島に対する後方支援基地となったことで、一九六九年一一月に沖縄の施政権返還を確約する日米共同声明を出す際に佐藤栄作首相は、「韓国の安全は日本の安全にとって緊要である」とするいわゆる「韓国条項」に言及する必要に迫られた。「韓国条項」については、中島琢磨『沖縄返還と日米安保体制』（有斐閣、二〇一二年）二六三―二七一頁参照。

(18) 朝鮮戦争勃発前からダレスは、共産勢力による日本国内への「間接侵略」の危険性を問題視していた（"Memorandum by the Consultant to the Secretary (Dulles) to the Secretary of States" (June 7, 1950), *FRUS, 1950*, Vol. 6, pp. 1207-1212）。朝鮮戦争の勃発で講和が遅れることによって、共産勢力が日本国内の不満を反米の動きへと誘導する可能性に対する危機感を、ダレスは強めたのである。

(19) "Memorandum by the Consultant to the Secretary (Dulles) to the Secretary of State" (July 19, 1950), ibid., pp. 1243-1244.

(20) "Memorandum of Conversation, by the Secretary of State" (July 24, 1950), ibid., p. 1255.

(21) Dunn, *Peace-Making and the Settlement with Japan*, p. 98.

(22) "Memorandum by the Consultant to the Secretary (Dulles) to the Secretary of State" (June 7, 1950), *FRUS, 1950*, Vol.VI, pp. 1210-1211. ダレスの安全保障観については、中西「吉田・ダレス会談再考」二二五―二二六頁参照。中西は、ダレスの安全保障観は「抑止と平和的変更を組み合わせた安全保障観」であるとする。

(23) "Memorandum by the Consultant to the Secretary (Dulles) to the Secretary of State" (June 7, 1950), *FRUS, 1950*, Vol.VI, p. 1211.

(24) 細谷『サンフランシスコ講和への道』六七頁。

(25) ダレスの日本滞在は、六月二一日から二七日まで、ジョンソン一行の滞在は、六月一七日から二三日までであった。宮里『日米関係と沖縄』四六頁。

(26) マッカーサーは、日本本土における米軍駐留の根拠を、世界の「無責任なる軍国主義」の存在に見出した。これは、ポツダム宣言第六項を意図的に再解釈して編み出されたものであった。ポツダム宣言第六項では、「無責任なる軍国主義が駆逐せらるるに至る迄」、日本を占領すると規定していた。もちろん、ここでいう「無責任なる軍国主義」とは日本のことである。しかし、マッカーサーは、これがソ連という共産主義のことを指しているのだと意図的に解釈した。したがって、ソ連が「無責任なる軍国主義」である現状のため、必然的に米国は、日本に軍隊を駐留させることができるという論理が成り立つとしたのであった。坂元『日米同盟の絆』二〇―二一頁。宮里『日米関係と沖縄』四七頁。

(27) シャラー『「日米関係」とは何だったのか』五五頁。

(28) この時ダレスは、マッカーサー覚書を基に、国連の枠組みの中で米軍が日本に駐留する方法を編み出していた。ダレスの新たな考えの要点は、以下の通りである。すなわち、講和後、日本は国連に加盟し、安全保障理事会に兵力や施設の提供を約束する国連憲章第四三条（国際の平和及び安全の維持に貢献するため、それに必要な兵力、援助及び便益を安全保障理事会に利用させることを約束する規定）に則り、兵力及び施設の提供をする。ただし、安全保障理事会が機能していない場合は、日本は米国と同様の協定を結ぶことで米国に兵力や施設を提供する。そして、安全保障理事会がその機能を果たし得る状態になれば、日本が提供した兵力や施設は、国連の管理下に置かれる。坂元『日米同盟の絆』二一頁。中西寛「吉田・ダレス会談再考」二二五―二二六頁。

(29) シャラー『「日米関係」とは何だったのか』五八頁。

(30) NSC 60/1, "A Report to the National Security Council by the Executive Security on Japanese Peace Treaty" (September 8, 1950), White House Office, National Security Council Staff, Papers, 1948-61, Disaster File series, Japan (3), 沖縄県公文書館所蔵。

(31) 例えば、楠『吉田茂と安全保障政策の形成』一二二―一二八頁、柴山『日本再軍備への道』二九八―三〇七頁。

(32) コワルスキー『日本再軍備』三二頁。

(33) コワルスキーによれば、「アメリカは共産軍の侵略を阻止するに必要な兵力はもはや日本には存在しないと認識」していたが、「本国からの増援は少なくともここ数ヶ月は期待できない」状況にあったという（コワルスキー、同右、三二頁）。

マッカーサーは、講和後の日本は「東洋のスイス」になるべきだと当初は考えていたが、一九四九年以降、極東情勢が悪化する中で、そのような構想は非現実的なものであることを認識するようになっていた。五〇年の年頭声明で、マッカーサーが憲法九条は日本の自衛権を否定したものではないとの見解を表明したことがその何よりの証だった。マッカーサー「年頭声明」（一九五〇年一月一日）大嶽秀夫編『戦後日本防衛問題資料集』第一巻（三一書房、一九九一年）二三五頁。マッカーサーの日本再軍備観の変遷については、楠『吉田茂と安全保障政策の形成』九七―九八頁、二三二―二四四頁、増田弘『マッカーサー――フィリピン統治から日本占領へ』（中央公論新社、二〇〇九年）第一一章参照。

（34）田中『安全保障』七〇頁。

（35）コワルスキー『日本再軍備』五七頁。

（36）Gaddis, *Strategies of Containment*, p. 112, 細谷『戦後国際秩序とイギリス外交』二〇八―二一六頁。

（37）「ヴァンデンバーグ決議」（一九四八年六月一一日）奥脇他編『国際条約集』六九三頁。

（38）実際、一九五一年一月末からの日米会談の際に、日本政府が、日米は国連憲章第五一条による集団的自衛の関係にあるため相互防衛の関係にあるとの論法を用いようとした際に、米国政府関係者は、日本が現状では「継続的かつ効果的な自助」を行えないことを指摘し、日本との間で相互防衛条約は締結できないことを強調した（西村『サンフランシスコ平和条約・日米安保条約』二三―二四頁）。

（39）"Unsigned Memorandum by the Policy Planning Staff" (July 26, 1950), *FRUS, 1950*, Vol. 6, Part 2, pp. 1255–1257.

（40）入江昭『日本の外交――明治維新から現代まで』（中央公論新社、一九六六年）一五四頁。

（41）NSC 60/1, "A Report to the National Security Council by the Executive Security on Japanese Peace Treaty" (September 8, 1950).

（42）柴山『日本再軍備への道』二九六頁。その一方で、同会議では、統合参謀本部の兵力増強要請は即座に承認されていた（James F. Schnabel, ed., *The Joint Chiefs of Staff and National Policy 1950-1952*, Vol. 4, Washington, D.C. : Office of Joint History, Office of the Chairman of the Joint Chiefs of Staff, 1998, p. 21）。そもそも、講和の前の段階で日本の再軍備を実現することには、他の連合国との関係上困難が伴うことが予想されていた。一九五〇年七月二六日付の政策企画室の文書は、日本の非軍事化に関する極東委員会（Far Eastern Commission: FEC）の諸決定の存在が最大の障害になっていると見ていた。「降伏後における対日基本方針」（一九四七年六月二〇日―FEC 014/9）もその一つであり、警察力の強化を越えた装備は禁止されていると解された。また、ダレスから受け取った七月二〇日付の覚書によれば、ダレスも警察力の準軍事力への転換が「現行のFECの諸決定のため」不可能であると考えているようだった。ただしダレスは、対日講和条約が締結された後であればその制約はなくなるので、限定的再軍備が可能だとの指摘もしていた（"Unsigned Memorandum by the Policy Planning Staff" (July 26, 1950)）。

だが、そもそも武装解除と保障占領について明記したポツダム宣言の第六項と第七項が、日本の非軍事化の徹底を企図して規定されたものであったことは第一章で確認した通りである。それゆえ、日本再軍備を試みる米国の方針が、ポツダム宣言の条項に反するものであることは明白であった。しかし、米国は現実問題として日本における「軍事上の空白」を埋める必要に迫られていた。そこでダレスや国務省は、ポツダム宣言を「解釈」し直すことで、同宣言違反という問題を切り抜けることを試みた。すなわち、日本に対する保障占領の期限について規定したポツダム宣言第六項の読み替えであった。

ポツダム宣言第六項は、「無責任なる軍国主義が世界より駆逐せらるるに至るまでは、平和、安全及び正義の新秩序が生じ得ざるため、「日本国国民を欺瞞し、之をして世界征服の挙に出づるの過誤を犯さしめたる者の権力及び勢力は、永久に除去」しなければならないと規定している（「ポツダム宣言」奥脇他編『国際条約集』八五五頁）。むろん、ポツダム宣言作成時に「日本国国民を欺瞞し、之をして世界征服の挙に出づるの過誤を犯さしめたる者」として念頭に置かれていたのは、日本政府であった。だがこれを、ソ連に読み替える論理構成をとることで、講和後の日本における米軍駐留を正当化しようというわけである。つまり、朝鮮戦争が勃発した現況下で「日本国国民を欺瞞し、之をして世界征服の挙に出づるの過誤を犯さしめたる」ソ連が、「無責任なる軍国主義」を蔓延らせている間は、米国が「平和、安全及び正義の新秩序」のために行動するとの論理であった。

もっとも、この論理構成の利用は、もともとは一九五〇年六月にマッカーサーがダレスに対して語ったアイディアだった（坂元『日米同盟の絆』二一一―二一二頁）。この後、この論理が基礎となって、日米安全保障条約が作成されることとなる。

(43) 楠『吉田茂と安全保障政策の形成』一二七頁。

(44) NSC 60/1, "A Report to the National Security Council by the Executive Security on Japanese Peace Treaty" (September 8, 1950).

(45) Ibid.

(46) "Memorandum on Territorial Provisions of a Japanese Peace Treaty Fearey" (November 14, 1950), Records Relating to Japanese Peace Treaty and Security Treaty, 1946–1952, Office of the Historian, Bureau of Public Affairs, Box 3, RG 59, 沖縄県公文書館所蔵。

(47) もっとも、四九年九月に米英間で対日講和促進の方針についての合意がなされてから暫くの間は、国務省も沖縄における信託統治を支持する立場（ただし、軍部が主張していた戦略的信託統治ではなく、通常の信託統治の実施を指向する立場）をとっていた。その際には、対日講和条約上、沖縄を日本の主権下に残さないことを前提とした議論が進められていた（From Boggs to Hamilton and

Fearey, "Draft treaty of peace with Japan, territorial clauses" (January 3, 1950), Central Decimal File, 1950-1954, Box 3006, RG 59, National Archives)。加えて、一九五〇年四月に国務省顧問に就任したダレスも、この国務省の方針を支持していた（"Memorandum of Conversation by the Special Assistant to the Secretary (Howard)" (April 7, 1950), *FRUS*, Vol. 6, Part 2, pp. 1161-1166.)。

(48) "Draft of a Peace Treaty with Japan" (September 11, 1950), ibid., pp. 1297-1303.

(49) 同様に、一九五〇年八月二四日に作成された対日講和条約草案でも「合衆国はまた、北緯二九度以南の琉球諸島、小笠原、火山列島、沖ノ鳥島及び南鳥島の全部または一部を、合衆国を施政権者とする信託統治の下に置くことを、合衆国の決定によって国際連合に提案するであろう」と規定された（"Memorandum by the Director of the Office of Northeast Asian Affairs (Allison) to the Secretary of State" (August 24, 1950), ibid., p. 1287, footnote 12)。

(50) この点について、宮里政玄は、一九五〇年八月及び九月の対日講和条約案には既に「潜在主権」の論理が内在されていたと指摘する（宮里『日米関係と沖縄』四八―五〇頁）。

(51) 米国政府、とりわけ国務省関係者が沖縄について信託統治の方針を掲げ続けたことについて、河野康子は、まずは講和に向けて軍部に支持を得る必要があったこと、また領土不拡大の原則を遵守する意向であることを対外的に発信する意図があったことがその理由であったと指摘する（河野『沖縄をめぐる政治と外交』四七―四八頁）。

(52) 国際信託統治制度第八三条【戦略地区に関する安全保障理事会の任務】、奥脇他編『国際条約集』三二一―三二三頁。

(53) "Memorandum of Conversation, by Colonel Stanton Babcock of the Department of Defense" (October 26-27, 1950), *FRUS, 1950*, Vol. 6, Part 2, pp. 1332-1336.

(54) "Unsigned Memorandum of Conversation From Departmental Files" (November 20, 1950), ibid., pp. 1352-1354. 沖縄の領土主権を日本に放棄させることについては、インドも疑問を呈していた（エルドリッヂ『沖縄問題の起源』一九八頁）。

(55) このようなマリクの姿勢から、ソ連が、講和後の日本本土と沖縄における長期的な基地使用権を獲得しようとする米国の試みに反対する可能性を、アチソンが高く見積もっていたことを指摘したものとして、Leffler, *A Preponderance of Power*, p. 427, Sandars, *America's Overseas Garrisons*, p. 163 参照。ダレスはソ連による批判を受け付けない姿勢を堅持した一方で、そのような主張が続けられた場合、「日本における共産主義プロパガンダが、琉球を日本に返還させるというソ連の願望を強調する可能性がある」ことを警戒していた（"The Consultant to the Secretary (Dulles) to the Commander in Chief of the United Nations Forces (MacArthur)" (November 15, 1950), *FRUS, 1950*, Vol. 6, Part 2, pp. 1349-1351)。

(56)　『朝日新聞』一九五〇年九月二四日朝刊。
(57)　『読売新聞』一九五〇年一〇月一三日朝刊。
(58)　"Territorial Provisions of Japanese Peace Treaty"（October 26, 1950）, *Rearmament of Japan, Part 1: 1947-1952*, 2A142.
(59)　Sarantakes, *Keystone*, p. 57.
(60)　"Territorial Provisions of Japanese Peace Treaty"（October 26, 1950）.
(61)　"Memorandum by Mr. Robert A. Fearey of the Office of Northeast Asian Affairs to the Deputy Director of the Office (Johnson)"（November 14, 1950）, *FRUS, 1950*, Vol. 6, Part 2, pp. 1346-1348.
(62)　当時の新聞は、朝鮮戦争の開始により、米国が対日講和構想を全面的に考え直すことになるであろうとの分析を披露していた（『朝日新聞』一九五〇年六月二七日）。
(63)　西村「講和条約」三七二頁。
(64)　「戦争状態終了宣言に関する総理への説明」（一九五〇年七月一〇日）『準備対策』五一〇―五一二頁。
(65)　同右。
(66)　同右。
(67)　同右。
(68)　田中『安全保障』七一頁。
(69)　「戦争状態終了宣言に関する総理への説明」（一九五〇年七月一〇日）。
(70)　西村『サンフランシスコ平和条約・日米安保条約』二一四頁。
(71)　「A―2　米国の対日平和条約案の構想」（一九五〇年一〇月二日）『平和条約の締結に関する調書第一冊』（以下、調書第一冊）（外務省、二〇〇二年）六四二頁。
(72)　ただし外務省は、米国がオーストラリア等の日本の軍国主義復活を懸念する国への配慮を迫られ、何らかの妥協を余儀なくされる可能性があることも併せて指摘していた（『調書第一冊』六四二―六四三頁）。
(73)　後述するように、同年一一月末に中国義勇軍が朝鮮戦争に本格参戦し、米国側で日本の再軍備に関する議論が一層活発化している様子を窺い知ることができるようになると、米国が日本の再軍備を禁止しないばかりか、「日本の自衛能力の急速なる強化（究極における再武装を含む）を強く希望していることまた確実である」との情勢判断を下すようになる。

(74) 外務省管理局入国管理部第一課長の田中弘人が、一九五〇年九月一日からワシントンに滞在する中で国務省関係者と接触し、積極的に対日講和条約に関する情報を収集していた。田中は、九月下旬から一〇月中旬までの間に三回にわたってフェアリーと会談した際に得た情報をまとめ、(75)の「講和問題に関する国務省係官の談話に関する件」と題する報告書を、先に帰国した中山賀博政務局事務官を通じて本省に提出した（「第五　対日講和に関する米国の方針と七原則　I、田中管理局入国管理部第一課長の報告」『調書第一冊』六〇八頁）。

(75) 「講和問題に関する国務省係官の談話に関する件」（一九五〇年一〇月一四日）『調書第一冊』七七一―七七六頁。

(76) 「A-3　米国の対日平和条約案の構想に対応するわが方要望方針（案）」（一九五〇年一〇月四日）『調書第一冊』六四九頁、「A-4　対米陳述書（案）」（一九五〇年一〇月四日）同右、六六一頁。むろん、日本は「日本の安全保障」と「極東における平和と安全」を不可分の関係だと捉えていた。この点については、西村『サンフランシスコ平和条約・日米安全保障条約』二四頁参照。また、外務省作成の文書上も、「日本の安全保障」の前提として、「極東における平和と安全」の確保が必要であるとの認識が繰り返し示されていた（例えば、「D作業　ダレス氏訪日に関する件　別添第三　安全保障のための日米協力に関する提案」（一九五〇年一二月二七日）『調書第一冊』八五三―八五七頁）。

(77) 日本は、保障占領の受け入れ義務が免除されたにもかかわらず、「盟邦の盟邦に対する侵略の可能性を予見し、これに対し実力行使の義務を定める」ことが予想される、太平洋協定のような安全保障取り決めによって「日本の安全保障のための駐屯軍が日本の侵略に対する監視軍に性質を一変しうること」を後に警戒するようになる（「安全保障についての問題点」（一九五一年一月二四日）『調書第一冊』八六八―八六九頁）。太平洋協定については、浜井和史「対日講和とアメリカの『太平洋協定』構想――国務省における安全保障取極め構想　一九四九―五一年」『史林』第八七巻一号（二〇〇四年）一―三五頁参照。

(78) 『朝日新聞』一九五〇年九月二四日朝刊。

(79) 「A-3　米国の対日平和条約案の構想に対応するわが方要望方針（案）」（一九五〇年一〇月四日）。

(80) 同右。

(81) 同右。

(82) 同右。

(83) 入江『米中関係』（サイマル出版社、一九七一年）一四二―一四三頁。

(84) Chang, *Friends and Enemies*, pp. 76-80.

（85）神谷『朝鮮戦争』一二〇頁。

（86）一九五〇年一〇月一日から行われた国連軍による朝鮮半島三八度線以北への進撃と、これを国連が総会の場で追認したことを受けて、中国義勇軍は一〇月半ばから参戦自体はしていた。ただし、この軍事介入は中国が自らの戦争への介入の影響と効果を計るためのものであり、限定された規模で行われた。実際、一一月六日間からの約二〇日間は、戦線離脱していた（神谷『朝鮮戦争』一二七—一二八頁）。

（87）柴山『日本再軍備への道』三一九頁。

（88）入江『米中関係』一四五頁。

（89）添谷「東アジアの『ヤルタ体制』」五八—五九頁。

（90）Chang, *Friends and Enemies*, p. 80. 一九五四年一二月の米華相互防衛条約に至る過程については、袁克勤「米華相互防衛条約の締結と『二つの中国』問題」『国際政治』第一一八号（一九九八年五月）六〇—八三頁、湯浅成大「対中強硬政策形成への道——アイゼンハワー・ダレスと中国・台湾　一九五三—一九五五」『アメリカ研究』第二六号（一九九二年）二〇一—二二四頁、同「冷戦初期アメリカの中国政策における台湾」『国際政治』第一一八号（一九九八年五月）四六—五九頁参照。

（91）一九五三年一一月に決裁を受けた台湾政策に関する文書であるＮＳＣ１４６／２において、台湾の安全が米国の極東防衛にとって根本的な要素であるとして、米国はその防衛圏に組み込むことを決定した（湯浅「対中強硬政策形成への道」二〇三—二〇四頁）。したがって、沖縄米軍基地が台湾防衛のための後方支援基地としての政策的役割を担うようになるのは、朝鮮戦争の最中ではなく、ＮＳＣ１４６／２の策定以降であると解釈できる。

（92）JCS 2180/2 "Report by Joint Strategic Survey Committee to JCS"（December 28, 1950）, *FRUS, 1950*, Vol. 6, Part 2, pp. 1385-1392.

（93）"Japanese Peace Treaty"（December 2, 1950）, ibid., pp. 1354-1356.

（94）室山『日米安保体制』上巻、八六頁。

（95）"Memorandum by the Consultant to the Secretary（Dulles）to the Secretary of State"（December 8, 1950）, *FRUS*, Vol. 6, Part 2, pp. 1359-1360.

（96）Ibid.

（97）日本の自由主義陣営へのコミットメントの確保を目的とする日本への譲歩という文脈から、国務省が沖縄の占領継続を放棄せざるを得ないという判断を下していたことを指摘したものとして、室山『日米安保体制』上巻、八八頁。

(98) "Memorandum by the Consultant to the Secretary (Dulles) to the Secretary of State" (December 8, 1950).

(99) 室山『日米安保体制』上巻、八六頁。

(100) 宮里『日米関係と沖縄』五二頁。もっとも、これまでの研究が明らかにしている通り、太平洋協定は、そもそもは日本が再軍備する際に生じる可能性が高い周辺国の不安への対処として国務省内において検討されていた構想だった。そこでは、オーストラリア、ニュージーランド、フィリピンと日本の間で相互防衛条約を締結させることが想定されていた。太平洋協定という地域的な安全保障枠組みの中に再軍備した日本を組み込むことで、日本周辺の国々の日本軍に対する不安を取り除くという論理であった。ダレスがこのタイミングで太平洋協定構想を持ちだしたのは、日本の防衛力増強が喫緊の課題となったことで、この太平洋協定構想の有用性が高まったことをアリソンに説かれたことを背景としていた ("Memorandum by the Director of the Office of Northeast Asian Affairs (Allison) to the Consultant to the Secretary" (December 2, 1950), *FRUS*, Vol. 6, Part 2, pp. 1354-1356)。太平洋協定については、菅『米ソ冷戦とアメリカのアジア政策』第五章、楠『吉田茂と安全保障政策の形成』一二八―一三〇頁、坂元『日米同盟の絆』二五―二六頁、浜井和史「対日講和とアメリカの『太平洋協定』構想」一―三五頁参照。

(101) "The Secretary of State to the Secretary of Defense (Marshall)" (December 13, 1950), *FRUS*, Vol. 6, Part 2, pp. 1363-1367. この他に、①朝鮮戦争の終結を待たずに対日講和条約を締結すること、②米国が日本を含む沿岸防衛線の防衛に兵力をコミットさせること、③太平洋協定を締結することが提案された。もっとも、当該文書が「沖縄について特別に考慮する安全保障協定」を、沖縄の領土主権の保有を日本に認める条件としていたことからは、国務省が、日本による沖縄防衛の責任分担の実現を長期的な観点から考えていたと思われる。いずれにせよ、国務省のこの提案は、沖縄を日本の主権下に残すことと、沖縄米軍基地の自由使用という、沖縄における軍部の戦略的要請を両立させるためのものであったといえる。

(102) Ibid.

(103) "Japanese Peace Treaty" (December 2, 1950), ibid., pp. 1354-1356.

(104) "Report by the Joint Strategic Survey Committee to the Joint Chiefs of Staff" (December 13, 1950), ibid., pp. 1385-1392.

(105) "The commander in Chief, Far East (MacArthur) to the Department of the Army" December 28, 1950, ibid., pp. 1383-1385.

(106) Sarantakes, *Keystone*, pp. 56-59. この点については、平良『戦後沖縄と米軍基地』六七―六九頁参照。

(107) "The Secretary of State to the Secretary of Defense (Marshall)" (January 9, 1951), Enclosure 1, Memorandum for the

President, and Enclosure 2, Draft Letter to Mr. Dulles, *FRUS, 1951*, Vol. 6, *East Asia and the Pacific*（*in two parts*）, Part 1（Washington D.C.: U.S. Government Printing Office, 1977）, pp. 787-789.

(108)「一九五〇年一二月二六日目黒集会紀事議事録要領、別添一　講和問題の推移――安全保障を中心として（1950.12.26）」『調書第一冊』七五八―七六一頁。

(109)「講和問題に関する国務省係官の談話に関する件」（一九五〇年一〇月一四日）。

(110)「平和条約対策（案）」（一九五〇年一〇月一三日）外交史料館マイクロフィルム、リール番号B'0010。

(111) 同上。

(112) 同上。

(113)「D作業（再訂版）」（一九五一年一月一九日）『調書第一冊』八六六頁。

(114)「D作業ダレス顧問訪日に関する件」（一九五〇年一二月二七日）『調書第一冊』八五〇―八五七頁。

(115) 国際法上、領土主権は、他国が施政権（統治権）を行使している間は「裸の（実態のない）権利」となるが、施政権（統治権）が委譲されれば、もとの完全な領土主権へと自動的に回復されることになる（小寺他編『講義国際法』二二七―二二八頁）。この法理論に基づけば、沖縄における信託統治が実施されることを前提とした日本の対処案は、米国からの統治権（施政権）返還後に完全に領土主権が回復されることを追求する内容であったと解釈できよう。

(116)「米国が沖縄、小笠原諸島の信託統治を固執する場合の措置」（一九五一年一月二六日）『調書第一冊』八六九―八七〇頁。

(117)「講和問題に関する国務省係官の談話に関する件」七七五頁。

(118) 同上。

(119)「A－4　対米陳述書（案）（25.10.4）」『調書第一冊』六六〇頁。

(120) 同上、楠『吉田茂と安全保障政策の形成』一九五―一九七頁。

(121)「付録六　安全保障に関する日米条約案」、及び「付録七　安全保障に関する日米条約説明書」『調書第一冊』六八一―六八八頁。

(122)「第一次日米交渉のための準備作業　第三　A作業にたいする総理の批判」同上、五七〇―五七二頁、楠『吉田茂と安全保障政策の形成』一九七―一九九頁。

(123)「D作業　ダレス氏訪日に関する件」（一九五〇年一二月二七日）『調書第一冊』八五〇頁。加えて日本は、この時期の米国政府内において、日本の再軍備の早期実現が統一見解となっている様子を認識できる状況にあった。外務省の倭島英二が、米国政府関係者との会談後の五〇年一二月二八日に提出した「米国人が刻下の事態をどう見ているか」についての報告書は、米国政府内の実態を率直に伝えた。そこではまず、米国政府関係者が共通して「ソ連の世界革命に対する対策としての世界政策の必要性」を認識、痛感していたこと、また「その『将来』の来たるべき事態のために一日でもすみやかに現実のあらゆる諸要素を蒐集結合し政治力、経済力、軍事力の強化を実現しなければならぬという焦燥感」を抱いていることが「ハッキリ読みとれる」状態であったことが報告された。そして、「米英陣営の整備強化に関連して日本に一役買わせようとする目的とかその緊急性については両省［国務省、国防省］の間に意見の相違があるはずはない」（［ ］内、引用者注）と推察されていたのだった（「時局に関する件（二五・一二・二八 倭島記）」『調書第一冊』七七七―七七八頁）。

(124) Gaddis, *Strategies of Containment*, p. 112-113. 佐々木『冷戦』七八頁、細谷『戦後国際秩序とイギリス外交』二三八―二四三頁。欧州を舞台とした冷戦を背景に、西ドイツの再軍備についても早くから検討され始めてはいたものの、朝鮮戦争勃発前の五〇年五月時点では、大西洋同盟の枠内での西ドイツ再軍備実現はあくまで長期的な課題と位置付けられていた（細谷、同上、一九七頁）。ただし、西ドイツ再軍備の実現には関係国間での更なる交渉が必要とされたため、実際に西ドイツ軍が創設されたのは五年後の一九五五年一一月のことであった。北大西洋条約機構の設立と西ドイツの再軍備問題については、細谷、同右、第七章、第八章参照。

(125) 一九五〇年九月に米国の対日講和構想が明らかとなった直後には、吉田は既に、講和に際して日本は再軍備をせざるを得ないであろうとの情勢認識を披露していた（「一〇月五日官邸集会備忘録（五〇―一〇―六N記）」『調書第一冊』六八〇頁）。

(126) この点について、植村秀樹『再軍備と五五年体制』（木鐸社、一九九五年）四一―四三頁、楠『吉田茂と安全保障政策の形成』一八〇頁、柴山『日本再軍備への道』四〇六―四〇八頁参照。

(127) 佐藤達夫『日本国憲法成立史』第三巻（有斐閣、一九九四年）四二七頁。

(128) 吉田が、急速な再軍備を回避すべき要因としてとりわけ経済的制約を重視していたこと、その制約が解消されるまでに長期間を要すると考えていたことを指摘したものとして、大嶽秀夫『再軍備とナショナリズム――戦後日本の防衛観』（講談社、二〇〇五年）三三頁参照。吉田はその他にも、国内における軍国主義者の復活への懸念や、アジア諸国の反発が予想されることを、再軍備の実現を先送りする理由に挙げていた（「D作業（再訂版）」（一九五一年一月一九日）『調書第一冊』八六四―八六八頁）。

(129) 添谷「吉田路線と吉田ドクトリン」五頁。

(130) 「一九五〇年一〇月二四日目黒官邸における特別集会議事要録」『調書第一冊』六八八―六九三頁。

(131) 「D作業（訂正版）ダレス顧問訪日に関する件　別添三　再武装に関する所見」（一九五一年一月五日）『調書第一冊』八六二頁。

(132)「一九五一年一月二六日受領した対日講和七原則および議題表」『日本外交文書――平和条約の締結に関する調書第二冊（Ⅳ・Ⅴ）』（以下、『調書第二冊』と略す）（外務省、二〇〇二年）一二一―一二三頁。

(133)「一九五一年一月三〇日先方に交付した『わが方見解』」同右、一四五―一五四頁。

(134)「議題に対する『わが方見解』の作成」同右、一二二頁。

(135) 国際法理論上、租借国が該当地域の施政権を行使することになる。しかし、租借地に対する領土主権は租貸国が保持することになるため、「バミューダ方式による租借」が提案されるにあたっては、沖縄の主権放棄を強いられる可能性が少なからずある信託統治よりは、租借の方が望ましいと考えられたと思われる。国際法上、領土主権は、他国が施政権（統治権）を行使している間は「裸の（実態のない）権利」となるが、施政権（統治権）が委譲されれば、もとの完全な領土主権へと自動的に回復されることになる（小寺他編『講義国際法』二二七―二二八頁）。この法理論に基づけば、信託統治の適用を回避しようとして提示された吉田による租借案は、米国からの統治権（施政権）返還後に完全に領土主権が回復されることを追求する内容であったと解釈できよう。「バミューダ方式による租借」とは、バミューダの海軍・空軍基地を手に入れるという、米英間の取り決めを指し、そこでは九九年間の貸与合意がなされていた。「バミューダ方式による租借」については、"Undated Memorandum by the Prime Minister of Japan (Yoshida)" (1951), *FRUS, 1951*, Vol. 6, *East Asia and the Pacific* (*in two parts*), Part 2, (Washington D.C.: U.S. Government Printing Office, 1977) p. 883, Footnote 2 参照。

(136)「一九五一年一月三一日第二次会談メモ」『調書第二冊』一五八頁。

(137)「一月三一日の総理ダレス会談」、同右、二七―二八頁。

(138) 西村熊雄「沖縄帰属のきまるまで――求めるに急であった日本の世論」『朝日ジャーナル』第一巻一五号（一九五九年）一九頁。

(139)「一月三一日の総理ダレス会談」『調書第二冊』二八頁。

(140) "Minutes—Dulles Mission Staff Meeting, January 31, 1951, 10 : 00 AM," *Rearmament of Japan*, Part 1, *1947-1952*, 2-A-31.

(141) Ibid.

(142)「一九五一年二月一日第三次会談メモ」『調書第二冊』一六三―一六六頁。

(143) 同右。

(144) 同右。

(145) 同右。

（146）同右。

（147）この行動には、一九五一年一月二九日の会談において、「ダレス特使はすこぶる不興気な顔色を示した」（「一月二九日の総理ダレス会談」同上、一九頁）との印象を日本政府が受けていたことが影響していた。その日の会談でダレスが、「日本は独立回復ばかりを口にする。独立を回復して自由世界の一員となろうとする以上、日本は、自由世界の強化にいかなる貢献をなそうとするのか。今、米国は世界の自由のために戦っている。自由世界の一員たるべき日本は、この戦にいかなる貢献をなさんとするか」と問いかけたのに対して、吉田が未だ再軍備を拒否する「建前」を堅持したことで、両者の間には険悪な雰囲気が生まれていた。すなわち、「今日の日本はまず独立を回復したい一心であって、どんな協力をいたすかの質問は過早である。自主独立の国になれるかどうかが、今、問題であって、それが現実をみた後で初めて、日本がどんな寄与をなせるか、なす心算であるか答えらえるのである。再軍備は日本の自立経済を不能にする。対外的にも、日本の再侵略に対する危惧がある。内部的にも軍閥再現の可能性が残っている。再軍備は問題である」ことを吉田は強調したのだった（「一九五一年一月二九日午後の総理ダレス第一次会談メモ」同上、一四三—一四四頁）。

　もっとも、日本政府が、講和の段階で現実的には再軍備せざるを得なくなることを予期していたことに鑑みれば、上記のような会談の展開は、日本にとって想定の範囲内のものであったといえる。同様の文脈で、日本にとって「再軍備計画のための当初措置」の提出自体は、やむを得ないものであり、交渉の失敗を意味するものではないことを指摘したものとして、田中『安全保障』六四頁。

（148）吉田『回想十年』第三巻、一四六頁。

（149）「『相互の安全保障のための日米協定』案にたいするわが方『オブザベーション』および『再軍備計画の発足』の作成と提出」『調書第二冊』五三頁。

（150）柴山『日本再軍備への道』四一四頁。

（151）Memorandum by Mr. Robert A. Fearey of the office of Northeast Asian Affairs, "Minutes—Dulles Mission Staff Meeting" (February 5, 1951), *FRUS, 1951*, Vol. 6, Part 1, pp. 857-858.

（152）「再軍備のための当初措置」と沖縄の領土主権問題の関連性を示唆するものとして、Melvyn P. Leffler, *A Preponderance of Power: National Security, the Truman Administration, and the Cold War* (Stanford University Press, 1992), p. 428.

（153）"Memorandum of Conversation, by the Second Secretary of the Embassy in the United Kingdom (Marvin)" (March 21, 1951), *FRUS, 1951*, Vol. 6, Part 1, pp. 941.

（154）"Memorandum by Mr. Robert A. Fearey of the Office of Northeast Asian Affairs," ibid., pp. 932-935.

(155) "Provisional United States Draft of a Japanese Peace Treaty" (March 23, 1951), *FRUS, 1951*, Vol. 6, Part 2, p. 945. 沖縄をめぐる吉田とダレスの会談後の米国の政策決定過程については、エルドリッヂ『沖縄問題の起源』二一五―二二五頁、河野『沖縄返還をめぐる政治と外交』五〇―六一頁、宮里『日米関係と沖縄』五五―六一頁参照。

(156) 河野は、この一九五一年三月草案から、米国政府の信託統治に対する消極的態度を読み取ることができると指摘する（河野『沖縄返還をめぐる政治と外交』五二頁）。この点については、先行研究においても解釈が統一されている（Sarantakes, *Keystone*, pp. 57-59, 明田川『沖縄基地問題の歴史』一五一―一五八頁、エルドリッヂ『沖縄問題の起源』二一五―二二五頁、宮里『日米関係と沖縄』五六―五七頁）。

(157) 西村「沖縄帰属のきまるまで」一九―二〇頁。

(158) 同右、一九頁。また、このような米国の方針に反して、英国が日本に沖縄の主権放棄を要求していることも日本政府の知るところとなった。米国側から内密に提示された英国の条約案では、日本に対して「琉球・小笠原・硫黄諸島の主権放棄と信託統治の承認」を求める規定が設けられていたからであった。この英国案は、日本政府に衝撃を与えるものであった。とりわけ、親英である吉田の反応は激しいものであった。吉田は、英国案の領土条項について、「領土国境ハ万世不エキに非らず斯る地図を残すハ徒らに感情をシ激するのみ」との評価を下した（「英国案の内示およびわが方意見の開陳」『調書第二冊』四四八―四四九頁）。

(159) エルドリッヂ『沖縄問題の起源』二二三―二二五頁、河野『沖縄返還をめぐる政治と外交』五七―六〇頁、宮里『日米関係と沖縄』五七―五九頁。

(160) "Memorandum on the Substance of Discussions at a Department of State - Joint Chiefs of Staff Meeting" (April 11, 1951), *FRUS, 1951*, Vol. 6, Part 1, pp. 970-971.

(161) 国際連合憲章第一二章国際信託統治制度については、奥脇他編『国際条約集』二九―三二頁参照。信託統治の方式には通常の信託統治と、該当地域の軍事的利用を認める戦略的信託統治がある。制度上、信託統治地域の統治は信託統治理事会と総会（戦略的信託統治の実施地域については総会に代わって安保理事会）の監督を受けることになる。国際連合の信託統治制度については、小野寺他編『講義国際法』一九二―一九三頁、波多野・小川編『国際法講義［新版増補］』一五二―一五三頁、松井他編『国際法［第五版］』七八―七九頁参照。

(162) "Memorandum on the Substance of Discussions at a Department of State - Joint Chiefs of Staff Meeting" (April 11, 1951). ブラッドレーと同様の意見は、統合戦略調査委員会の報告書でも論じられた。統合戦略調査委員会は、六月二〇日作成の報告書において、

日本が北緯二九度以南の琉球列島等に対する権利と請求権を放棄することを明記すべきことを指摘した。加えて、沖縄等を、米国を唯一の施政権者とする国際連合の信託統治の下に置くことに日本が同意する旨の条文を加筆するよう求めたのであった（ブラッドレーと同様の意見は、統合戦略調査委員会の報告書でも論じられた。六月一四日付の国務省による対日講和条約草案の修正案に対して、統合戦略調査委員会は、六月二〇日作成の報告書において、日本が北緯二九度以南の琉球列島等に対する権利と請求権を放棄することを明記すべきことを指摘した。加えて、沖縄等を、米国を唯一の施政権者とする国際連合の信託統治の下に置くことに日本が同意する旨の条文を加筆するよう求めたのであった）。

(163) "Memorandum by the Consultant to the Secretary (Dulles)" (June 27, 1951), ibid., pp. 1152-1153.

(164) Ibid.

(165) "Memorandum for the Secretary, Joint Chiefs of Staff, Japanese Peace Treaty", Masuda eds., *Rearmament of Japan*, Part 1, *1947-1952*, 1-B-98.

(166) "The Secretary of Defense (Marshall) to the Secretary of State" (June 28, 1951), ibid., pp. 1155-1159.

(167) 室山『日米安保体制』上巻一〇八頁。

(168) "Japanese Peace Treaty" (August 20, 1951), *FRUS, 1951*, Vol. 6, Part 1, pp. 1175-1190.

(169) 「一九五一年二月六日先方から受領した『日本国連合国間平和条約および国際連合憲章第五条上の規定にしたがい作成された集団的自衛のためのアメリカ合衆国および日本国間協定』案」『調書第二冊』二二六―二二八頁。ただし、「集団的自衛」という文言が挿入されているだけで、実際には日米交渉の過程を通して一貫して米国は、ヴァンデンバーグ決議が要請した相互防衛条約を結ぶための要件である「継続的かつ効果的な自助及び相互援助」を日本が実行できないため、日米間で集団的自衛の関係は成り立たないとの姿勢を堅持した（坂元『日米同盟の絆』五一―五五頁）。

(170) 「一九五一年二月六日先方から受領した『日本国連合国間平和条約および国際連合憲章第五条上の規定にしたがい作成された集団的自衛のためのアメリカ合衆国および日本国間協定』案」。

(171) 楠『吉田茂と安全保障政策の形成』二二四頁。

(172) "Minutes—Dulles Mission Staff Meeting February 5, 9 : 30 AM" (1951), *FRUS, 1951*, Vol. 6, Part 2, pp. 857-858.

(173) 一九五一年一月末の日米会談以降の日米安全保障条約の成立過程については、楠『吉田茂と安全保障政策の形成』第六章、坂元『日米同盟の絆』第二章、柴山『日本再軍備への道』四〇五―四一七頁、田中『安全保障』四六―六九頁参照。

(174)「日米安全保障条約（旧）（日本国とアメリカ合衆国との間の安全保障条約）」奥脇他編『国際条約集』六八九頁。

(175) 例えば、坂元『日米同盟の絆』七六頁

(176) "Minutes—Dulles Mission Staff Meeting February 5, 9：30 AM" (1951). このダレスの発言が、相互防衛条約を締結するにあたり相手国に軍事的な自助努力を求める、バンデンヴァーグ決議を背景としていたことは明らかであった（室山『日米安保体制』上巻、一〇九頁）。

(177) 西村『サンフランシスコ平和条約・日米安保条約』二四頁。

(178) 後述するように、「日本区域の安全維持のために合衆国と集団的自衛の関係を設定することは可能であり、合法である」との認識の下に、日本政府が講和の段階で、米国との間に相互防衛条約を成立させようとした（同上、七〇頁）。

(179)「日米安全保障条約（旧）（日本国とアメリカ合衆国との間の安全保障条約）」奥脇他編『国際条約集』六八九頁。

(180) 西村『サンフランシスコ平和条約・日米安保条約』四三頁。

(181) 米軍部は、共産勢力とのグローバルな全面戦争の危機が高まる状態の中ではＮＡＴＯ（北大西洋条約機構）中心の防衛を考えなければならないため、対日防衛コミットメントを可能な限り最小化することを指向していた（室山『日米安保体制』上巻、八六頁）。

(182) NSC 48/5, "United States Objectives, Policies and Courses of Action in Asia" (May 17, 1951), *FRUS, 1951*, Vol. 6, *East Asia and the Pacific*, (*in two parts*) Part 1 (Washington D.C.: U.S. Government Printing Office, 1977), pp. 33-63.

(183) 同盟には、対外的な脅威への対抗という機能だけでなく、安全と自立性という非対称な価値を交換する機能があることを指摘したものとして、James D. Morrow, "Alliances and Asymmetry: An Alternative to the Capability Aggregation Model of Alliances," *American Journal of Political Science*, Vol. 35, No. 4 (November 1991), pp. 904-933. モローの議論に基づけば、日本が自衛力を備えるまでは、日本は米国から安全の提供を受ける一方、自立性を譲渡することになる。しかしそれは逆に、安全の提供を受ける必要性が減じれば、その分だけ自立性を取り戻すことを意味する。すなわち、日本が自衛力を備えた分だけ、米軍基地の整理・縮小という形で制限されていた分の主権を回復できることになるのである。

(184)「日米協定案の性質について」『調書第二冊』六〇〇―六〇二頁。もっとも、日本側のこの主張に米国がどのような反応を見せたのかは明らかでないが、日米は集団的自衛の関係にあるとするこの日本側の主張が認められなかったことは周知の通りである（坂元『日米同盟の絆』五五頁）。

(185) 西村『サンフランシスコ平和条約・日米安保条約』六八頁。

（186）そのような考えは、日米安全保障条約の「極東条項」の成立過程に端的にあらわれた。一九五一年四月二一日に行われた事務レベルの二次交渉の場で、米国は日本に対して、二月に披露した日米協定案の修正を求めた。前述した一九五一年二月六日付の米国による日米協定案の第一条では、「もっぱら外部からの武力攻撃に対する日本国の防衛を目的とする（would be designed solely for the defense of Japan）」ことが謳われていた（「一九五一年二月六日先方から受領した『日本国連合国間平和条約および国際連合憲章第五一条上の規定にしたがい作成された集団的自衛のためのアメリカ合衆国および日本国間協定』案」）。しかし、「『もっぱら日本の防衛を目的とする』というと、かりに沖縄が攻撃されたとき在日米軍は行動がとれないような誤解を生ずる心配があるので、『この措置は、外部からの攻撃にたいする日本の安全保障に貢献することを目的とするものであって……』と修正したい」との申し出だった（「日米協定第一条の修正」同上、四五九頁）。つまり、当面沖縄は日本の施政下から外すため、「日本の防衛」とした場合に「沖縄の防衛」が在日米軍基地の使用目的から除外されることを懸念し、米国は修正を提案したのである（西村によれば、沖縄が安全保障条約をめぐる交渉過程で問題とされたのは、この第一条の修正と、条約の有効期間に関する第四条の規定に関する議論の二つの場においてであった（西村『サンフランシスコ平和条約・日米安保条約』六八頁））。周知の通り、これに加えて、米軍が「極東に於ける国際の平和と安全に寄与」すること、そして「外部からの武力攻撃に対する日本国の安全に寄与するために使用することができる」との修正が米国によって施され（「七月二七日受領した安全保障協定の新案文」『日本外交文書――平和条約の締結に関する調書第三冊（VI）』（以下、調書第三冊と略記）（外務省、二〇〇二年）七九〇―七九三頁）、これを日本が受け入れたことで、後に日本国内から批判を浴びることになる「極東条項」が成立したのである。前者が加筆されたことで、日本が極東における米国の軍事行動に巻き込まれる可能性が高まること、後者の修正により、米国による日本防衛の確実性が定かではないことが、問題とされたのである（坂元『日米同盟の絆』五八頁）。この点につき西村条約局長は、後に、「事務当局として責務の遂行に不十分なところがあり汗顔の至りである」と回想している（『調書第三冊』二三三頁）。

【第四章　沖縄防衛問題と日本国内の政治対立】

（1）河野『沖縄返還をめぐる政治と外交』第三章、渡辺『戦後日本の政治と外交』第一章。

（2）Sarantakes, *Keystone*, Chapter 4, 明田川『沖縄基地問題の歴史』第四章、河野、同右、平良『戦後沖縄と米軍基地』第三章、宮里『日米関係と沖縄』第三章、ロバート・D・エルドリッヂ『奄美返還と日米関係――戦後アメリカの奄美・沖縄占領とアジア戦略』（南方新社、二〇〇三年）。

（3）朝鮮戦争が休戦に至る過程については、神谷『朝鮮戦争』第四章、阪田恭代「アメリカと朝鮮戦争――限定戦争、休戦、そして統一問題」赤木編『朝鮮戦争』一七七―二二五頁、安田淳「中国の朝鮮戦争停戦交渉――問題の収斂と交渉の政治問題化」同右、二二七―二四八頁参照。

（4）NSC 48/5, "United States Objectives and Courses of Action in Asia"（May 17, 1951）*FRUS, 1951*, Vol. 6, *East Asia and the Pacific*（*in two parts*）, Part 1, pp. 33-63.

（5）前章で触れた通り、ダレスは、一九五一年二月の段階で「太平洋協定」の実現のため各国との会談に臨んだ。しかし、英国及び加盟予定国の反対にあったため、太平洋における集団防衛体制確立の第一段階として、米比相互防衛条約（一九五一年八月三〇日）とANZUS条約（オーストラリア・ニュージーランド及びアメリカ合衆国の間の三国安全保障条約）（五一年九月一日）を締結した。

（6）『朝日新聞』（一九五一年九月六日）朝刊。

（7）NSC 48/5, "United States Objectives, Policies and Courses of Action in Asia"（May 17, 1951）.

（8）マッカーサー解任の背景には、朝鮮戦争に関するワシントンとマッカーサーの戦略上の見解の相違が存在した。一九五一年三月になり、戦前状態の回復を目途として、北朝鮮や中国に休戦交渉を呼びかける方針を固めた国務省や国防省に対して、マッカーサーは依然として戦争の拡大化を企図し、独善的な行動を慎もうとしなかったからであった（神谷『朝鮮戦争』一四六―一五二頁）。一九五一年四月一一日にトルーマンは、合衆国極東軍最高司令官・連合国軍最高司令官・国連軍最高司令官のマッカーサーの解任を発表した。このトルーマンによるマッカーサーの解任の決断には、国務省や国防省の働きかけが重要な役割を果たしていた（Leffler, *A Preponderance of Power*, pp. 429-430）。

（9）日本は将来的に再び軍事的脅威になり得るという軍部特有の認識がその根拠であった（Sarantakes, *Keystone*, p. 62）。

（10）C-50803, CINCFE Tokyo Japan SGD Ridgway to DEPTAR for JCS Wash DC, "Post Treaty-ratification Period"（September 14, 1951）, Geographic Files, 1951-53, Box 23, Section 7, RG 218, 沖縄県公文書館所蔵。

（11）Ibid.

（12）Ibid.

（13）JCS 1380/129, "Note by the Secretaries to the Joint Chiefs of Staff,"（December 5, 1951）, Appendix, from General Headquarters, Far East Command to Joint Chiefs of Staff, "Staff Study on United States Long-Term Objectives with Respect to the Ryukyus Islands"（October 17, 1951）, Geographic Files, 1951-53, Box 27, Section 27, RG 218, 沖縄県公文書館所蔵。

(14) Ibid.

(15) 日本が「米国に友好的な独立独行の国家」になるよう促すべきであるというのは、一九五一年五月付のアジア政策ＮＳＣ４８／５で謳われた方針であった（NSC 48/5, "United States Objectives and Courses of Action in Asia" (May 17, 1951), *FRUS, 1951*, Vol. 6, Part 1, p. 36)。

(16) リッジウェイによる折衝は、講和後日本の防衛力増強に備えて日本政府との非公式協議の早期実現が重要であるとする統合参謀本部の主張に沿って行われた（"High-Level State-Defense Mission on Japanese Defense Forces" (November 27, 1951), Box 27, Section 26, Geographic Files, 1951–1953, RG 218, 沖縄県公文書館所蔵)。

(17) 植村『再軍備と五五年体制』六三頁、楠『吉田茂と安全保障の形成』二六五頁、田中『安全保障』八三―八四頁。

(18) この点について河野は、極東軍司令部の施政権返還構想が沖縄問題を長期的な日米関係構築との関連で考慮したものであったことを指摘する（河野『沖縄返還をめぐる政治と外交』六九頁)。

(19) No. 477, "The United States Political Advisor to SCAP (Sebald) to the Department of State" (January 17, 1952), *FRUS, 1952-1954*, Vol. 14, Part 2, pp. 1089–1092.

(20) 沖縄では、社会大衆党と人民党が中心となり、一九五一年四月二九日に日本復帰促進期成会が結成された。他方で、日本復帰運動を批判する「独立論」も生まれたが、サンフランシスコ講和会議直前の一九五一年八月末までに沖縄郡島の有権者七二％にあたる一九万人が復帰を希望する署名をしていた（鳥山『沖縄』一三八―一四〇頁)。

(21) No. 488, "Memorandum by Myron M. Cowen, Consultant to the Secretary of State, to the Secretary of State" (January 25, 1952), *FRUS, 1952-1954*, Vol. 14, Part 2, pp. 1116–1120.

(22) No. 571, "Memorandum by the Director of the Office of Northeast Asian Affairs (Young) to the Assistant Secretary of State for Far Eastern Affairs (Allison)" (June 10, 1952), ibid., pp. 1271–1272.

(23) JCS 1380/135, "Staff Study on United States Long-Term Objectives with Respect to the Ryukyu Islands" (January 14, 1952), Box 27, Section 28, Geographic Files, 1951–1953, RG 218. 沖縄県公文書館所蔵。

(24) Ibid.

(25) From JCS to CINCFE Tokyo Japan, "Folg corrects and supersedes JCS 92967" (January 29, 1952), Box 27, Section 28, Geographic Files, 1951–1953, RG 218, 沖縄県公文書館所蔵。

（26）国連憲章第八三条【戦略地区に関する安全保障理事会の任務】の第一項は、「戦略地区に関する国際連合のすべての任務は、信託統治協定の条項及びその変更又は改正の承認を含めて、安全保障理事会が行う」と規定している。奥脇他編『国際条約集』三二―三三頁。

（27）「日本国との平和条約（サンフランシスコ平和条約・対日平和条約）」奥脇他編『国際条約集』八三七頁。

（28）『朝日新聞』一九五一年九月六日朝刊。

（29）国連憲章第七八条【国連の加盟国となった地域】は、「国際連合加盟国の間の関係は、主権平等の原則の尊重を基礎とすることから、信託統治制度は、加盟国となった地域には適用しない」と規定している。奥脇他編『国際条約集』三三頁。

（30）From JCS to CINCFE Tokyo Japan, "Folg corrects and supersedes JCS 92967" (January 29, 1952), Box 27, Section 28, Geographic Files, 1951-1953, RG 218, 沖縄県公文書館所蔵。

（31）Ibid.

（32）Ibid.

（33）Sarantakes, *Keystone*, pp. 63-64.

（34）一九五一年七月に朝鮮戦争の休戦会談が開始されて以降、国連軍と中国・朝鮮軍双方とも、戦局に影響を及ぼす大規模な軍事行動は控えたものの、朝鮮半島の中央部では激しい戦闘が続けられた。陣地強化のための日常的な軍事行動に加えて、双方が休戦会談を自陣に有利に進めるための攻勢をかけたためであった。そのような戦闘は、一九五三年三月にスターリンが死去し、休戦が現実味を帯びるまで続けられた（神谷『朝鮮戦争』一六〇―一六一頁、田中恒夫「朝鮮戦争における軍事作戦の諸相」赤木編『朝鮮戦争』二八八―二八九頁）。

（35）米国が独立国家日本に対して期待と不安を有していたことを指摘したものとして、例えば、石井修「冷戦・アメリカ・日本（一）――米国政府文書にみられる独立日本に対する不安」『広島法学』第九巻二号（一九八五年）一六、一九―二〇頁、楠『吉田茂と安全保障政策の形成』二四三―二四七頁参照。

（36）NSC 125/1, "United States Objectives and Courses of Action with respect to Japan" (July 18, 1952), Records Related to State Department Participation in the Operations Coordinating Board and the National Security Council, 1953-60, RG 59, 沖縄県公文書館所蔵。

（37）Ibid.

(38) Ibid. ＮＳＣ１２５／１において、日本が中立化する要因として警戒されていたのは、経済復興の必要から生じる対中貿易の可能性であった。すなわち、「アジア大陸部での地位を回復し、対中貿易から利益を得たいとの願望から、日本はアジアの共産圏に接近することが国益に適うと判断する」ことであった。そのため、同文書では、そのような事態を回避し、日本の中立化を防ぐために、米国は、「食料供給源、原材料及び市場へのアクセスを日本に与えるような、満足のいく経済関係を日本と他の自由主義諸国との間に樹立することによる日本経済の繁栄」に尽力する必要が説かれた。つまり、「日本経済の繁栄」をサポートすることが、日本の中立化を防ぐ手段として考案されていたのである。

(39) No. 571, “Memorandum by the Director of the Office of Northeast Asian Affairs (Young) to the Assistant Secretary of State for Far Eastern Affairs (Allison)” (June 10, 1952), *FRUS, 1952-1954*, Vol. 14, Part 2, pp. 1271-1272.

(40) NSC 125/1, “United States Objectives and Courses of Action with respect to Japan” (July 18, 1952), Records Related to State Department Participation in the Operations Coordinating Board and the National Security Council, 1953-60, RG 59, 沖縄県公文書館所蔵。

(41) NSC 125/2, “United States Objectives and Courses of Action with Respect to Japan” (August 7, 1952), Records Related to State Department Participation in the Operations Coordinating Board and the National Security Council, 1953-60, RG 59, 沖縄県公文書館所蔵。

(42) No. 571, “Memorandum by the Director of the Office of Northeast Asian Affairs (Young) to the Assistant Secretary of State for Far Eastern Affairs (Allison)” (June 10, 1952), *FRUS, 1952-1954*, Vol. 14, Part 2, pp. 1271-1272, 河野『沖縄返還をめぐる政治と外交』七四―七八頁。沖縄米軍基地の長期保持の確認に関する統合参謀本部の要求は、直後に作成された七月一八日付のNSC 125/1に既に反映されていた (NSC 125/1, “United States Objectives and Courses of Action with Respect to Japan” (July 18, 1952), Records Related to State Department Participation in the Operations Coordinating Board and the National Security Council, 1953-60, RG 59, 沖縄県公文書館所蔵)。

(43) 前述の通り、極東軍司令部は、沖縄の施政権問題についてワシントンの軍部と異なる見解をとらぬよう命じられていたため、新しい対日政策決定過程において影響を及ぼすことはなかったと考えられる。

(44) 日米行政協定の内容に対する不満が、ワシントン軍部の沖縄構想に影響を与えていたことを指摘したものとして、河野『沖縄返還をめぐる政治と外交』七三―七五頁、宮里『日米関係と沖縄』七七頁。

(45) No. 482, "Draft Administrative Agreement between United States and Japan" (January 22, 1952), *FRUS, 1952-1954*, Vol. 14, Part 2, pp. 1103-1110.

(46) No. 528, "Memorandum of Conversation, by the Counselor of Mission in Japan (Bond)" (February 23, 1952), ibid., pp. 1188-1190, 「第一五回非公式会談録」『平和条約の締結に関する調書第五冊（Ⅷ）』（以下、調書第五冊と略記）（外務省、二〇〇二年）三五五―三六一頁。

(47) No. 533, "Memorandum prepared in the Department of State" (Undated), ibid., pp. 1197-1206.「Ⅵ行政協定の締結」『調書第五冊』一四八頁。

(48) No. 527, "The Assistant Chief of Army Staff for Operations (Jenkins) to the General Headquarters, Far East Command, in Japan" (February 22, 1952), ibid., pp. 1187-1188.

(49) 佐道『戦後日本の防衛と政治』一五―一九頁。

(50) 三つの政治路線それぞれの具体的な主義主張については、五百旗頭真「終章――戦後日本外交とは何か」『戦後日本外交史〔第三版補訂版〕』（有斐閣、二〇一四年）二八二―二八五頁参照。

(51) 憲法九条と日米安全保障条約が策定された政策的背景とその意図が「ねじれ」の状態にあることを指摘したものとして、添谷「吉田路線と吉田ドクトリン」一―一七頁、中西寛「戦後日本の安全保障政策の展開」赤根谷達雄・落合浩太郎編『日本の安全保障』（有斐閣二〇〇四年）一一頁参照。

(52) 宮澤『東京――ワシントンの密談』一六一頁。

(53) アメリカからの防衛力増強要求をかわすための政治的な手段として、吉田政権が憲法九条を用いていたことを指摘したものとして、中島『戦後日本の防衛政策』九二―九八頁参照。

(54) 後に「吉田路線」ないし「吉田ドクトリン」と呼ばれることになる吉田の指向した政治路線を、冷戦前に生まれた憲法九条と冷戦の産物である日米安全保障条約を同時に選択したこととして捉え直し、またそうであるがゆえに、戦後日本外交が、国内の世論と政治路線が左右に分裂した構造問題を抱えるに至ったことを指摘したものとして、添谷『日本の「ミドルパワー」外交』、同「吉田路線と吉田ドクトリン」一一―一七頁参照。

(55) 講和・安保条約をめぐる社会党内部の対立と、右派社会党・左派社会党への分裂については、原彬久『戦後史のなかの日本社会党――その理想主義とは何であったのか』（中央公論新社、二〇〇〇年）第三章参照。

（56）五百旗頭「終章——戦後日本外交とは何か」二八四頁。

（57）公職追放を解除された戦前派政治家を中心に組織された反吉田勢力については、北岡伸一『自民党——政権党の三八年』（読売新聞社、一九九五年）五九—六八頁参照。

（58）佐道『戦後日本の防衛と政治』一九頁。

（59）「日本国との平和条約」（一九五一年九月八日）奥脇他編『国際条約集』七四七頁。

（60）日米行政協定の締結過程については、明田川融『日米行政協定の政治史——日米地位協定研究序説』（法政大学出版会、一九九九年）第一章—第三章参照。

（61）『朝日新聞』一九五二年七月二六日朝刊。

（62）『朝日新聞』一九五二年七月二七日朝刊。

（63）佐道『戦後日本の防衛と政治』一五頁。在日米軍基地問題の先駆けとなるのが、内灘射撃場問題である。一九五二年一一月末に、駐留米軍の砲弾試射場候補地として石川県の内灘が挙げられて以降、内灘では地元民の反対運動が始まることになる（『朝日新聞』一九五二年一一月二六日朝刊、同一一月二八日朝刊）。一九五三年三月になる頃には、米軍基地のある全国各地で基地に反対する声が高まり、外務省はそれら地域への対応に迫られることになった（『朝日新聞』一九五三年三月二日朝刊）。

（64）佐道『戦後日本の防衛と政治』一七頁。当時改進党に属していた中曽根康弘は、「占領政策が終わった五二年当時は、日本では独立意識が非常に高まっていた」と述懐している（中曽根康弘『保守の遺言』（角川書店、二〇一〇年）五六頁）。

（65）改進党は、一九五二年二月の結党にあたって作成した政策大綱において、「十大緊急政策」として「日米対等の原則による相互防衛協定の締結と、民力に応ずる自主的自衛軍の創設」、及び「千島、南樺太、小笠原諸島、沖縄及び奄美大島等の早期返還促進」を主張していた（「改進党綱領・宣言・政策大綱他」国立国会図書館『史料にみる近代の日本——開国から戦後政治までの軌跡』http://www.ndl.go.jp/modern/img_l/202/202-001l.html（二〇一八年一月一三日最終アクセス））。

（66）『朝日新聞』一九五二年六月五日朝刊。

（67）ただし、従来の研究が指摘している通り、重光自身、そこで掲げた将来における集団安全保障体制への参加について、具体的な戦略的論理を持ち合わせていたわけではなかった（添谷『日本の「ミドルパワー」外交』七二—七三頁）。また、当時は未だ厭戦気分が強かったため、憲法改正の主張は警戒される状況だった（中曽根『保守の遺言』五六頁）。

（68）No. 571, "Memorandum by the Director of the Office of Northeast Asian Affairs (Young) to the Assistant Secretary of State for Far Eastern Affairs（Allison）”（June 10, 1952）, *FRUS, 1952-1954*, Vol. 14, Part 2, pp. 1271–1272, footnote 1.

(69) NSC 125/1, “United States Objectives and Courses of Action with Respect to Japan”（July 18, 1952）, Records Related to State Department Participation in the Operations Coordinating Board and the National Security Council, 1953–60, RG 59, 沖縄県公文書館所蔵。

(70) NSC 125/2, “United States Objectives and Courses of Action with respect to Japan”（August 7, 1952）, Records Related to State Department Participation in the Operations Coordinating Board and the National Security Council, 1953–60, RG 59, 沖縄県公文書館所蔵。

(71) Ibid.

(72) No. 591, “The Ambassador in Japan（Murphy）to the Assistant Secretary of State for Far Eastern Affairs（Allison）”（August 11, 1952）, *FRUS, 1952-1954*, Vol. 14, Part 2, pp. 1311–1313.

(73) Ibid.

(74) Ibid.

(75) Ibid.

(76) Ibid.

(77) Ibid.

(78) 奄美諸島における日本復帰運動については、エルドリッヂ『奄美返還と日米関係』第二章参照。サンフランシスコ講和会議の開会直前から奄美諸島では、日本復帰を要望してハンガーストライキが行われており、これに対してダレスは、「米国が沖縄を領土としようとするのではないことは、あなたによく申したとおりである。日本のためとはかりながら、日本人から反対デモをくらうとは米国人の納得ゆかぬところである」と、講和交渉当時の西村条約局長に訴えていた（西村「沖縄帰属のきまるまで」二一〇頁）。そのような奄美諸島の情勢の存在が、施政権返還の早期実現の必要性を米国に認識させたのである。

他方、沖縄社会では、日本復帰問題の取り扱いについて対立が深まっていた。講和条約締結前からの復帰運動の継続を主張する勢力と、米民政府への協力を重視する方針を背景に、復帰運動に消極的な勢力との間の亀裂であった（鳥山『沖縄』一六九―一七五頁）。

(79) No. 591, “The Ambassador in Japan（Murphy）to the Assistant Secretary of State for Far Eastern Affairs（Allison）”（August 11, 1952）, *FRUS, 1952-1954*, Vol. 14, Part 2, pp. 1311–1313.

(80) 日本に対する「潜在主権」の容認について公式の場で言及されたのは、講和条約締結前の五一年九月五日の会議においてであった。ダレス米国全権とヤンガー（Kenneth G. Younger）英国全権が、講和条約第三条に基づき信託統治が予想される沖縄や小笠原諸島に対して、「潜在主権」が日本にあることを表明したのである。ダレスとヤンガーの演説の概要は、『朝日新聞』一九五一年九月七日朝刊。また、演説文の抜粋については、吉田『回想十年』第三巻、七五―七七頁参照。

(81) 当時外務省条約局長であった西村熊雄も、日本に「潜在主権」を容認した上で、米国が沖縄を統治し続けるというやり方は、対日講和条約に関する「交渉当時日本が熱心に訴えたところにかなうものである」と述懐している（西村『サンフランシスコ平和条約・日米安保条約』七四頁）。講和会議間近になると、日本政府は米国関係者との折衝を通じて、沖縄の「潜在主権」を保持できることを知り得ていたため、八月には、米国側の了承を得たうえで、沖縄の「主権は日本から離れない」旨を発表した（『朝日新聞』一九五一年八月六日朝刊）。

(82) 西村「沖縄帰属のきまるまで」二二頁。

(83) 『朝日新聞』一九五一年一二月一四日夕刊。

(84) 西村「沖縄帰属のきまるまで」二二頁。

(85) 『朝日新聞』一九五一年一〇月一六日朝刊。

(86) 西村『サンフランシスコ平和条約・日米安保条約』七五頁。

(87) 外務省アジア局第五課「北緯二十九度以南の南西諸島及び小笠原諸島に関する対米折衝要領」（一九五一年九月一五日）、『南西諸島帰属問題第一巻』、外務省外交史料館、A'6113。当該文書では、「現地住民の最大且つ緊急問題となっている」事項として、①渡航に関する事項、②現地在住旧官吏の給与、恩給支給に関する事項、③郵便貯金、年金、保険金等の支払に関する事項が挙げられた。

(88) 「沖縄・小笠原に関する件」（一九五二年三月一九日）、外務省外交史料館『南西諸島帰属問題第一巻』。管見の限りでは、沖縄の施政権返還問題に関する日本政府当局者の考えが記された一九五二年付の外務省作成の文書は、当該文書が唯一のものである。

(89) 例えば、沖縄において日の丸の掲揚が認められていたこと、また、日本に対して沖縄における教育行政権の移譲はされないまでも、日本の教科書の使用が認められるようになったことから、沖縄において信託統治を実施する計画は立ち消えになったのではないかと報じられるようになっていた（『朝日新聞』一九五三年二月一四日朝刊）。サンフランシスコ講和条約発効後、沖縄では米国以外の国旗を掲揚することが固く禁じられていた。ようやく一九五三年の元旦に日本国旗を掲揚することが許可されたものの、元旦以後も掲揚し続けた一般民家の日本国旗は米民政府によって撤去が命じられた（入江啓四郎「沖縄諸島の法的地位」国際法学会編『沖縄の地位』（有斐閣、一九五五年）七六―七七頁）。

(90)『朝日新聞』一九五三年二月二二日朝刊。

(91)管見の限りでは、沖縄の施政権返還問題に関する日本の方針を記した一九五二年付の文書は存在していない。外務省が、当該問題に関する対処案の作成を活発化させるのは、一九五三年六月以降のことである。

(92)この点について河野は、安全保障政策をめぐる日本国内の対立が国務省に沖縄返還構想を最終的に断念させる理由となったことを指摘している（河野『沖縄返還をめぐる政治と外交』八〇頁）。

(93)宮澤『東京――ワシントンの密談』一六〇頁。

(94)社会党左派は議席数を一六から五四に、右派社会党は三二から五七に伸ばしていた（『朝日新聞』一九五三年一〇月三日朝刊）。

(95)もっとも、既存の研究が指摘している通り、一九五二年初頭の世論調査で再軍備を支持する割合は過半数を超えていたが、その内実は、警察予備隊の増強をする形での防衛力強化への支持であり、憲法改正を伴う形での再軍備に対する支持は僅かであった（田中『安全保障』一一四―一一五頁）。再軍備問題をめぐる当時の政党間の対立について、宮澤喜一は、吉田政権が「片や社会党から、他方鳩山派や改進党から、挟み打ちの非難を浴びるようになっ」たと述懐している（宮澤『東京――ワシントンの密談』一六一頁）。このことからも、吉田が指向した「経済中心主義路線」が、左の「社会民主主義路線」と右の「伝統的国家主義路線」の双方から政治的圧力を受けていたことを読み取ることが可能である。

(96) "Murphy to the Department of State" (September 11, 1952), *FRUS, 1952-1954*, Vol. 14, Part 2, p. 1329.

(97) "Memorandum by the Director of the Office of Northeast Asian Affairs Young to the Assistant Secretary of State for Far Eastern Affairs Allison" (January 12, 1953), *FRUS, 1952-1954*, Vol. 14, Part 2, pp. 1376-1378.

(98) No. 638, "Memorandum by the Assistant Secretary of State for Far Eastern Affairs (Allison) to the Secretary of State" (March 18, 1953), *FRUS, 1952-1954*, Vol. 14, Part 2, pp. 1397-1400.

(99)吉田路線の世論との分離、及び世論と政治路線が吉田路線を軸として左右に分裂している状態にあることが、戦後日本外交の構造問題であると指摘したものとして、添谷「吉田路線と吉田ドクトリン」一―一七頁参照。

(100)赤木完爾『ヴェトナム戦争の起源――アイゼンハワー政権と第一次インドシナ戦争』（慶應通信、一九九一年）九―一四頁。アイゼンハワー政権発足当初の政策課題については、Chang, *Friends and Enemies*, Chapter 3, Gaddis, *Strategies of Containment*, Chapter 5, Robert A. Divine, *Eisenhower: And The Cold War* (Oxford University Press, 1981), Chapter 1, 赤木、同上、第二章参照。

(101) スターリンの存在が休戦実現の障害になっていたことを指摘したものとして、神谷『朝鮮戦争』一七四頁、菅『米ソ冷戦とアメリカのアジア政策』三三七頁。

(102) 『朝日新聞』一九五三年三月二九日朝刊。中国・北朝鮮による休戦会談再開の提案は、同年二月二二日にクラーク国連軍司令官が行った、重傷病捕虜の優先的交換の提案を受け入れることの表明と同時になされたものであった。

(103) 『朝日新聞』一九五三年四月二日朝刊。

(104) 休戦に反対していた李承晩韓国大統領が、六月からの米韓会談を通して米国から韓国防衛へのコミットメントの確約を得たことでその態度を変化させたことも、休戦実現の要因の一つとなっていた（菅『米ソ冷戦とアメリカのアジア政策』三三七頁）。

(105) 日本国内でも、捕虜交換に関する協定の調印は、朝鮮戦争の休戦が事実上成立したことを意味すると報じられていた（『朝日新聞』一九五三年六月八日夕刊）。

(106) 池田慎太郎『日米同盟の政治史——アリソン駐日大使と「一九五五年体制」の成立』（国際書院、二〇〇四年）第一章、室山『日米安保体制』上巻、一三六—一三七頁。

(107) 赤木『ヴェトナム戦争の起源』九—一四、二五—三一頁、佐々木卓也『アイゼンハワー政権の封じ込め政策——ソ連の脅威、ミサイル・ギャップ論争と東西交流』（有斐閣、二〇〇八年）七—一五頁。

(108) NSC 149/2, "Basic National Security Policies and Programs in Relation to Their Cost" (April 29, 1953), *FRUS, 1952-1954*, Vol. 2, *United States National Security Policy* (Washington D. C.: Government Printing Office, 1985), pp. 305-318.

(109) Ibid.

(110) NSC 125/6, "United States Objectives and Courses of Action with Respect to Japan" (June 29, 1953), Records Related to State Department Participation in the Operations Coordinating Board and the National Security Council, 1953-60, Box 4212, RG 59, 沖縄県公文書館所蔵。

(111) No. 655, "Memorandum of Discussion of the 151st Meeting of the National Security Council, Washington, June 25, 1953," *FRUS, 1952-1954*, Vol. 14, Part 2, pp. 1438-1445.

(112) NSC 125/6, "United States Objectives and Courses of Action with Respect to Japan" (June 29, 1953), Records Related to State Department Participation in the Operations Coordinating Board and the National Security Council, 1953-60, Box 4212, RG 59, 沖縄県公文書館所蔵。

(113) ＭＳＡ援助については、坂元『日米同盟の絆』第二章、増田弘「冷戦期の日米関係」山極晃編『東アジアと冷戦』一三三―一三五頁、室山『日米安保体制』上巻、一二九―一五四頁参照。

(114) No. 656, "The Ambassador in Japan (Allison) to the Department to State" (June 26, 1953), *FRUS, 1952-1954*, Vol. 14, Part 2, pp. 1445-1447.

(115) No. 638, "Memorandum by the Assistant Secretary of State for Far Eastern Affairs (Allison) to the Secretary of State" (March 18, 1953), *FRUS, 1952-1954*, Vol. 14, Part 2, pp. 1397-1400.

(116) NSC 125/6, "United States Objectives and Courses of Action with Respect to Japan" (June 29, 1953), Records Related to State Department Participation in the Operations Coordinating Board and the National Security Council, 1953-60, Box 4212, RG 59, 沖縄県公文書館所蔵。

(117) No. 655, "Memorandum of Discussion of the 151st Meeting of the National Security Council, Washington, June 25, 1953," *FRUS, 1952-1954*, Vol. 14, Part 2, pp. 1438-1445.

(118) Ibid.

(119) Ibid.

(120) NSC 125/6, "United States Objectives and Courses of Action with Respect to Japan" (June 29, 1953), Records Related to State Department Participation in the Operations Coordinating Board and the National Security Council, 1953-60, Box 4212, RG 59, 沖縄県公文書館所蔵。

(121) 「朝鮮休戦問題に関する情勢判断の件」（一九五三年四月二日）外務省外交史料館『朝鮮動乱関係一件』A'0168。

(122) 『朝日新聞』一九五三年五月二九日朝刊。

(123) 五三年八月八日に奄美諸島の返還が発表されたことで、新聞上でも、米国が沖縄における信託統治の実施を意図していないことは間違いないとの予測が為されるようになった（『朝日新聞』一九五三年八月九日夕刊）。

(124) 条約局第三課「南西諸島の日本復帰の方式について」（一九五三年六月三日）、外務省外交史料館『南西諸島帰属問題第一巻』、A'6113。特に断りのない限り、以下の条約の見解は当該文書に基づくものである。

(125) 同右。

(126) 同右。

(127) 同右。

(128) アジア局第五課「南西諸島の日本復帰の方式に関する件」（一九五三年六月一一日）、同上。同「南西諸島管轄の移譲の件」（一九五三年七月七日）同上。

(129) 条約局第一課「米国のＭＳＡ援助について」（一九五三年四月）、『日米相互防衛援助協定関係一件——交渉準備、参考資料』、外務省外交史料館、B'510J/U7-1, CD-R 番号 B'190。

(130) 条約局第三課「南西諸島及び南方諸島の施政権の移譲に関する件」（一九五三年七月一七日）、外務省外交史料館、『南西諸島帰属問題第一巻』、A'6113。

(131) 岡崎外務大臣発、新木大使宛文書（一九五三年八月八日）、外務省外交史料館、『南西諸島帰属問題　奄美群島、日米間返還協定関係』。

(132) 新木大使発、岡崎大臣宛文書「奄美大島返還等に関するダレス長官談」（一九五三年八月一三日）、同上。

(133) 『朝日新聞』一九五一年九月九日朝刊。

(134) ダレスが、奄美諸島の施政権返還の過程で、沖縄の防衛責任を負担しようとしない日本に対する強い不満を抱いていたことについては、従来の研究でも指摘されている。例えば、エルドリッヂ『奄美返還と日米関係』終章、河野『沖縄返還をめぐる政治と外交』第三章、宮里『日米関係と沖縄』第三章。

(135) No. 726, "The Secretary of State to the Embassy in Japan" (December 28, 1953), *FRUS, 1952-1954*, Vol. 14, Part 2, pp. 1592-1593.

【終　章　沖縄基地問題の構図】

(1) 一九七二年の沖縄の施政権返還については、河野『沖縄返還をめぐる政治と外交』、中島『沖縄返還と日米安保体制』、野添文彬『沖縄返還後の日米安保——米軍基地をめぐる相克』（吉川弘文館、二〇一六年）第一章、渡辺『戦後日本の政治と外交』参照。

(2) 一九六〇年の日米安全保障条約の改定については、坂元『日米同盟の絆』第三章—第五章、西村真彦「一九五七年岸訪米と安保改定（一）（二）（三・完）」『法学論叢』第一七八号六巻（二〇一六年三月）、第一七九巻二号（二〇一六年五月）、第一七九巻四号（二〇一六年七月）、山本『米国と日米安保条約改定』、吉田『日米同盟の制度化』第一章参照。

あとがき

本書は、二〇一六年一月に慶應義塾大学大学院法学研究科に提出した博士学位論文『沖縄をめぐる日米関係、一九四五～一九五三――沖縄基地問題の生成過程』に加筆修正を行ったものである。本書の内容の一部は、以下の論文として発表している。

「戦後日本の沖縄基地問題の起源――日本の非軍事化と沖縄に対する領土主権の追求」『法学政治学論究』第九七号（二〇一三年六月）
「沖縄に対する領土主権問題の変質、一九五〇～一九五一年」『法学政治学論究』第一〇〇号（二〇一四年三月）
「沖縄をめぐる日米関係と日本再軍備問題、一九五〇～一九五三」『防衛学研究』第五七号（二〇一七年九月）

小学五年生までを沖縄で過ごした筆者にとって、米軍基地は身近な存在であった。本島北部にある父方の祖父母の家に行く際に通った国道五八号線の道沿いには、嘉手納空軍基地をはじめとする米軍基地のフェンスが延々と続いている。米軍基地とその周辺の異国情緒漂う街並みは、見慣れた景色であった。また、本島南部にある母方の祖父母の元々の土地は、かつて米軍基地として接収されていた。他方で、小学校の行事では、米軍基地内の同年代の子供達と交流をしたこともある。広大な敷地とそこにあった立派な建物の数々に、圧倒された。ここは日本なのに、なぜ米国が広大な敷地を有しているのだろう。子供ながらに素朴な疑問を抱くようになった。

千葉に引っ越してからは、米軍基地の存在は遠くなった。成長するにつれ行動範囲が広くなっても、普段の生活の中で米軍基地に出くわすことは殆どなかった。なぜ本土には米軍基地があまりないのだろう。漠然とだが、米軍基地についての疑問を抱き続けてきた。

大学では米軍基地問題に少しばかり関心があるという理由で、政治学が学べる法学部を選択したものの、必修科目であった民法の面白さに夢中になり、学部では法律学を専攻した。六法全書と判例集を手に、法律を学ぶことは非常に楽しかった。ただ、進路を考える時期に差し掛かり、幼い頃から気になっていた米軍基地問題について一度しっかり調べてみたいという思いがよぎった。このような経緯で政治学専攻として大学院に進学したこともあり、修士課程の頃は知識不足が祟り失敗の連続であった。専攻を変更してまで大学院に進学したからには、許可をいただけるのであれば必ず博士課程まで進みたいとは考えていた。だが、己の力のなさを痛感する度に挫けそうになった。

それでもなんとか博士論文を書き上げ、そして幸運にも本書を執筆する機会を得ることができたのは、多くの方々からご指導とご鞭撻をいただけたからである。まずは、本書のもととなった博士論文の審査の労をおとりくださった、三人の先生に御礼を申し上げたい。

政治学の知識が殆どない状態で大学院に入学した筆者が、こうして単著を執筆することができたのは、修士課程への入学以来、一貫して添谷芳秀先生からご指導いただけたからに他ならない。先生は、筆者の拙い説明からでも問題意識を把握し、適切な方向に導いてくださった。筆者は、歴史的経緯を客観的な史料に基づき実証的に分析することで、沖縄基地問題が解決されにくいことの要因を明らかにしていきたいと考えている。そんな筆者にとって、分析枠組みを設定し、事実関係を意義付けて説明することを重視される先生からご指導いただけたことは、この上なく幸せなことだった。修士論文の完成間際に、「沖縄基地問題は、研究上の意義付けは難しいが、是非とも研究しなければいけないテーマである」との励ましのお言葉をいただいたことを、今でも鮮明に覚えている。先生から頂戴したコメントの数々は、筆者の宝物として全て残してある。博士論文、そして本書の執筆過程においては、それらのコメントを何度も読み返した。先生からいただいた課題を、本書においてどの程度クリアできているかは心許ない。本書が、先生から賜った多くの学恩に少しでも報いるものであることを切に願うばかりである。

細谷雄一先生からは、授業を通じて外交史研究の作法をご指導いただき、また、添谷先生が在外研究で大学を離れられている間は、指導教授としてご指導いただいた。詳しくは後述するが、筆者は、大学院時代にサントリー文化財団から研究を助成していただき、そのことがきっかけで本書の執筆機会を得るという類まれな幸運に恵まれた。研究助成を申請する過程で細谷先生からご指導いただかなければ、そもそも本書は誕生していなかったであろう。

宮本勲先生には、大学院での授業でご指導いただいて以来、本書の出版などの重要な局面で貴重なご助言を頂戴している。先生の授業で研究報告をした際にいただいた、「沖縄に米軍基地が存続すること、そしてその意味は当初から変わらないのですか」というご指摘は、本書の問題意識の基礎をなしている。沖縄米軍基地の存在意義が変化していたことに着目する本書の議論は、先生からいただいたご指摘に答えようとする中で生まれたものである。

そのほか慶應義塾大学では、様々な機会において田所昌幸先生から貴重なコメントと励ましを頂戴した。その中で最も印象に残っているのは、米国の沖縄政策を相対的に理解することの大切さを説いていただいたことである。米国の沖縄政策を、そのグローバルな戦略の中で位置付けることを常に心がけなければ、米国にとっての沖縄米軍基地の存在意義を正確に理解できないであろうとのご指摘である。本書が米国の沖縄政策だけでなく、その他の対外政策にも一部言及しているのは、このような背景によるものである。

東京都立大学法学部では、政治学専攻で大学院進学を目指すことを決めた後、山田高敬先生（現名古屋大学）のゼミに所属し、国際政治学の基礎を学んだ。「沖縄基地問題の研究をするにあたっては、専門分野が違う人でも理解できるような説明をしなければならない」という筆者の研究上の信念は、先生のご指導によるものである。大学卒業以降は、学会等でお会いする際に、先生に少しでも良いご報告をできるようにと、研究に励んできたように思う。

そして、都立大学で遠藤歩先生（現九州大学）のゼミに所属し、ご指導いただくことがなければ、そもそも筆者が研究者を志すことはなかったであろう。先生のもとで民法を学び、ゼミ論文を執筆する中で、客観的史料に基づきながら自分なりの立場や主張を論証することの楽しさを知った。専攻を変え、大学院に進学した後も、先生からは励ましのお言葉を沢山頂戴してきた。それらのお言葉に何度救われたか分からない。研究者の道を勧めてくださった先生のご期待に応えたいという思いが、筆者が研究を続ける原動力となっている。

さらに筆者は、学外の研究会や学会を通して、沢山の先生方からご指導いただいている。本書の一部となった論考を日本国際政治学会二〇一三年度研究大会で報告させていただいた際には、河野康子先生、庄司潤一郎先生をはじめ、多くの先生から貴重なご助言をいただいた。宮城大蔵先生からは本書の出版を勧めていただき、タイトル決めに悩んだ折には、貴重なご助言を頂戴した。博士論文執筆の最終段階で、心身ともに疲弊しきっていた時期に、先生から温かい励ましのお言葉をかけていただいたことを、決して忘れない。佐藤晋先生には、研究に対するコメントをいただくだけでなく、非常勤講師の職に不慣れな筆者を温かく見守っていただいている。中島信吾先生からは、博士課程以来、筆者の論考に何度もご助言をいただいた。この他にも、池田慎太郎先生、加藤博章先生、平良好利先生、高橋和宏先生、武田悠先生、野添文彬先生、山本章子先生からは、研究へのご助言や史料についての貴重なアドバイスをいただいてきた。

慶應義塾大学大学院添谷ゼミの先輩方は、筆者にとっての目標であり、憧れである。決して楽ではなかった大学院生活において、頼りになる先輩方が身近に沢山いてくださったことは、非常に心強かった。昇亜美子、鈴木宏尚、吉田真吾、手賀裕輔、黄洗姫、植田麻記子、大海渡桂子の諸先輩方には、大学院時代から今に至るまで、さまざまな面でお世話になっている。後輩の石田智範、大野知之、金泫姓の各氏には、愚痴に近い相談に乗ってもらい、助けていただくことが多かった。大野氏には、本書の校正作業もお手伝いいただいた。また、ゼミは異なれども、白鳥潤一郎、合六強の両先輩にも、修士課程以来お世話になり続けている。

筆者はあまりにも多くの方々にお世話になっているため、全ての方のお名前をここに挙げることができない。誠に申し訳ない限りだが、直接お会いする際に御礼を申し上げることでご容赦いただければと思う。

なお本書を刊行するにあたっては、日本学術振興会平成二九年度科学研究費補助金（研究成果公開促進費）による出版助成をいただいている。これまでの研究の過程では、慶應義塾大学大学院奨学金、慶應義塾大学博士課程学生研究支援プログラム、サントリー文化財団「若手研究者のためのチャレンジ研究助成」によるご支援をいただいた。記して感謝申し上げる。

本書は、東京大学出版会の山田秀樹氏がいらっしゃらなければ、間違いなく日の目を見ることはなかった。サントリー文化財団から研究を助成していただいた筆者は、中間報告会や最終報告書の形で、研究内容を発表する機会に恵まれた。その筆者の研究内容に関心を寄せていただき、お声がけくださったのが山田氏である。博士号取得から間もない非力な筆者が、東京大学出版会という伝統ある出版社から単著を刊行できることは、幸運以外の何ものでもない。往生際が悪く、作業が遅れがちであった筆者を辛抱強くサポートしてくださった山田氏に、心から感謝申し上げる。

最後に私事で恐縮であるが、両親への謝意を記させていただきたい。遠回りをしながらも、一生をかけて取り組みたい研究テーマを見つけ、研究を楽しく続けてこられたのは、父秀正と母春枝が物心両面から支えてくれたお陰である。特に父は、研究者の先輩として、文字通り叱咤激励してくれた。無理をしがちな筆者を、心配しながらも温かく見守ってくれた両親に、心から感謝申し上げたい。

以上のように、本書の刊行は、多くの方々からのご指導とご鞭撻がなければ実現し得なかった。だが、本書におけるる解釈の誤りや理解不足に関する責任が、全て筆者にあることはいうまでもない。とはいえ、沖縄基地問題の解決に向けて、本書が研究と議論の活性化に少しでも寄与することができれば、これほど嬉しいことはない。

二〇一八年一月

池宮城陽子

著者略歴

1983 年　沖縄県生まれ
2008 年　東京都立大学法学部法律学科卒業
2016 年　慶應義塾大学大学院法学研究科単位取得満期退学
　　　　博士（法学）
現　在　慶應義塾大学，東洋英和女学院大学，二松學舍大
　　　　学非常勤講師
専　攻　日本政治外交史，日米関係史

沖縄米軍基地と日米安保
基地固定化の起源　1945-1953

2018 年 2 月 23 日　初　版

［検印廃止］

著　者　池宮城陽子（いけみやぎようこ）

発行所　一般財団法人　東京大学出版会
　　　　代表者　吉見俊哉
　　　　153-0041 東京都目黒区駒場 4-5-29
　　　　電話 03-6407-1069　Fax 03-6407-1991
　　　　振替 00160-6-59964

印刷所　株式会社暁印刷
製本所　誠製本株式会社

ISBN 978-4-13-036266-5　Printed in Japan

人名索引

アイケルバーガー(Robert L. Eichelberger)　64-67
アイゼンハワー（Dwight D. Eisenhower）　13, 183, 185-189, 213
朝海浩一郎　40
芦田均　53, 67
アチソン（George Atcheson）　40
アチソン（Dean G. Acheson）　85, 87, 88, 92-94, 112, 125-127, 159
アリソン（John M. Allison）　123, 126, 137, 138, 181, 187
ウィルソン（Charles E. Wilson)　189
岡崎勝男　173, 178, 190
片山哲　53
川上健三　37, 38
ケナン（George F. Kennan）　42, 43, 45, 49, 60, 62, 63, 70-75, 79, 82, 84, 109, 202, 203
コーエン（Myron M. Cowen）　159
コリンズ（Joseph L. Collins）　141
シーボルト（William J. Sebald）　94, 116, 159
重光葵　170
下田武三　179
ジョンソン（Earl D. Johnson）　136, 137
ジョンソン（Louis A. Johnson）　109
鈴木九萬　64-67
スターリン（Joseph Stalin）　43, 183, 213
ステティニアス（Edward R. Stettinius）　26
辰巳栄一　158
ダレス（John F. Dulles）　95, 96, 108, 109, 114-116, 123-126, 133, 135, 136, 138-141, 144, 158, 165, 176, 181, 187, 188, 195, 196, 204, 208, 209
チトー（Josip B. Tito）　80
デービス（John P. Davies）　63
トルーマン（Harry S. Truman）　13, 41, 46, 60, 87, 89, 90, 106, 108, 113, 122, 155, 161
西村熊雄　117, 134, 135, 140, 144, 148, 176, 178
ニッツェ（Paul H. Nitze）　91, 112
ニミッツ（Chester W. Nimitz）　25
バーンズ（James F. Byrnes）　49
萩原徹　64
バブコック（Stanton C. Babcock）　143
ヒューストン（Cloyce K. Huston）　95
フィアリー（Robert A. Fearey）　114, 118, 128, 130
フォレスタル（James V. Forrestal）　45
ブラッドレー（Omar N. Bradley）　109, 140
ベヴィン（Ernest Bevin）　92
ボートン（Hugh Borton）　50
ボール（William M. Ball）　52
マーシャル（George C . Marshall）　61, 63, 80, 126, 127, 141
マーフィー（Robert D. Murphy）　173-175, 180
マッカーサー　45, 46, 49, 53, 69, 72, 75, 77, 94, 96, 97, 109, 111, 117, 122, 127
マリク（Yakov A. Malik）　115, 154
宮澤喜一　168
モロトフ（Vyacheslav M. Molotov）　183
ヤング　181
吉田茂　9, 29, 95, 98, 111, 128, 131, 132, 135, 144, 158, 167, 168, 173, 177, 195, 196, 207, 208, 211, 213, 214
リッジウェイ（Matthew B. Ridgway）　156-158, 163, 167
ルーズヴェルト（Franklin D. Roosevelt）　23, 24, 33
ロイヤル（Kenneth C. Royall）　77

事項索引

アイスバーク作戦　25
芦田覚書　53
芦田書簡　60, 64, 67, 68, 76, 78, 99, 206
アチソン・ライン　87, 107
奄美諸島　175, 194, 196
ヴァンデンバーグ決議　112
ヴェルサイユ条約　29
改進党　170, 211
海兵隊第三師団　3
外務省　28-30, 38, 40, 41, 46, 47, 51, 52, 54, 64, 68, 100, 118, 120, 128, 129, 131, 147, 178, 179, 192, 193
カイロ宣言　30, 38
極東委員会　53, 76, 115
極東軍司令部　156-159, 163
警察予備隊　111, 112, 117, 158, 204
(帝国) 憲法改正草案要綱　39, 42, 64
憲法九条　9, 11, 12, 21, 28, 39, 41, 46, 47, 55, 101, 137, 167, 168, 182, 206, 207, 209, 211, 213, 214
国際警察軍（構想）　23, 24, 69
国防省　110, 170
国務省　11, 26, 27, 32, 33, 36, 43-45, 50, 51, 61, 62, 69, 93, 94, 109, 110, 113, 114, 116, 124-127, 138, 139, 140, 142, 153, 156, 158, 159, 165, 180, 182, 198, 204, 209
――政策企画室（PPS）　63, 71, 72, 82
――PPS10　63, 71, 73
――PPS13　73
――PPS28　72, 74, 79, 82, 84
――PPS28/1　83
――PPS28/2　82
国家安全保障会議（NSC）　3, 186
――NSC13　82
――NSC13/2　82, 83
――NSC13/3　8, 82, 84, 88, 89, 165, 203
――NSC34　81, 85, 88, 90
――NSC44　83
――NSC48/1　86-89
――NSC48/2　86-88, 107
――NSC48/5　146, 154, 155, 164
――NSC49　93, 111
――NSC60/1　110-114, 127, 136
――NSC68　91, 92, 106, 111, 146, 183, 185
――NSC125/1　163-165, 170
――NSC125/2　163, 165, 171, 172, 175, 184, 211
――NSC125/6　185, 186, 188, 189, 214
――NSC149/2　185
再軍備計画のための当初措置　12, 137, 138, 143, 150, 209
在日米軍基地問題　2, 3, 211
在日米軍撤退論　152, 153, 165, 169, 170, 197, 211-213
サンフランシスコ講和条約　3, 9, 13, 103, 142, 149, 155, 159, 161-163, 169, 171, 175-177, 197, 209, 210
社会党　168, 180, 212
自由党　180
初期の対日方針　25, 27, 34
新憲法草案（GHQ 草案）　39
（沖縄）信託統治構想　21, 34, 43, 44, 57, 58, 68, 69, 71, 96, 102, 113, 115, 160, 161, 171, 177, 198, 202, 210, 212
（国際）信託統治制度　32-34, 41, 55, 58, 69, 70, 75, 107, 135, 161, 203, 210
潜在主権　3, 14, 103, 105, 140, 141, 142, 147, 148, 150-152, 162, 165, 172, 175, 177, 195, 198, 209-211
大西洋憲章　23, 24, 32, 33, 141
対日講和七原則　126, 133, 134
太平洋協定　125
「台湾放棄」政策　89, 107

中国義勇軍　122, 132, 149
「中国大国化」構想　80, 81
中国チトー化（政策）　80-82, 85, 86, 88-91, 107
中国白書　85
中ソ友好同盟相互援助条約　57, 88-90
駐日大使館　180
朝鮮戦争　3, 8, 11-13, 81, 91, 105-108, 110, 112, 114, 117, 122, 132, 148, 149, 151, 153, 163, 165, 177, 183, 184, 190, 196, 198, 203, 204, 206-208, 213
長文電報　43, 45, 49, 60, 74
統合参謀本部（JCS）　24, 25, 32, 34, 35, 141, 157, 160, 162, 163, 166, 167, 171, 210
——JCS570　24
——JCS570/2　24, 25, 33, 34
——JCS570/40　32
——JCS570/50　34, 35, 81
——JCS1380/15（初期の基本的指令）　35, 37
——JCS1619/15　44, 45
——統合戦略調査委員会　123, 141, 160
トルーマン・ドクトリン　8, 48, 51, 60
日米安全保障条約　3, 4, 9, 13, 67, 103, 143, 144, 149-152, 159, 162, 163, 166-169, 182, 196, 197, 210, 211, 213, 215
——第四条　13, 145, 147, 151, 155, 158, 187, 189, 193-195, 197, 209, 212, 214
日米行政協定　2, 3, 166, 169, 210
ニミッツ布告　31
米第七艦隊　91, 107, 108, 122
保障占領　19-21, 24, 25, 28-30, 35, 38, 40-43, 47, 48, 51, 52, 54-56, 58, 65-68, 71, 74, 75, 78, 96-99, 101, 110, 111, 118, 119, 149, 171, 172, 201-206
ポツダム会談　10, 26, 202
ポツダム宣言　10, 11, 19-22, 24, 26-28, 30, 34, 36, 47, 97, 115, 172, 202, 205
マーシャル・プラン　8, 48, 49, 51, 57, 61, 69, 73, 101, 107, 202, 206
マッカーサー覚書　96
ミクロネシア　32, 33
民政局　35, 36
ヤルタ会談　32, 80
ヤルタ協定　80
ヤルタ体制　22, 23, 34, 43, 44, 49, 54, 55, 57, 68, 79, 80, 107, 111, 123
四ヶ国条約案　49, 50
領土不拡大の原則　30, 33, 36-38, 205
ロンドン外相会議（1947）　76, 77
GHQ　31, 35, 37, 39, 202
MSA（援助／協定）　187, 188, 193, 213
SCAPIN677（沖縄の行政的分離）　21, 31, 35-37, 38, 41, 46, 53, 55
SWNCC（三省調整委員会）　26, 45
——SWNCC59　26
——SWNCC59/1　43, 45, 50, 81
——SWNCC59/6　44, 45

主要参考文献

【一次資料】

未公刊資料

［日　本］

外務省外交記録（外務省外交史料館所蔵）

「朝鮮動乱関係一件」（A'0168）

「南西諸島帰属問題　奄美群島，日米間返還協定関係」（A'0146）

「南西諸島帰属問題第一巻」（A'6113）

「対日平和条約関係，準備関係」（B'0008）

「対日講和に関する本邦の準備対策関係」（B'0010）

「日米相互防衛援助協定関係一件――交渉準備，参考資料」（B'510J/U7-1）

［米　国］

National Archives of the United States, II, College Park, Maryland

Record Group 59 [The Department of State]

Record Group 330 [The Office of the Secretary of Defense]

Harry S. Truman Presidential Library, Independence, Missouri

Truman Papers

Dean G. Acheson Papers

国立国会図書館憲政資料室

「日本占領関係資料」

GHQ/SCAP Records, GS

沖縄県公文書館

Record Group 59 [The Department of State]

Record Group 84 [The Foreign Service Posts of the Department of State]

Record Group 218 [The United States Joint Chiefs of Staff]

Record Group 330 [The Office of the Secretary of Defense]

Record Group 335 [The Office of the Secretary of the Army]

Record Group 554 [The Far East Command, Supreme Commander for the Allied Powers and United Nations Command]

Dwight D. Eisenhower Presidential Library, Abilene, Kansas

National Security Council Staff Papers, 1948-1961

公刊資料

［日　本］

外務省編『日本外交文書――サンフランシスコ平和条約準備対策』（外務省，2006 年）
外務省編『日本外交文書――平和条約の締結に関する調書』第 1 冊～第 5 冊（外務省，2002 年）

［米　国］

Foreign Relations of the United States Diplomatic Papers, 1945, Vol. 1, *General, The United Nations* (Washington D.C.: U.S. Government Printing Office, 1967)
Foreign Relations of the United States Diplomatic Papers, 1946, Vol. 1, *General, The United Nations* (Washington D.C.: U.S. Government Printing Office, 1972)
Foreign Relations of the United States Diplomatic Papers, 1947, Vol. 6, *The Far East* (Washington D.C.: U.S. Government Printing Office, 1972)
Foreign Relations of the United States Diplomatic Papers, 1948, Vol. 6, *The Far East and Australasia* (Washington D.C.: U.S. Government Printing Office, 1974)
Foreign Relations of the United States Diplomatic Papers, 1949, Vol. 7, *The Far East and Australasia, (in two parts)* Part 2 (Washington D.C.: U.S. Government Printing Office, 1976)
Foreign Relations of the United States Diplomatic Papers, 1950, Vol. 6, *East Asia and the Pacific* (Washington D.C.: U.S. Government Printing Office, 1976)
Foreign Relations of the United States Diplomatic Papers, 1951, Vol. 6, *East Asia and the Pacific,* Part 1 (Washington D.C.: U.S. Government Printing Office, 1977)
Foreign Relations of the United States Diplomatic Papers, 1952–1954, Vol. 14, *China and Japan,* Part 2 (Washington D.C.: U.S. Government Printing Office, 1985)
Public Paper of the President of the United States, Harry S. Truman (Washington, D.C.: U.S. Government Printing Office, 1966)
Records of the Joint Chiefs of Staff, Part 1*: 1942–1945 Meetings, Strategic Issues, European Theater, The Soviet Union, and Pacific Theater* (University Publications of America, 1979–1981)
The China White Paper: August 1949, Vol. 1 (Stanford: Stanford University Press, 1967)

Gregory Murphy ed., *Confidential, U.S. State Department Special Files, Japan 1947–1956* (University Publications of America, 1990)
Hiroshi Masuda, ed., *Rearmament of Japan,* Part 1*: 1947–1952* (Congressional Information Service, Inc. and Maruzen Co., 1998)
Makoto Iokibe, ed., *The Occupation of Japan,* Part 2*: U.S. and Allied Policy, 1945–1952* (Congressional Information Service and Maruzen Co., 1989)
Makoto Iokibe, ed., *The Occupation of Japan,* Part 3*: Reform, Recovery and Peace,*

1945-1952 (Congressional Information Service and Maruzen Co., 1991)

【二次資料】

日本語

［単行本］

赤木完爾『ヴェトナム戦争の起源――アイゼンハワー政権と第一次インドシナ戦争』（慶應通信，1991 年）
赤木完爾・今野茂充編『戦略史としてのアジア冷戦』（慶應義塾大学出版会，2013 年）
赤根谷達雄・落合浩太郎編『日本の安全保障』（有斐閣，2004 年）
明田川融『日米行政協定の政治史――日米地位協定研究序説』（法政大学出版会，1999 年）
明田川融『沖縄基地問題の歴史――非武の島，戦の島』（みすず書房，2008 年）
芦田均（進藤榮一編）『芦田均日記』第 2 巻，第 7 巻（岩波書店，1986 年）
天川晃『占領下の日本――国際環境と国内体制』（現代史料出版，2014 年）
有賀貞・宮里政玄編『概説アメリカ外交史――対外意識と対外政策の変遷』（有斐閣，1983 年）
アルチュール・コント（山口俊章訳）『ヤルタ会談＝世界の分割――戦後体制を決めた 8 日間の記録』（サイマル出版会，1986 年）
五百旗頭真『米国の日本占領政策――戦後日本の設計図』上・下巻（中央公論社，1985 年）
五百旗頭真『日米戦争と戦後日本』（講談社，2005 年）
五百旗頭真『占領期――首相たちの新日本』（講談社，2007 年）
五百旗頭真編『戦後日本外交史［第三補訂版］』（有斐閣，2014 年）
五十嵐武士『対日講和と冷戦――戦後日米関係の形成』（東京大学出版会，1986 年）
五十嵐武士『戦後日米関係の形成――講和・安保と冷戦後の視点に立って』（講談社，1995 年）
池井優『三訂　日本外交史概説』（慶應義塾大学出版会，1992 年）
池上大祐『アメリカの太平洋戦略と国際信託統治――米国務省の戦後構想 1942 ～ 1947』（法律文化社，2014 年）
池田慎太郎『日米同盟の政治史――アリソン駐日大使と「1955 年体制」の成立』（国際書院，2004 年）
入江昭『日本の外交――明治維新から現代まで』（中央公論新社，1966 年）
入江昭『米中関係』（サイマル出版社，1971 年）
入江昭『日米戦争』（中央公論社，1978 年）
岩澤雄司他編『国際条約集』(有斐閣，2017 年)
岩永健吉郎『戦後日本の政党と外交』（東京大学出版会，1985 年）
植村秀樹『再軍備と 55 年体制』（木鐸社，1995 年）
植村秀樹『「戦後」と安保の 60 年』（日本経済評論社，2013 年）

猪俣浩三他編『基地日本――うしなわれていく祖国のすがた』(和光社，1953年)
NHK取材班『基地はなぜ沖縄に集中しているのか』(NHK出版，2011年)
大蔵省財政史室編『昭和財政史――終戦から講和まで　第3巻　アメリカの対日占領政策』(東洋経済新報社，1976年)
大嶽秀夫『再軍備とナショナリズム――戦後日本の防衛観』(講談社，2005年)
大嶽秀夫編『戦後日本防衛問題資料集　第1巻――非軍事化から再軍備へ』(三一書房，1991年)
岡崎勝男『戦後20年の遍歴』(中央公論新社，1999年)
岡崎久彦『吉田茂とその時代――敗戦とは』(PHP研究所，2002年)
小笠原高雪他編『国際関係・安全保障用語辞典』(ミネルヴァ書房，2013年)
沖縄県文化振興会公文書管理部資料編集室編『沖縄県史　資料編12　アイスバーグ作戦　沖縄戦5 (和訳編)』(沖縄県教育委員会，2010年)
小此木政夫『朝鮮戦争――米国の介入過程』(中央公論社，1986年)
小野寺彰他編『講義国際法』(有斐閣，2004年)
外務省編『日本占領及び管理重要文書集』第1巻 (東洋経済新報社，1949年)
外務省編『終戦史録』(終戦史録刊行会，1986年)
外務省編『初期対日占領政策――朝海浩一郎報告書』上・下巻 (毎日新聞社，1987年)
加藤俊作『国際連合成立史――国連はどのようにしてつくられたか』(有信堂，2000年)
我部政明『日米関係の中の沖縄』(三一書房，1996年)
我部政明『戦後日米関係と安全保障』(吉川弘文館，2007年)
神谷不二『朝鮮戦争――米中対決の原形』(中央公論新社，1990年)
川名晋史『基地の政治学――戦後米国の海外基地拡大政策の起源』(白桃書房，2012年)
菅英輝『米ソ冷戦とアメリカのアジア政策』(ミネルヴァ書房，1992年)
菅英輝編『冷戦史の再検討――変容する秩序と冷戦の終焉』(法政大学出版局，2010年)
北岡伸一・五百旗頭真編『占領と講和――戦後日本の出発』(星雲社，1999年)
北岡伸一『自民党――政権党の38年』(中央公論新社，2008年)
楠綾子　『吉田茂と安全保障政策の形成――日米の構想とその相互作用　1943～1952年』(ミネルヴァ書房，2009年)
倉科一希『アイゼンハワー政権と西ドイツ――同盟政策としての東西軍備管理交渉』(ミネルヴァ書房，2008年)
倉田保雄『ヤルタ会談――戦後米ソ関係の舞台裏』(筑摩書房，1988年)
月刊沖縄社編『アメリカの沖縄統治関係法規総覧Ⅳ』(月間沖縄社，1983年)
ケント・E・カルダー (武井楊一訳)『米軍再編の政治学――駐留米軍と海外基地のゆくえ』(日本経済新聞出版社，2008年)
高坂正尭『宰相　吉田茂』(中央公論新社，2006年)
河野康子『沖縄返還をめぐる政治と外交――日米関係史の文脈』(東京大学出版会，1994年)
国際法学会編『沖縄の地位』(有斐閣，1955年)

小松寛『日本復帰と反復帰——戦後沖縄ナショナリズムの展開』(早稲田大学出版部, 2015年)
坂元一哉『日米同盟の絆——安保条約と相互性の模索』(有斐閣, 2000年)
櫻澤誠『沖縄の復帰運動と保革対立——沖縄地域社会の変容』(有志舎, 2012年)
佐々木卓也『封じ込めの形成と変容——ケナン, アチソン, ニッツェとトルーマン政権の冷戦戦略』(三嶺書房, 1993年)
佐々木卓也編『戦後アメリカ外交史』(有斐閣, 2002年)
佐々木卓也『アイゼンハワー政権の封じ込め政策——ソ連の脅威, ミサイル・ギャップ論争と東西交流』(有斐閣, 2008年)
佐々木卓也『冷戦——アメリカの民主主義的生活様式を守る戦い』(有斐閣, 2011年)
佐藤達夫『日本国憲法成立史』第3巻 (有斐閣, 1994年)
佐道明広『戦後日本の防衛と政治』(吉川弘文館, 2003年)
佐道明広『自衛隊史論——政・官・軍・民の60年』(吉川弘文館, 2015年)
柴山太『日本再軍備への道——1945～1954年』(ミネルヴァ書房, 2010年)
下田武三『戦後日本外交の証言——日本はこうして再生した』上巻 (行政問題研究所, 1984年)
朱建栄『毛沢東の朝鮮戦争——中国が鴨緑江を渡るまで』(岩波書店, 2004年)
白石隆『海の帝国——アジアをどう考えるか』(中央公論社, 2000年)
ジョージ・F・ケナン (清水俊雄訳)『ジョージ・F・ケナン回顧録——対ソ外交に生きて』上巻 (読売新聞社, 1973年)
ジョン・L・ガディス (河合秀和・鈴木健人訳)『冷戦——その歴史と問題点』(彩流社, 2007年)
ジョン・ルカーチ (菅英輝訳)『評伝　ジョージ・ケナン——対ソ「封じ込め」の提唱者』(法政大学出版局, 2011年)
進藤榮一『分割された領土——もうひとつの戦後史』(岩波書店, 2002年)
鈴木九萬監修『日本外交史26——終戦から講和まで』(鹿島研究所出版会, 1973年)
鈴木多聞『「終戦」の政治史　1943-1945』(東京大学出版会, 2011年)
鈴木宏尚『池田政権と高度成長期の日本外交』(慶應義塾大学出版会, 2013年)
添谷芳秀『日本外交と中国　1945-1972』(慶應義塾大学出版会, 1995年)
添谷芳秀『日本の「ミドルパワー」外交——戦後日本の選択と構想』(筑摩書房, 2005年)
添谷芳秀編『秩序変動と日本外交——拡大と縮小の70年』(慶應義塾大学出版会, 2016年)
添谷芳秀『日本の外交——「戦後」を読みとく』(筑摩書房, 2017年)
平良好利『戦後沖縄と米軍基地——「受容」と「拒絶」のはざまで　1945～1972年』(法政大学出版局, 2012年)
高野雄一『日本の領土』(東京大学出版会, 1962年)
滝田賢治編『アメリカがつくる国際秩序』(ミネルヴァ書房, 2014年)
竹内俊隆編『日米同盟論——歴史・機能・周辺諸国の視点』(ミネルヴァ書房, 2011年)

田中明彦『日中関係　1945-1990』（東京大学出版会，1991 年）
田中明彦『安全保障――戦後 50 年の模索』（読売新聞社，1997 年）
千々和泰明『大使たちの戦後日米関係――その役割をめぐる比較外交論　1952-2008』（ミネルヴァ書房，2012 年）
筒井若水編『国際法辞典』（有斐閣，1998 年）
豊下楢彦『安保条約の成立――吉田外交と天皇外交』（岩波書店，1996 年）
鳥山淳『沖縄――基地社会の起源と相克　1945-1956』（勁草書房，2013 年）
中北浩爾『1955 年体制の成立』（東京大学出版会，2002 年）
中島信吾『戦後日本の防衛政策――「吉田路線」をめぐる政治・外交・軍事』（慶應義塾大学出版会，2006 年）
中島琢磨『沖縄返還と日米安保体制』（有斐閣，2012 年）
中嶋嶺雄『中ソ対立と現代』（中央公論社，1978 年）
中曽根康弘『保守の遺言』（角川書店，2010 年）
中野好夫編『戦後資料　沖縄』（日本評論社，1969 年）
中村明『戦後政治にゆれた憲法 9 条――内閣法制局の自信と強さ』（中央経済社, 1998 年）
西崎文子『アメリカ冷戦政策と国連　1945-1950』（東京大学出版会，1992 年）
西原正・土山實男監修『日米同盟再考――知っておきたい 100 の論点』（亜紀書房，2010 年）
西村熊雄『日本外交史 27――サンフランシスコ平和条約』（鹿島平和研究所，1971 年）
西村熊雄『サンフランシスコ平和条約・日米安保条約』（中央公論新社，1999 年）
野添文彬『沖縄返還後の日米安保――米軍基地をめぐる相克』（吉川弘文館，2016 年）
波多野里望・小川芳彦編『国際法講義［新版増補］』（有斐閣，1998 年）
波多野澄雄『歴史としての日米安保条約――機密外交記録が明かす「密約」の虚実』(岩波書店，2010 年)
花井等・木村卓司『アメリカの国家安全保障政策――決定プロセスの政治学』（原書房，1993 年）
ハリー・S・トルーマン（加瀬俊一監修／堀江芳孝訳）『トルーマン回顧録』1・2 巻（恒文社，1992 年）
林博史『米軍基地の歴史――世界ネットワークの形成と展開』（吉川弘文館，2012 年）
原彬久『日米関係の構図――安保改定を検証する』（日本放送出版協会，1990 年）
原彬久『戦後史のなかの日本社会党――その理想主義とは何であったのか』（中央公論社，2000 年）
原貴美恵『サンフランシスコ平和条約の盲点――アジア太平洋地域の冷戦と「戦後未解決の諸問題」』（渓水社，2005 年）
ピーター・J・カッツェンスタイン（有賀誠訳）『文化と国防――戦後日本の警察と軍隊』（日本経済評論社，2007 年）
福田円『中国外交と台湾――「一つの中国」原則の起源』（慶應義塾大学出版会，2013 年）

藤本一美・濱賀裕子・末次俊之訳著『資料：戦後米国大統領の「一般教書」第1巻――1945年～1961年 「ルーズベルト，トルーマン，アイゼンハワー」』（大空社，2006年）
藤原彰他編『天皇の昭和史［新装版］』（新日本出版社，2007年）
フランク・コワルスキー・Jr.（勝山金次郎訳）『日本再軍備――米軍事顧問団幕僚長の記録』（中央公論新社，1999年）
細谷千博『サンフランシスコ講和への道』（中央公論社，1984年）
細谷千博・本間長世編『日米関係史――摩擦と協調の140年』(有斐閣，1992年)
細谷雄一『戦後国際秩序とイギリス外交――戦後ヨーロッパの形成1945年～1951年』（創文社，2001年）
マイケル・グリーン，パトリック・クローニン編（川上高司監訳）『日米同盟――米国の戦略』（勁草書房，1994年）
マイケル・シャラー（五味俊樹監訳）『アジアにおける冷戦の起源――アメリカの対日占領』（木鐸社，1996年）
マイケル・シャラー（市川洋一訳）『「日米関係」とは何だったのか――占領期から冷戦終結後まで』（草思社，2004年）
マイケル・ヨシツ（宮里政玄・草野厚訳）『日本が独立した日』（講談社，1984年）
前田哲男・林博史・我部政明『＜沖縄＞基地問題を知る事典』（吉川弘文館，2013年）
増田弘『自衛隊の誕生――日本の再軍備とアメリカ』（中央公論社，2004年）
増田弘『マッカーサー――フィリピン統治から日本占領へ』（中央公論新社，2009年）
升味準之輔『戦後政治1945-1955年』上・下巻（東京大学出版会，1983年）
松井芳郎他編『国際法［第五版］』（有斐閣，2010年）
松岡完『ダレス外交とインドシナ』（同文館，1988年）
松村史紀『「大国中国」の崩壊――マーシャル・ミッションからアジア冷戦へ』（勁草書房，2011年）
三浦陽一『吉田茂とサンフランシスコ講和』上・下巻（大月書店，1996年）
三宅一郎・山口定・村松岐夫・進藤榮一『日本政治の座標――戦後40年のあゆみ』（有斐閣，1985年）
宮里政玄『アメリカの沖縄統治』（岩波書店，1966年）
宮里政玄編『戦後沖縄の政治と法――1945-1972年』（東京大学出版会，1975年）
宮里政玄『アメリカの外交政策決定過程』（三一書房，1981年）
宮里政玄『日米関係と沖縄　1945-1972』（岩波書店，2000年）
宮澤喜一『東京――ワシントンの密談』（中央公論社，1999年）
室山義正『日米安保体制』上巻（有斐閣，1992年）
矢崎幸生『ミクロネシア信託統治の研究』（御茶の水書房，1999年）
山本章子『米国と日米安保条約改定――沖縄・基地・同盟』（吉田書店，2017年）
吉田茂『世界と日本』（中公文庫，1992年）
吉田茂『回想十年』第2巻，第3巻（中公文庫，1998年）

吉田真吾『日米同盟の制度化——発展と深化の歴史過程』(名古屋大学出版会, 2012年)
吉次公介『日米同盟はいかに作られたか——「安保体制」の転換点 1951-1964』(講談社, 2011年)
李鍾元『東アジア冷戦と韓米日関係』(東京大学出版会, 1996年)
リチャード・J・サミュエルズ(白石隆監訳/中西真雄美訳)『日本防衛の大戦略——富国強兵からゴルディックス・コンセンサスまで』(日本経済新聞社, 2009年)
ルイス・J・ハレー(太田博訳)『歴史としての冷戦』(サイマル出版会, 1970年)
ロバート・D・エルドリッヂ『沖縄問題の起源——戦後日米関係における沖縄 1945-1952』(名古屋大学出版会, 2003年)
ロバート・D・エルドリッヂ『奄美返還と日米関係——戦後アメリカの奄美・沖縄占領とアジア戦略』(南方新社, 2003年)
若林千代『ジープと砂塵——米軍占領下沖縄の政治社会と東アジア冷戦 1945-1950』(有志舎, 2015年)
渡辺昭夫『戦後日本の政治外交——沖縄返還をめぐる政治過程』(福村出版, 1970年)
渡辺昭夫・宮里政玄編『サンフランシスコ講和』(東京大学出版会, 1986年)
渡邊啓貴編『ヨーロッパ国際関係史——繁栄と凋落, そして再生』(有斐閣, 2002年)

[論 文]
天川晃「日本本土の占領と沖縄の占領」『横浜国際経済法学』第1号(1993年3月)
天川晃「占領と自治——本土と沖縄」宮城悦二郎編『沖縄占領——未来へ向けて』(ひるぎ社, 1993年)
五百旗頭真「カイロ宣言と日本の領土」『廣島法学』第4巻3・4合併号(1981年3月)
五百旗頭真「国際環境と日本の選択」有賀貞・宇野重昭・木戸蓊・渡辺昭夫編『講座国際政治4 日本の外交』(東京大学出版会, 1989年)
石井修「冷戦・アメリカ・日本 (1) ——米国政府文書にみられる独立日本に対する不安」『広島法学』第9巻2号(1985年)
入江啓四郎「沖縄諸島の法的地位」国際法学会編『沖縄の地位』(有斐閣, 1955年)
岩田賢司「ソ連のヨーロッパ政策——対独コンテキストから冷戦コンテキストへ」石井修編『1940年代ヨーロッパの政治と冷戦』(ミネルヴァ書房, 1992年)
上杉勇司・昇亜美子「『沖縄問題』の構造——三つのレベルと紛争解決の視角からの分析」『国際政治』第120号(有斐閣, 2012年)
植田捷雄「日本をめぐる領土問題——千島・南樺太・臺灣及び沖縄の法的地位」『東洋文化研究所紀要』第11号(1956年11月)
植田麻記子「占領初期における芦田均の国際情勢認識——「芦田修正」から「芦田書簡」へ」『国際政治』第151号(2008年3月)
袁克勤「米華相互防衛条約の締結と『二つの中国』問題」『国際政治』第118号(1998年5月)
大田昌秀「アメリカの対沖縄戦後政策——日本からの分離を中心に」坂本義和/R・E・

ウォード編『日本占領の研究』(東京大学出版会，1987年)
小此木政夫「朝鮮信託統治構想――第二次大戦下の連合国協議」『法学研究』第75巻1号(2002年)
小此木政夫「朝鮮独立問題と信託統治構想――四大国『共同行動』の模索」『法学研究』第82巻8号(2009年)
梶浦篤「北方領土をめぐる米国の政策――ダレスによる対日講和条約の形成」『国際政治』第85号(1987年5月)
我部政明「米統合参謀本部における沖縄保有の検討・決定過程――1943年から1946年」『法学研究』第69巻7号(1996年7月)
川崎剛「吉田路線の一般理論的根拠を求めて――ポストクラシカル・リアリズムの可能性」『レヴァイアサン』第26号(2000年4月)
栗山雅子「占領期の"外交"[1] GHQと終戦連絡事務局」『みすず』第251号(1981年)
栗山雅子「占領期の"外交"[2] 朝海浩一郎連絡総務課長」『みすず』第255号(1981年)
高坂正尭「『吉田政治』と日本の選択」『月刊　自由民主』第310号(1981年11月)
高坂正尭「日本外交の弁証」有賀貞・宇野重昭・木戸蓊・渡辺昭夫編『講座国際政治4 日本の外交』(東京大学出版会，1989年)
河野康子「沖縄問題の起源をめぐって――課題と展望」『国際政治』第140号(2005年3月)
酒井哲哉「『9条＝安保体制』の終焉――戦後日本外交と政党政治」『国際問題』第372号(1991年3月)
阪田恭代「アメリカと朝鮮戦争――限定戦争，休戦，そして統一問題」赤木完爾編『朝鮮戦争――休戦50周年の検証・半島の内と外から』(慶應義塾大学出版会，2003年)
坂本義和「日本占領の国際環境」坂本義和／R・E・ウォード編『日本占領の研究』(東京大学出版会，1987年)
添谷芳秀「東アジアの『ヤルタ体制』」『法学研究』第64巻2号(1991年)
添谷芳秀「吉田路線と吉田ドクトリン――序に代えて」『国際政治』第151号(2008年3月)
竹中佳彦「『吉田ドクトリン』論と『55年体制』概念の再検討」『レヴァイアサン』第19号(1996年10月)
中西寛「吉田・ダレス会談再考――未完の安全保障対話」『法学論叢』第140巻1・2号(1996年11月)
中西寛「戦後日本の安全保障政策の展開」赤根谷達雄・落合浩太郎編『日本の安全保障』(有斐閣2004年)
西村熊雄「サンフランシスコの思い出」『中央公論』第72号(1957年5月)
西村熊雄「沖縄帰属のきまるまで――求めるに急であった日本の世論」『朝日ジャーナル』第1巻15号(1959年6月)
西村熊雄「占領前期の対日講和問題――六つの伝達」『ファイナンス』第20巻11号(1975年2月)

西村熊雄「サンフランシスコ条約始末」三国一郎『昭和史探訪 6』（番町書房，1975 年）
西村熊雄「講和条約」『語りつぐ昭和史 6――激動の半世紀』（朝日新聞社，1977 年）
西村熊雄「講和条約」江藤淳『もう一つの戦後史』（講談社，1978 年）
西村真彦「1957 年岸訪米と安保改定（1）（2）（3・完）」『法学論叢』第 178 号 6 巻（2016 年 3 月），第 179 巻 2 号（2016 年 5 月），第 179 巻 4 号（2016 年 7 月）
浜井和史「対日講和とアメリカの『太平洋協定』構想――国務省における安全保障取極め構想，1949-51 年」『史林』第 87 巻 1 号（2004 年）
藤山一樹「連合国ラインラント占領をめぐるイギリス外交　1924-1927 年」『法学政治学論究』第 109 号（2016 年）
保城広至「国際関係論における歴史分析の理論化――外交史アプローチによる両者統合への方法論的試み」『レヴァイアサン』第 47 号（2010 年）
細谷雄一「イギリス外交と日米同盟の起源　1948-1950 年――戦後アジア太平洋の安全保障枠組みの形成過程」『国際政治』第 117 号（1998 年 3 月）
細谷雄一「ヨーロッパ冷戦の起源　1945年-1946 年――英ソ関係とイデオロギー対立の発展」『法学政治学論究』第 43 号（1999 年）
増田弘「公職追放 (SCAPIN――550・548) の形成過程」『国際政治』第 85 号（1987 年）
増田弘「冷戦期の日米関係」山極晃編『東アジアと冷戦』（三嶺書房，1994 年）
宮崎繁樹「占領に関する一考察」『法律論叢』第 24 巻 1・2 号 (1950 年 7 月)
宮里政玄「アメリカの対沖縄政策――方法論をめぐって」『沖縄文化研究』第 12 巻（1986 年）
宮里政玄「米国の対沖縄政策――条約と沖縄」宮城悦二郎編『沖縄占領――未来へ向けて』（ひるぎ社，1993 年）
安田淳「中国の朝鮮戦争停戦交渉――問題の収斂と交渉の政治問題化」赤木完爾編『朝鮮戦争――休戦 50 周年の検証・半島の内と外から』（慶應義塾大学出版会，2003 年）
山極晃「アメリカの戦後構想とアジア――対日占領政策を見直す」『世界』第 370 号（1976 年 9 月）
山本章子「極東米軍再編と海兵隊の沖縄移転」『国際安全保障』第 43 巻 2 号（2015 年 9 月）
湯浅成大「対中強硬政策形成への道――アイゼンハワー・ダレスと中国・台湾　1953-1955」『アメリカ研究』第 26 号（1992 年）
湯浅成大「冷戦初期アメリカの中国政策における台湾」『国際政治』第 118 号（1998 年 5 月）
吉川宏「ヤルタ会談の戦後処理方式」『国際政治』第 38 号（1969 年）
吉田真吾「安保条約の起源――日本政府の構想と選択　1945-1951 年」添谷芳秀編『秩序変動と日本外交――拡大と収縮の 70 年』（慶應義塾大学出版会，2016 年）
吉田真吾「歪な制度化――安保条約・行政協定交渉における日米同盟　1951-1952 年」『近畿大学法学』第 65 巻 2 号（2017 年 11 月）
蠟山正道「国際危機下の講和問題――ダレス演説の考察」『中央公論』第 66 巻 3 号（1951 年 3 月）

英　語

［単行本］

Acheson, Dean, *Present at the Creation, My Years in the State Department* (W.W. Norton&Company, 1969)

Akio Watanabe, *The Okinawa Problem: A chapter in Japan-U.S. relations* (Melbourne University Press, 1970)

Akira Iriye, *The Cold War in Asia: A Historical Introduction* (Englewood Cliffs: Prentice- Hall, 1974)

Bukley, Roger, *US-Japan Alliance Diplomacy 1945-1990* (Cambridge: Cambridge University Press, 1992)

Chang, Gordon H., *Friends and Enemies: The United States, China, and the Soviet Union, 1948-1972* (Stanford: Stanford University Press, 1990)

Converse, Elliot V., *Circling the Earth: United States Plans for a Postwar Overseas Military Base System, 1942-1948* (Maxwell Air Force Base, Ala.: Air University Press, 2005)

Cooley, Alexander, *Base Politics: Democratic Change and the U.S. Military Overseas* (Cornell University Press, 2008)

Divine, Robert A., *Eisenhower: And The Cold War* (Oxford University Press, 1981)

Dockrill, Saki, *Eisenhower's New-Look National Security Policy, 1953-1961* (London: Macmillan Press, 1996)

Dolifte, Reinhard, *The Security Factor in Japan's Foreign Policy, 1945-1952* (Saltire Press, 1983)

Dulles, John F., *War or Peace* (New York: Macmillan, 1950)

Dunn, Frederick S., *Peace-Making and the Settlement with Japan* (Princeton University Press, 1963)

Eisenhower, Dwight D., *The White House Years, 1953-1956: Mandate for Change* (Doubleday & Company, 1963)

Etzold, Thomas H. and John L. Gaddis, eds., *Containment: Documents on American Policy and Strategy, 1945-1950* (New York: Columbia University Press, 1978)

Fisch, Arnold G., Jr. , *Military Government in the Ryukyu Islands, 1945-1950* (Center of Military History United States Army, 1988)

Gaddis, John L., *George F. Kennan: An American Life* (New York: the Penguin Press, 2011)

Gaddis, John L., *Strategies of Containment: A Critical Appraisal of American National Security Policy During the Cold War* (Oxford University Press, 2005)

Gaddis, John L., *The United States and the Origins of the Cold War 1941-1947* (New York: Columbia University Press, 1972)

Hanrieder, Wolfman F., *Germany, America, Europe: Forty Years of German Foreign*

Policy (New Haven: Yale University Press, 1989)

Hogan, Michael J., *A Cross of Iron: Harry S. Truman and the Origins of the National Security State, 1945-1954* (Cambridge University Press, 1998)

Hogan, Michael J., *The Marshall Plan: America, Britain and the Reconstruction of Western Europe, 1945-1952* (Cambridge : Cambridge University Press, 1987)

Hook, Glenn D., *Militarization and Demilitarization in Contemporary Japan* (London: Routledge, 1996)

Hughes, Christopher W., *Japan's Re-emergence As a Normal Military Power* (Oxford: Oxford University Press, 2004)

Hughes, Christopher W., *Japan's Remilitarization* (Oxford: Oxford University Press, 2009)

Ikenberry, John G. and Michael Mastanduno, eds., *International Relations Theory and the Asia Pacific* (New York: Columbia University Press, 2003)

Immerman, Richard H., ed., *John Foster Dulles and the Diplomacy of the Cold War* (Princeton University Press, 1990)

Kennan, George F., *Memoirs 1952-50* (Boston: Little, Brown and Company, 1967)

Lake, David A., *Entangling Relations: American Foreign Policy in Its Century* (Princeton: Princeton University Press, 1999)

Layne, Christopher, *The Peace of Illusions: American Grand Strategy from 1940 to the Present* (Ithaca: Cornell University Press, 2006)

Leffler, Melvyn P., *A Preponderance of Power: National Security, the Truman Administration, and the Cold War* (Stanford University Press, 1992)

Lind, Michael, *The American Way of Strategy: U.S. Foreign Policy and The American Way of Life* (Oxford: Oxford University Press, 2006)

Marks, Frederick W. III, *Power and Peace: The Diplomacy of John Foster Dulles* (Praeger Publishers, 1995)

Merrill, Dennis, ed., *Documentary History of the Truman Presidency,* Vol. 7*: the Ideological Foundation of the Cold War—the "Long Telegram," the Clifford Report, and NSC68* (University Publication of America, 1998)

Midford, Paul, *Rethinking Japanese Public Opinion and Security: From Pacifism to Realism?* (Stanford: Stanford University Press, 2011)

Rose, Lisle A., *Roots of Tragedy: The United States and the Struggle for Asia, 1945-1953* (Greenwood Press, 1976)

Sandars, Christopher T., *America's Overseas Garrisons: The Leasehold Empire* (New York: Oxford University Press, 2000)

Sarantakes, Nicholas E., *Keystone: The American Occupation of Okinawa and U.S.-Japanese Relations* (Texas A&M University Press,2000)

Shiels, Frederick L., *America, Okinawa, and Japan: Case Studies for Foreign Policy*

Theory (University Press of America, 1980)

Snyder, Glenn H., *Alliance Politics* (Ithaca: Cornell University Press, 1997)

Swenaon-Wright, John, *Unequal Allies? United States Security and Alliance Policy Toward Japan, 1945-1960* (Stanford: Stanford University Press, 2004)

Tucker, Nancy B., *Taiwan, Hong Kong, and the United States, 1945-1992: Uncertain Friendships* (New York: Twayne, 1994)

Weinstein, Martin E., *Japan's Postwar Defense Policy 1947-1968* (Columbia University Press, 1971)

［論　文］

Ballantine, Joseph W., "The Future of the Ryukyus," *Foreign Affairs*, Vol. 31, No. 4 (July 1953)

Borton, Hugh, "United States Occupation of Japan," *The Journal of Asian Studies*, Vol. 25, No. 2 (February 1966)

Christensen, Tomas J. and Jack Snyder, "Chain Gangs and Passed Bucks: Predicting Alliance Patterns in Multipolarity," *International Organization*, Vol. 44, No. 2 (Spring 1990)

Christensen, Tomas J., "China, the U.S.-Japan Alliance, and the Security Dilemma in East Asia," *International Security,* Vol. 23, No. 4 (Spring 1999)

Dulles, John F., "A Diplomat and His Faith," *Christian Century* (March 1952)

Dulles, John F., "Security in the Pacific," *Foreign Affairs*, Vol. 30, No. 2 (January 1952)

Fearon, James D., "Domestic Political Audiences and the Escalation of International Disputes," *American Political Science Review*, Vol. 88, No. 3 (September 1994)

Heginbotham, Eric and Richard J. Samuels, "Mercantile Realism and Japanese Foreign Policy," *International Security*, Vol. 22, No. 4 (Spring 1998)

Hermann, Margaret G., "How Decision Unites Shape Foreign Policy: A Theoretical Framework," *International Studies Review*, 3(2) (Summer, 2001)

Hitch, Thomas K., "Administration of O.S. Pacific Islands," *Political Science Quarterly*, Vol. 61, No. 3, (September 1946)

Johnstone, William C., "Trusteeship for Whom?" *Far Eastern Survey,* Vol. 14, No. 2 (June 1945)

KIM, Seung-Young, "American Elite's Strategic Thinking Towards Korea: From Kennan to Brzezinski," *Diplomacy & Statecraft* , Vol. 12, No. 1 (March 2001).

Katzenstein, Perter J. and Nobuo Okawara, "Japan's National Security: Structures, Norms, and Policies," *International Security*, Vol. 17, No. 4 (Spring 1993)

Maki, John M., "US Strategic Area or UN Trusteeship," *Far Eastern Survey*, Vol. 16, No. 5 (August 1947)

Midford, Paul, "The Logic of Reassurance and Japan's Grand Strategy," *Security Studies*,

Vol. 11, No. 3 (Spring 2002)

Miller, Jennifer M., "Fractured Alliance: Anti-Base Protests and Postwar U.S.-Japanese Relations," *Diplomatic History*, Vol. 38, No. 5 (November 2014)

Morrow, James D., "Alliances and Asymmetry: An Alternative to the Capability Aggregation Model of Alliances," *American Journal of Political Science*, Vol. 35, No. 4 (November 1991)

Morrow, James D., "Alliances, Credibility, and Peacetime Costs," *Journal of Conflict Resolution*, Vol. 38, No. 2 (June 1994)

Morrow, James D., "Alliances: Why Write Them Down?" *Annual Review of Political Science*, Vol. 3 (June 2000)

Morrow, James D., "Arms versus Allies: Trade-offs in the Search for Security," *International Organization*, Vol. 47, No. 2 (Spring 1993)

Snyder, Glenn H., "The Security Dilemma in Alliance Politics," *World Politics*, Vol. 36, No. 4 (July 1984)

Tsuyoshi Kawasaki, "Postclassical Realism and Japanese Security Policy," *The Pacific review*, Vol. 14, No. 2 (June 2002)

定期刊行物

『朝日新聞』『読売新聞』

インターネット情報源

沖縄県

http://www.pref.okinawa.lg.jp/

外務省外交史料館

http://www.mofa.go.jp/

防衛省・自衛隊

http://www.mod.go.jp/